高职高专畜牧兽医类专业系列教材

生物统计附试验设计

主　编　欧阳叙向
副主编　曹雯梅
主　审　陈　斌

重庆大学出版社

• 内容提要 •

本书较为系统地介绍了生物统计的基本原理和基本方法，针对性强，除了介绍常用的几种基本统计分析方法以外，还介绍了动物生产中需要使用的试验设计的常用方法；突出应用性和实践性，每一章都安排了大量的例题和复习思考题；内容新颖，大部分例题和复习思考题都引自各种最新期刊，针对高职特点，特别介绍了 Excel 电子表格的统计功能的使用方法。

本书可供高职高专畜牧兽医类专业及其相关专业作为教材使用，也可作为从事动物生产、动物医学等专业的科研工作者、教师和技术人员的参考书。

图书在版编目(CIP)数据

生物统计附试验设计/欧阳叙向主编.—重庆：重庆大学出版社，2007.4(2021.1 重印)
(高职高专畜牧兽医类专业系列教材)
ISBN 978-7-5624-3955-4

Ⅰ.生…　Ⅱ.欧…　Ⅲ.生物统计—高等学校：技术学校—教材　Ⅳ.Q-332

中国版本图书馆 CIP 数据核字(2007)第 039608 号

高职高专畜牧兽医类专业系列教材
生物统计附试验设计
主　编　欧阳叙向
副主编　曹雯梅
主　审　陈　斌
责任编辑：孙英姿　陶学梅　　版式设计：孙英姿
责任校对：方　正　　　　　　责任印制：赵　晟
*
重庆大学出版社出版发行
出版人：饶帮华
社址：重庆市沙坪坝区大学城西路 21 号
邮编：401331
电话：(023) 88617190　88617185(中小学)
传真：(023) 88617186　88617166
网址：http://www.cqup.com.cn
邮箱：fxk@cqup.com.cn (营销中心)
全国新华书店经销
POD：重庆新生代彩印技术有限公司
*
开本：787mm×1092mm　1/16　印张：16.25　字数：395 千
2007 年 4 月第 1 版　2021 年 1 月第 9 次印刷
ISBN 978-7-5624-3955-4　定价：39.00 元

编委会名单

序

高等职业教育是我国近年高等教育发展的重点。随着我国经济建设的快速发展,对技能型人才的需求日益增大。社会主义新农村建设为农业高等职业教育开辟了新的发展阶段。培养新型的高质量应用型技能人才,也是高等教育的重要任务。

畜牧兽医不仅在农村经济发展中具有重要地位,而且畜禽疾病与人类安全也有密切关系。因此,对新型畜牧兽医人才的培养已迫在眉睫。高等职业教育的目标是培养应用型技能人才。本套教材根据这一特定目标,坚持理论与实践结合,突出实用性的原则,组织了一批有实践经验的中青年学者编写。我相信,这套教材对推动畜牧兽医高等职业教育的发展,推动我国现代化养殖业的发展将起到很好的作用,特为之序。

中国工程院院士

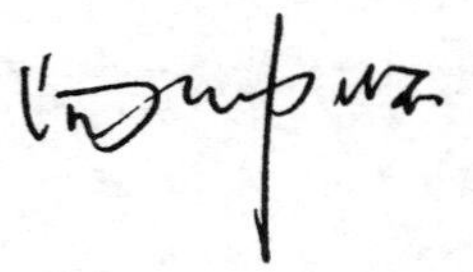

2007 年 1 月于重庆

编者序

我国作为一个农业大国，农业、农村和农民问题是关系到改革开放和现代化建设全局的重大问题，因此，党中央提出了建设社会主义新农村的世纪目标。如何增加经济收入，对于农村稳定乃至全国稳定至关重要，而发展畜牧业是最佳的途径之一。目前，我国畜牧业发展迅速，畜牧业产值占农业总产值的32%，从事畜牧业生产的劳动力就达1亿多人，已逐步发展成为最具活力的国家支柱产业之一。然而，在我国广大地区，从事畜牧业生产的专业技术人员严重缺乏，这与我国畜牧兽医职业技术教育的滞后有关。

随着职业教育的发展，特别是在周济部长于2004年四川泸州发表“倡导发展职业教育”的讲话以后，各院校畜牧兽医专业的招生规模不断扩大，截至2006年底已有100多所院校开设了该专业，年招生规模近两万人。然而，在兼顾各地院校办学特色的基础上，明显地反映出了职业技术教育在规范课程设置和专业教材建设中一系列亟待解决的问题。

虽然自2000年以来，国内几家出版社已经相继出版了一些畜牧兽医专业的单本或系列教材，但由于教学大纲不统一，编者视角各异，许多高职院校在畜牧兽医类教材选用中颇感困惑，有些职业院校的老师仍然找不到适合的教材，有的只能选用本科教材，由于理论深奥，艰涩难懂，导致教学效果不甚令人满意，这严重制约了畜牧兽医类高职高专的专业教学发展。

2004年底教育部出台了《普通高等学校高职高专教育指导性专业目录专业简介》，其中明确提出了高职高专层次的教材宜坚持“理论够用为度，突出实用性”的原则，鼓励各大出版社多出有特色的和专业性、实用性较强的教材，以繁荣高职高专层次的教材市场，促进我国职业教育的发展。

2004年以来，重庆大学出版社的编辑同志们，针对畜牧兽医类专业的发展与相关教材市场的现状，咨询专家，进行了多方调研论证，于2006年3月，召集了全国以开设畜牧兽医专业为精品专业的高职院校，邀请众多长期在教学第一线的资深教师和行业专家组成编委会，召开了“高职高专畜牧兽医类专业系列教材”建设研讨会，多方讨论，群策群力，推出了本套高职高专畜牧兽医类专业系列教材。

本系列教材的指导思想是适应我国市场经济、农村经济及产业结构的变化、现代化养殖业的出现以及畜禽饲养方式改变等的实践需要，培养适应我国现代化养殖业发展的新型畜牧兽医专业技术人才。

本系列教材的编写原则是力求新颖、简练，结合相关科研成果和生产实践，注重对学生的启发性教育和培养解决问题的能力，使之能具备相应的理论基础和较强的实践动手能力。在本系列教材的编写过程中，我们特别强调了以下几个方面：

第一，考虑高职高专培养应用型人才的目标，坚持以“理论够用为度，突出实用性”的原则。

第二，在广泛征询和了解学生和生产单位的共同需要，吸收众多学者和院校意见的基础之上，组织专家对教学大纲进行了充分的研讨，使系列教材具有较强的系统性和针对性。

第三，考虑高等职业教学计划和课时安排，结合各地高等院校该专业的开设情况和差异性，将基本理论讲解与实例分析相结合，突出实用性，并在每章中安排了导读、学习要点、复习思考题、实训和案例等，编写的难度适宜，结构合理，实用性强。

第四，按主编负责制进行编写、审核，再请专家审稿、修改，经过一系列较为严格的过程，保证了整套书的严谨和规范。

本套系列教材的出版希望能给开办畜牧兽医类专业的广大高职高专学校提供尽可能适宜的教学用书，但需要不断地进行修改和逐步完善，使其为我国社会主义建设培养更多更好的有用人才服务。

高职高专畜牧兽医类专业系列教材编委会

2006 年 12 月

前　言

生物统计是对动物生产中有关数据资料进行分析的重要工具。一个饲养配方的优劣、杂交组合好坏比较等，从开始拟题到试验方案的确定，从试验结果的整理和定量分析到试验成果的推广和应用，生物统计都有广阔的用武之地。根据教育部对高职高专教学改革和人才培养的要求，依照全国畜牧兽医类专业的教学方案编写了这本书，其目的是促使本课程在专业培养目标及人才培养规格方面，成为广大高职高专学生进行动物生产学习和有关科研人员探索未知领域的有力武器。

在编写过程中，按照教学方案和教学大纲的要求，正确处理知识、能力与素质的关系，充分体现高职特色，认真贯彻和遵守应用性、实用性、综合性和先进性的原则。基本理论以应用为目的，以必需够用为度，突出技能培养与训练。根据我国动物生产现状，结合生产第一线对人才的要求，设置最佳的教学内容。全书共 10 章，系统阐述了应用于动物生产与试验中的生物统计基本原理和方法，包括了基础部分（样本统计量和基本概率）、主干部分（t 检验、方差分析、直线相关与回归、协方差分析、χ^2 检验和试验设计）和实训部分的内容，书末列有附录表。在基础理论方面，着力于阐明基本概念、基本原理和基本方法，重点放在基本方法上。在讲解每一种方法时，结合专业应用实例，交代它应用的步骤，既注重应用的正确性，也考虑了应用的广泛性。本书所列举的实例，内容涉及动物生产、动物医学、动物营养和淡水养殖等专业及其主要领域。在语言表达方面，力求深入浅出，通俗易懂，准确明了。所有这一切，我们都是希望本教材能为读者系统掌握生物统计基础知识和从事实际工作提供有益的帮助，成为大家的知心朋友。

本教材由湖南生物机电职业技术学院欧阳叙向任主编并撰写第 1 章、实训、附录；河南农业职业技术学院曹雯梅任副主编并撰写第 6 章、第 7 章；玉溪农业职业技术学院钱锦花撰写第 2 章、第 3 章；广西职业技术学院李苏新撰写第 4 章；西南大学刘安芳撰写第 5 章、第 9 章；廊坊职业技术学院武嘉平撰写第 8 章；湖南生物机电职业技术学院邓灶福撰写第 10 章。最后由主编欧阳叙向完成对全书的修改、补充、润色等统稿工作。

本书在编写过程中参考了有关中外文献，并引用了其中的某些资料。编者对这些文献的作者表示诚挚的谢意。

负责审稿的中国畜牧兽医学会信息技术分会常务理事、中国畜牧兽医学会动物遗传育种分会理事、湖南农业大学教授陈斌博士，在百忙中抽出时间，认真、仔细地审阅了书稿，提出了中肯宝贵的意见。我们表示衷心的感谢。

在本教材编写过程中,得到了全国部分农业高职高专学校的大力支持,我们一并表示谢意。

本次编写,我们虽然尽力提高质量,但限于水平,还有不尽如人意的地方;错误之处,敬请批评指正,以便再版时修改。

欧阳叙向
2007 年 1 月

目录

第 9 章　协方差分析

第 10 章　试验设计

附录　生物统计附试验设计实训

附　表

参考文献

第1章 绪论

本章导读：生物统计是数理统计的原理和方法在生命科学领域的具体应用，它运用数理统计原理和方法对生物有机体开展调查和试验，目的是以样本的特征来估计总体的特征，对所研究总体进行合理的推论，得到对客观事物本质和规律性的认识。生物统计的基本内容包括试验设计和统计分析两大部分，其作用主要有4个方面：提供整理、描述数据资料的科学方法并确定其数量特征；判断试验结果的可靠性；提供由样本推断总体的方法；提供试验设计的原则。本章还介绍了生物统计的发展概况和常用术语。

随着科学技术的进步和人类认识水平的提高，人们愈来愈清楚地认识到，在分析问题时，除了进行定性分析以外，还必须进行定量分析。生物统计是对生命现象进行定量分析的重要工具，是应用数理统计的原理和方法来分析和解释生物界各种现象和试验调查资料的科学，也可以说是数理统计在生物学研究中的应用，它是应用数学的一个分支，属于生物数学的范畴。随着生物学研究的不断发展，运用统计学方法来认识、推断和解释生命过程中的各种现象，加上近年来计算机统计软件的支持，生物统计目前已被广泛地应用于生命科学的各个领域，并获得了迅速的发展。

1.1 生物统计概述

生命现象是物质运动的表现，呈现千差万别、多种多样的特性。有的在一定条件下必然发生或不发生。例如，动物缺氧一定会死亡，鱼类离不开水，未受精的蛋孵不出小鸡等。有的在一定条件下不一定发生。例如，饲养在相同条件下的一批奶牛，其泌乳量不一定相同；接受同一药物处理的动物，不一定产生相同的疗效；母猪妊娠期不一定都是114 d；同一猪场的母猪产仔数不一定相等（譬如都是12头）；等等。前者称为确定性现象，后者称为不确定性现象或随机现象。随机现象是生物科学中大量存在、经常遇到的一类现象。

个别随机现象的发生虽然具有偶然性，但是大量随机现象的发生却呈现出某种数量规律性。例如，一粒受精鱼卵在适宜的水温下可能孵出雌鱼苗，也可能孵出雄鱼苗；但当孵化许许多多的受精鱼卵时,雌雄鱼苗的比例会接近1:1。黑、白毛色猪杂交子二代,在某一群体中,白毛猪与黑毛猪的比例不具有规律性,但大量观察表明,平均每100头猪中有75%的是白猪,25%的是黑猪。这种大量随机现象所表现出来的规律性,叫做统计规律性。统计规律性是随机现象通过无数次偶然发生所表现出来的必然性,是其固有本质特征的反映。

正是由于许多生命现象的发生具有偶然性,大量观察时又表现出统计规律性,就引起了研究随机现象的概率论和数理统计向生物科学中渗透。随着概率论和数理统计在生物科学中的广泛应用和日益发展,便逐步形成一门自成体系、颇具特色的科学——生物统计。所以,生物统计是应用概率论和数理统计的原理和方法研究生命现象数量规律的一门科学,是数学应用于生物科学,生物科学与数学相结合的产物。

生物统计的研究内容包括统计原理、统计方法和试验设计。统计原理阐述统计理论和有关公式,以满足统计方法的需要。统计方法的应用,旨在对客观事物得出本质的和规律性的认识。试验设计是试验前应用统计原理,制订科学的试验方案和方法。

人们在从事科学研究时,总是通过事物的一部分(样本),来估计事物全体(总体)的性质特征,即由样本推断总体,从特殊推导一般,从而对所研究的总体得出正确的结论。在生物科学研究中,我们期望知道的是总体,而不是样本。可是在实际问题的调查和试验中,我们所得到的通常是样本资料。生物统计从本质来看,实际上是研究如何从样本推断总体的一门学科。

生物统计学所研究的对象是有变异的总体,即使在同质的对象中也往往存在差异。例如,同一组小鼠,即使品种、性别、年龄相同,它们的体重、尾长和各项生理指标的数值都会有所不同;同一栏猪,由于吃了发霉的饲料而发生胃肠炎,病情的轻重也有所不同;对病情相同的病畜,用同一药物治疗,有的治愈,有的没有治愈,治愈的病例其病程也有长有短,不一而论。这些都是普遍存在的变异的实例。如何认识和了解这种有变异的总体,是生物统计的基本任务之一。

由于事物都是相互联系的,统计不能孤立地研究各种现象,而必须通过对一定数量的现象进行观察,从这些观察结果中研究事物间的相互关系,揭示出事物客观存在的规律性,这也是生物统计的重要任务之一。

试验研究工作开展前进行试验设计,制订试验方案,选择试验动物,合理分组,可以利用较少的人力、物力和时间,获得更多更可靠的信息资料,从而得出科学的结论。生物统计与试验设计是不可分割的两部分,试验设计需要以统计的原理和方法为基础,而正确设计的试验又为统计方法提供丰富可靠的信息,两者紧密结合才能推断出较为客观的结论,从而不断地推进生物科学研究的发展。

1.2 为什么要学习生物统计

作为从事动物生产与管理的实践者,我们之所以要学习生物统计,是因为生物统计是分析与说明动物生产过程中客观规律的基本工具,而这又是由于生物现象的基本特征所决定的。生物现象有如下基本特征。

1)变异性

由于生命现象的变异较大,各种影响因素又错综复杂,所以不难想到,通过调查和试验获得的资料常常是一群互不相同的数据。例如,调查10 000头大围子猪断奶仔猪的体重,很可能是10 000个大小不等的数据,表现出一定的变异性。引起变异的原因是非常复杂的,有的为人所了解,例如,品种、性别、年龄、体况等。这些原因是能够为研究者所了解和控制的,但是还有许许多多内在和外在的因素没有被人认识。由于这些尚未认识和无法控制的因素的作用,从而使得调查和试验所获得的资料具有普遍的变异性。

2)**不确定性(随机性)**

生物个体之间的差异有许多是由随机因素造成的,正是由于生物之间存在这种不确定性,才使得生物界的事物不能准确地预测。

3)**复杂性**

造成生物变异性的因素通常很多,既有遗传方面的,也有环境方面的。虽然我们已能从分子水平认识生物的遗传现象,但我们至今对它的遗传机制还没有一个完全清楚的认识。我们知道,生物的性状受许多环境因素的影响,其中有的环境因素是可以人为控制的,但更多的是不可控制的,还有遗传与环境共同对生物的作用等,这些就造成了生物现象的复杂性。

生物现象的这些特点决定了我们不能通过描述性的定性科学或决定性的数量科学来解决生物学领域中的众多问题,例如:

仔猪初生重与母猪体重是否有关?

两种中草药促生长配方哪种更好?

新引入品种是否对本地品种有改良效果?

哪些因素对山羊的增重速度有显著影响?

能否通过背膘厚估计猪的瘦肉率?

遗传与环境哪个更重要?

如何选择遗传上最优良的种畜?

……

对于诸如此类的问题,我们只有通过对生物的数据资料进行统计分析才能得到答案,而只有生物统计才能告诉我们,怎样通过科学的调查或试验获得高质量的数据资料,怎样对所获得的数据进行无偏分析,如何根据分析的结果做出尽可能可靠的结论。

1.3 生物统计的作用

现代生物统计已在生命科学研究、生产实践和生物教育领域中有广泛作用。

1.3.1 提供整理和描述数据资料的科学方法,确定某些性状和特性的数量特征

做任何工作,都必须掌握样本情况,做到胸中有数,才能有的放矢,从而提高工作质量。进行生物科学研究工作更不例外,必须有计划地搜集资料并进行合理的统计分析,通过调查得到数据,经过加工整理,从中归纳出事物的规律性,用以指导实践。例如,调查某母鸡品种的产蛋数,可以得到不同季节、不同年龄、不同个体、不同产蛋数的大量原始数据。这些杂乱的数据开

始时难以看出什么规律性,若运用生物统计方法对这些数据进行加工整理,使之条理化,即可大体了解不同季节、不同年龄、不同母鸡产蛋数的一般情况及其变异特征,得到母鸡在什么季节产蛋数最高,什么年龄产蛋数开始下降,以及母鸡适宜的利用年限等很多有用的信息。

1.3.2 判断试验结果的可靠性与有效性

一般在试验中要求除试验因素以外,其他条件都应控制一致,但在实践中无论试验条件控制得如何严格,其试验结果总是受试验因素和其他偶然因素的影响。由于存在试验误差,从试验所得的数据资料必须借助于统计分析方法才能获得可靠的结论。例如,某试验农场要研究两种饲料对肉用仔鸡增重及饲料报酬的影响,选择同品种及体重接近的500只肉用雏鸡,半数饲以甲种饲料,半数饲以乙种饲料,8周龄后称其体重并结算饲料消耗,分析比较这些资料,从中得出结论。这就要运用统计分析方法,以决定两群鸡体重与饲料消耗的差异,究竟是属本质的,还是属机遇的,即判断是由于不同饲料造成的还是由于其他未经控制的偶然因素所引起的,统计分析之后才能得出比较正确的结论。

1.3.3 确定事物之间的相互关系

科学实验的目的,不仅要研究事物的特征、特性,同时还要研究事物间的相互关系的联系形式。例如,测定某群奶牛第一胎的产乳量和它以后几胎的产乳量之间的相互关系,就可以根据第一胎产乳量的高低来推断它终生的产乳量,这样,就为早期选择和淘汰低产乳牛提供科学预测。又如仔猪腹泻的发生受很多因素的影响,查明这些影响因素对降低仔猪腹泻的发病率有很积极的意义。这种研究事物之间的联系形式以及相关程度的方法是生物统计的一个重要部分。

1.3.4 提供试验设计的一些原则

为了以较少的人力、物力和财力取得较多的试验信息和较好的试验结果,在一些生物学研究中,需要科学地进行试验设计,如对样本容量的确定、抽样方法、处理设置、重复次数的确定以及试验的安排等,都必须以生物统计原理为依据。一个好的试验设计,可以用较少的人力、物力和时间,最大限度地获得丰富而可靠的资料,尽量降低试验误差,从试验所得的数据中能够无偏地估计处理效应和试验误差的估值,以便从中得出正确的结论。相反,设计不周,不仅不能得到正确的试验结果,而且还会带来经济上和其他方面的损失。

1.3.5 为学习相关学科打下基础

要学好家畜遗传育种、动物科学、动物医学、生态学和动物营养等学科,必须学好生物统计。比如,数量遗传学就是应用生物统计方法研究数量性状遗传与变异规律的一门学科。如果不懂得生物统计,也就无法掌握数量遗传学。此外,动物科学工作者都必须学习和掌握统计方法,才能正确认识客观事物存在的规律性,提高工作质量。

总之,生物统计是一种很有用的工具,正确使用这一工具可以使生物科学研究更加有效,使生产效益更高,使生物教育效果更好。所以,它是每位从事动物生产与管理的工作者必须掌握的基本工具。

1.4 学习生物统计的方法和要求

生物统计是数学与生物学相结合的一门学科,与生物学的其他学科具有很大的不同,它所包含的公式很多,在性质上属于生物学领域内的应用数学。因此,在学习中首先要弄懂统计的基本原理和基本公式,要理解每一公式的含义和应用条件,但一般可不必深究其数学推导、证明和数学原理。

其次,作为一门工具课,必须认真做好习题作业,加深对公式及统计步骤的理解。只有通过一定数量的实践和练习(没有其他途径可走),并能熟练使用函数型电子计算器操作,并在此基础上学会用统计软件(Excel,SPSS和SAS)处理,才能达到熟练、方便应用生物统计方法的目的。

第三,应注意培养科学的统计思维方法。生物统计意味着一种全新的思考方法,从不肯定性或概率的角度来思考问题和分析科学试验的结果,避免绝对肯定或绝对否定的武断结论,或单凭感觉不做检验的简单判断。

第四,必须联系实际,结合专业,了解生物统计方法的实际应用。平日要留意国内外书籍和杂志文献中的表格、数据及其分析和解释,熟悉规范的表达方法及其应用。

1.5 生物统计的主要内容

生物统计的基本内容,概括起来主要包括试验设计和统计分析两大部分,从统计分析方法来讲大致可分为描述性统计、显著性检验和相关与回归分析。

1.5.1 描述性统计

描述性统计实际上就是对原始资料进行整理并做基本分析。

生物统计的基本特点是以样本来推断总体。在大样本情况下,需要对原始资料进行初步整理,再计算出3个主要的统计量,即平均数、标准差及标准误,以用来推断总体的特征。用这3个统计量可以了解资料的集中趋势和变异程度。

1.5.2 显著性检验(又称假设检验)

1)平均数间差异的比较

在进行生物科学研究工作中,经常会遇到两组数据的平均数,它们之间进行比较,就有一个有无显著差异的问题或者说孰优孰劣的问题。平均数之间的比较,需要通过一定的统计方法,并且要注意抽样是否合理,否则它们将没有比较的基础。例如,有两批孵化期不同的两个月龄雏鸡的体重,甲组(3月8日出壳)共61只,平均体重为269.3 g,乙组(4月15日出壳)共73只,平均体重为275.6 g,试问这两批不同孵化时间的雏鸡,平均体重之间的差异是由不同孵化时期所造成,还是由其他偶然因素所引起,这就需要应用均数差异显著性检验的统计分析方法,才能做出较可靠的判断,不致被某些偶然因素所蒙蔽。

2)属性资料的检验

生物学领域中有许多性状不能直接用测量的方法来加以衡量,一般称之为属性性状。例如,猪的毛色,性别中的雌和雄,以及药物试验治愈或无效等,均可以应用属性统计的方法,通过对具有相同属性的计数来分析。χ^2 检验是最常用的属性资料的检验方法。

3)方差分析

方差分析又名变异量分析,目的主要是为了进行多个平均数间的比较。它的原理是应用数学方法,把试验中总变异剖分为由不同变异原因所形成的各种变异并进行显著性检验与多重比较。

1.5.3 相关与回归分析

研究呈平行关系的变量之间相互关系的密切程度,称为相关,以相关系数来表示。例如,人的身高与体重存在着一定程度的相关:一般身高越高,其体重可能越大。相关系数可用来表示两者间的相关程度。

回归是指两个或两个以上的变量存在着从属关系,即一个变量(x)变化时,引起另一变量(y)相应变化的估计。它们的从属关系可以用回归分析的方法进行研究,根据实际数据建立的关系式称为回归方程式,用以对某些指标进行预测和预报。例如,用胸围、体长来估计体重,或根据亲代生产力预测、预报后代的育种值等。

1.5.4 试验设计

本课程的另一任务是讨论试验设计的原理和方法。所谓试验设计,主要是指如何选择试验动物,进行合理的分组和安排实验等,其目的是为了尽量减少和控制试验误差,并对试验误差做出无偏的估计。主要的设计方法有:完全随机设计、配对设计、随机单位组设计、拉丁方设计、正交设计等。为了使试验结果成为有用而可靠的科学资料,在开始试验之前,认真地进行试验设计是非常必要的。

1.6 生物统计的发展概况

生物统计是一门比较年轻的学科。1870 年,英国遗传学家高尔顿(F. Galton,1822—1911)通过研究人类身高的遗传,认为子女的身高与父母的身高有着直接关系,发现子女的身高与他们父母的平均身高有回归的趋向。1899 年,他发表了回归分析方法在遗传学上应用的论文。这就是在数理统计中,回归这个术语的由来,因而后人推崇他为生物统计学的创始人。

正态分布对研究生物统计的理论具有十分重要的意义,它早在 1733 年就被棣莫弗(De-Moivre)发现,而被后来的高斯(Gauss)所完成,因此,有人称它为高斯分布。

皮尔逊(K. Pearson,1857—1936)是一位数学物理学家,他为将数学应用于生物学做了半个多世纪的努力,并创立《生物统计学报》(Biometrics),对促进生物统计学发展做出了重要贡献。他 1899 年提出了一个测量实际数与预计数(或理论数)之间的偏离度的指数——卡方(χ^2),在属性统计分析上有着广泛的应用。这种统计方法被同时代的孟德尔所掌握,成功地应用于豌豆杂交遗传学试验中,高豌豆品种与矮豌豆品种杂交之后,子一代均为高豌豆,高株性状属于显性,而矮株属于隐性,当子一代自交时,它的后代数预计高矮之比为3:1,但实际后代数是否符合3:1规律,就需要进行检验。这种方法在遗传学科研方面至今还广泛应用。

戈塞持(W. S Gosset,1876—1967)是K.皮尔逊的学生,他对样本标准差等分布做了不少研究工作,并且于1908年用"学生氏"的笔名将《t检验》发表于《生物统计学报》。t检验已成为当代生物统计分析的基本工具之一。

1923年,英国的费希尔(R. A. Fisher)第一个把变异来源不同的方差(S^2)比值称为F值,当F值大于理论上5%概率水准的F值时,该项变异来源的必然性效应就从偶然性变量中分析了出来。这个分析方法,被称为方差分析。在生物统计中,方差分析应用相当广泛,特别是在他发表了《试验研究工作中的统计方法》的专著后,对推动和促进农业科学、生物学和遗传学的研究和发展,起了一定的奠基作用。

奈曼(J. Neyman)和E. S.皮尔逊(E. S. Pearson)分别在1936年和1938年提出统计假设检验学说,对促进理论研究以及试验研究做出结论具有很大的实用价值。

试验设计是在20世纪初提出来的一种科研思路,20世纪30年代应用于农业科学实验,并使"试验技术"成为一门专门学科,以后扩大应用于生物学、医学和工业领域。20世纪70年代提出的多因素试验的正交试验法,在工农业的试验研究中,也相继获得了可喜的成果。近年来,回归分析方法在工农业生产和科学实验中大量应用,如在进行数据处理时,寻求经验公式,探索新工艺、新配方以及某些性状的预测预报,都积累了不少新经验,获得了许多新成果。特别是正交试验、回归试验设计是一个新的研究方向。计算机的广泛使用,使运算技术出现了一次革命。尤其是国际上出现了SAS,SPSS等大型统计软件以后,生物统计变得日益精确和迅速,从而进一步推动了生命科学研究向纵深发展。

1.7 常用统计术语

1.7.1 计量资料与计数资料

生物统计资料一般分为计量资料与计数资料。计量资料是用定量方法测定生物性状数量大小所获得的一类资料,一般有度量衡单位。例如,体长(cm)、体重(kg)、血压(mmHg)、饲料中矿物质含量(mg/kg)等。这类资料的特点是相邻两数间有任意微小差异的数值存在,具有数值连续性,因此又称连续性资料。如肥猪体重,有的98.0 kg,有的98.2 kg,其小数位数随计量工具的精确度而不同。计数资料是按属性或类别分组,用计数方式获得的资料。例如,动物的两对性状杂交子二代,可按表现型AABB,A_bb,aaB_,aabb分组统计各种表现型的头数;猪的蛔虫卵粪检,可分阴性和阳性统计头数。这类资料的特点是相邻两数间不存在其他任何数,具有数值离散性,因此称为间断性资料或离散性资料。有人把按属性的不同程度分组计数的资料称为等级资料。例如,药物的疗效,可按治愈、显效、好转、无效分组整理资料。

1.7.2 同质与变异

生物界中的生命现象,千差万别,各不相同。即使是性质相同的事物,就同一观察指标而言,各观察单位之间,也互有差异,称之为变异。例如,研究断奶仔猪的体长发育,同性别、同年龄、同体重的仔猪(统计上称为同质观察单位),它们的体长有长有短,各不相同,称为体长的变异。个体变异除了用数量表示以外,亦可用属性表示。例如,用同一种药物治疗一群病畜后,其中有的痊愈,有的好转,有的无效,有的恶化等,表现为疗效的变异。

同质观察单位之间的变异,是生命现象的重要特征,是偶然性表现。统计学研究的对象就是有变异的事物,统计学的任务就是在同质分组的基础上,通过对个体变异的研究,透过偶然的现象,揭示同质事物的本质特征和规律。

1.7.3 总体与样本

根据研究目的确定的、符合指定条件的全部观察对象称为总体。构成总体的每一个单位,称为该总体的个体。

例如,研究湘东黑山羊初产母羊的产羔数,那么,凡是湘东黑山羊初产母羊,他们的产羔数就构成一个总体,而每一个产羔数的测量值则是一个个体。总体可以分为有限总体与无限总体两种。个体数可数的总体称为有限总体,个体数无限的总体称为无限总体。

一般来说,人们从总体中抽取的一部分个体则构成样本,通过对样本的观察来推断总体的规律性。样本中所含个体的数量叫做样本容量,常以 n 表示。由于样本容量不同,一般又分大样本(例如样本容量 $n \geqslant 30$)和小样本(样本容量 $n < 30$)。样本是总体的缩影,因此它应该能反映出总体的特征和特性,但它毕竟只是总体的一部分个体,因此和总体的真实情况又有所出入。统计分析的核心在于由样本的信息推断总体的信息。因此,获得样本仅是一种手段,推断总体才是真正的目的。

例如,用某种新药治疗拉痢仔猪 100 例,其中有效 80 例,即有效率 80%。但我们所观察到的只是含量为 100 的一个样本。如果用这种新药治疗其他拉痢猪,是否也会获得同样的效果呢?这就需要以样本的疗效来估测总体的疗效。如何正确地从样本来推断总体,这是统计所要解决的问题。

统计学好比总体与样本间的桥梁,它帮助人们设计与实施从总体中科学地抽取样本的过程,使样本中的个体不多也不少,具有代表性;帮助人们从样本中采集数据、提取信息、推断总体的规律性;帮助人们确切地描述样本中的现象,恰当地解释总体中可能存在的规律。

1.7.4 随机抽样与随机样本

所谓随机抽样是指抽样时,不掺杂人们的主观愿望,总体中每个个体被抽取的机会均等。由随机抽样而得的样本,称随机样本。一个总体所含的个体数目往往很多,以致不可能一一加以考察。例如,我们研究羊毛细度这个总体,它的个体数目多得数不清,无法一一加以测定。有的时候,数据的测定是破坏性的,如研究猪的屠宰率、瘦肉率,测定一次就要杀掉一头。因此,即使个体的数目不多的有限总体,也不允许全都加以考察,我们只能通过样本来了解总体。同样的,在动物实验中,把动物分为几组,也必须用随机方法使每个动物有同等的机会被分配到各组去,这样就不至于人为地造成各组间动物的不相同。随机抽样的方法很多,其中最常见的是抽签和采用随机数字表。

1.7.5 变量与常数

相同性质的事物间表现差异特征的数据称为变量或变数。由于试验目的的不同,所选择的变量也不相同。如动物体高、体重,同窝动物的生理指标,仔猪的初生重等。变量通常记为 x,如10头湘东黑山羊的体高在55~75 cm之间,共有55,57,75,72,66,68,69,59,71,68 cm 10个变数值,记作 $x_i(i=1,2,\cdots,10)$,表示 x_1 到 x_{10} 之间任一数值。变量的测得值称为变量值或观测值,亦称为资料。

常数是不能给予不同数值的变量,它代表事物特征和性质的数值,通常由变量计算而来,在一定过程中是不变的。如某样本平均数、标准差、变异系数等。

1.7.6 参数与统计量

从总体中计算所得的特征数值,如总体平均数、总体标准差称为参数;而从样本中计算所得的特征数值称为统计量,它是总体参数的估计值。人们在从事生物科学研究时,往往是通过某事物的一部分(样本),来估计事物全体(总体)的特征的,目的是为了由样本推断总体,从特殊推导一般,对所研究的总体,做出合乎逻辑的推论,得到对客观事物本质的和规律性的认识。实际研究过程由于资料庞大,常常不可能全部观察记载,而只能采用抽样的方法,计算样本的统计量。用样本的统计量,来估计总体的参数。

1.7.7 机误与错误

由样本推断总体,往往不可避免地会产生一部分误差,这一部分误差是由各种无法控制的随机因素所引起,我们把它叫做机误或试验误差。机误是试验中由于无法控制的随机因素所引起的差异,它是不可避免的,试验中只能设法减小,而不能完全消灭。增加抽样或试验次数,可以降低机误的数值。

错误是指在试验过程中,人为的作用所引起的差错,如试验人员粗心大意,使仪器校正不准、药品配制比例不当、称量不准确、抄错数据、计算出现错误等都是由于人为因素造成的,在试验中是完全可以避免的。

1.7.8 效应与互作

引起试验差异的作用称为效应,如不同饲料使动物的体重增加表现出差异,不同品种的猪瘦肉率不同等。互作,也称连应,是指两个或两个以上处理因素间的相互作用产生的效应。如钙、磷并用会对动物生长产生互作效应。互作效应有正效应,也有负效应,如果钙、磷共用的生长效应大于钙、磷单用效应之和,说明钙磷互作为正效应,如果钙、磷共用的生长效应小于钙、磷单用效应之和,说明钙磷互作为负效应。

1.7.9 准确性与精确性

统计工作是用样本的统计数来推断总体的参数。我们用统计数接近参数真值的程度,来衡量统计数"准确性"的高低。用样本中各个变数间变异程度的大小,来衡量该样本"精确性"的高低。因此,准确性就不等于精确性。准确性是说明测定值对真值的符合程度大小,而精确性却是多次测定值的接近程度。

生物统计学是建立在生物学和统计学(或数学)两个基础之上的学科。如果生物学本身的理论建立在不充分的基础上,即使再准确的计算也毫无意义;反之,正确的理论也会由于不精确的计算而导致错误的结论。可靠的判断方法是通过实践来检验的。因此,在科学研究中,在做出结论之后,还必须再回到实践中加以验证。

本章小结

生物统计是应用概率论和数理统计的原理和方法研究生命现象数量规律的一门科学,是数学应用于生物科学,生物科学与数学相结合的产物。生物统计的研究内容包括统计原理、统计方法和试验设计。统计原理阐述统计理论和有关公式,以满足统计方法的需要。统计方法的应用,旨在对客观事物得出本质的和规律性的认识。试验设计是试验前应用统计原理,制订科学的试验方案和方法。

生物统计的特点是由样本统计量对总体参数做出无偏估计。

现代生物统计的功用主要有:提供整理和描述数据资料的科学方法,确定某些性状和特性的数量特征;判断试验结果的可靠性和有效性;确定事物之间的相互关系;提供试验设计的一些原则;为学习相关学科打下基础。

生物统计的主要内容包括描述性统计、显著性检验、相关与回归、试验设计。

生物统计的常用术语:计量资料与计数资料、同质与变异、总体与样本、随机抽样与随机样本、变量与常数、参数与统计量、机误与错误、效应与互作、准确性与精确性等。

复习思考题

1. 什么是生物统计?它有何作用?

2. 生物统计的研究内容与主要内容有何区别和联系?

3. 如何掌握学习生物统计的方法?

4. 试解释并举例说明以下概念的联系与区别:计量资料与计数资料、同质与变异、总体与样本、随机抽样与随机样本、变量与常数、参数与统计量、机误与错误、效应与互作、准确性与精确性。

5. 为什么说下面的3种说法是等价的?

(1)生物统计是由特殊推导一般。

(2)生物统计是由样本推断总体。

(3)生物统计是由统计量推断参数。

6. 如何理解"生物统计从本质来看,实际上是研究如何从样本推断总体的一门科学"?

第2章 资料的整理

本章导读：主要就资料整理的相关内容做了简要的阐述，内容包括资料的检查与核对，资料的整理与分组，以及资料处理时常用的统计图表。通过学习，要求深刻理解资料分类的原则，在整理资料的过程中，能够按照资料分类的步骤，学会建立一些常见的统计表和绘制统计图，以更直观地看出各资料的变异趋势。

2.1 资料的检查与核对

2.1.1 资料的来源

作为统计对象的数据资料，概括起来，主要来源于以下3个方面。

1)通过实验观察所得的科学试验记录

如根据特定目的所做的畜牧、兽医试验所记录的资料。获取这类资料时，必须根据试验的目的要求，列出试验过程中所必须观察和记录的项目，按照试验计划完整而准确无误地进行观察和登记。

2)调查研究所得的资料

如对某一研究项目进行全面或抽样调查所得的资料。由于调查是针对已有的事实而找出某现象的规律，故必须根据调查的任务和要求，列出详细的调查提纲，采用科学的调查方法，有目的、有计划、实事求是地搜集调查项目的有关资料。

3)生产记录、病历等现场资料

如畜牧生产中饲料消耗记录，畜产品数量、质量记录，畜禽生存环境指标记录，兽医门诊病历记录等。研究这类资料，是为了了解生产规律，发现存在的问题并进行研究解决。搜集时要按照观测对象性质归类整理，注意资料的完整性、真实性和准确性。

2.1.2 资料的分类

资料的分类是统计归纳的基础，若不进行分类，大量的原始资料就不能系统化、规范化。对试验资料进行分类整理必须坚持“同质”的原则。只有“同质”的试验数据，才能根据生物学的原理来分类,才能使资料正确地反映出生物的本质和规律。

对于生物学试验及调查所得的资料,由于使用方法和研究的性状特性不同,其资料性状也不相同。根据生物的性状特性,大致可分为数量性状和质量性状两大类,因而,我们所得到的资料有时是定量的,有时是定性的,所以这些资料可以分为数量性状资料和质量性状资料。

1)数量性状资料

生物的很多性状都可以用数量表示。有的从质的方面考虑以记录个数来表示,有的从量的方面考虑以量来表示。数量性状资料,根据数据是否连续的特点,又可分为非连续变量资料和连续变量资料两类。

(1)非连续变量资料

数量性状资料一般是由计数和测量或度量得到的。由计数法得到的数据称为计数资料,也称为非连续变量资料。在这类资料中,每一个变数必须以整数表示,在两个相邻的整数间不允许有带小数的数值存在,因此不具有小数。如鱼的尾数、猪的产仔数、成活数、乳头数,鸡的产蛋数等,这些变数都是以个数来表示,只可能是 1,2,3,…,n,绝对不会出现 2.5,3.7,7.2 等这样的数据,各变数是不连续的。

(2)连续变量资料

由测量或度量所得到的数据称为计量资料,也称为连续变量资料,即用度量衡等计量工具直接测定的,其数据用长度、重量、体积等来表示,如家畜的体高、体长、胸围、管围、奶牛的产奶量、仔猪的体重、绵羊的产毛量等。这类资料所测得的数据不一定是整数,两整数间可以有任何小数,在一定的变异范围内,变数个数是无限的,相邻数值间是连续不断的。如测定奶牛的产奶量一般是在 3 000 ~8 000 kg 之间,但 3 000 ~8 000 kg 之间可以有很多个变数,这些变数可以是整数,也可以是小数,随小数位数的增加,可以出现无限个变量值。至于小数位数的多少,要依试验的要求和测量仪器或工具的精度而定。

2)质量性状资料

质量性状资料是指一些能观察到而不能直接测量的性状,如畜禽的毛色、动物的雌雄、生死;疾病治疗的疗效有痊愈、好转、无效;人血型有 A,B,AB,O 型等。对于质量性状的分析,为了统计分析的方便,一般须先将质量性状数量化。数量化的方法有下列两种。

(1)统计次数法

根据某一质量性状的类别统计其次数,以次数作为质量性状的数据,在分组统计时可按质量性状的类别进行分组,然后统计各组出现的观察单位次数,进而计算各组出现的百分率。因此,这类资料也称次数资料。例如,白毛猪与黑毛猪杂交,子一代出现白毛黑斑猪,这时统计子二代中不同毛色的猪的个数,在 900 头猪中,有白毛猪 664 头、黑毛猪 192 头,花斑猪 44 头,可以计算出 3 种颜色猪出现的次数百分率分别为 73.78%,21.33%,4.89%。又如,测定某种药物的疗效,根据被测家畜对该药物的反应,可分为治愈、有效和无效 3 组,然后将被测家畜按这 3 组归类,清点各组次数,再计算各类出现的次数百分率。

(2)评分法

这种方法是用数字级别表示某现象在表现程度上的差别。对某一质量性状,因其类别不同,分别给予评分。如研究牛的有角和无角遗传时,以无角数量为 0,有角数量为 1,然后统计次数,根据计数资料的统计方法进行统计分析;家畜精液品质可以评为 3 级,好的评为 10 分,较好的评为 8 分,差的评为 5 分,然后统计次数。这样就可以将质量性状资料进行数量化。

经过数量化的质量性状资料的处理方法可以参照计数资料的处理进行分析。如研究绵羊油汗色泽遗传时,可将 5 种油汗色泽分别给以不同的分数,以便统计分析。如表 2.1。

表 2.1 某羊群 170 只绵羊油汗色泽统计表

性状类别	油汗色泽					总 计
	深黄	黄	浅黄	乳白	白	
评分	1	2	3	4	5	
次数	10	16	32	42	70	170

2.1.3 资料的检查与核对

对于通过调查或试验取得的原始数据资料,要对全部数据进行检查与核对后,才能进行数据的整理。要了解总体,必须使所取样本具有代表性、准确性和完整性,能够反映事物的真实情况。如所取样本不准确、不完整或没有代表性,就会造成对总体的错误认识。数据的检查与核对,在统计处理工作中是一项非常重要的工作。只有经过检查和核对的数据资料,保证数据资料的完整、真实和可靠,才能通过统计分析来真实地反映出调查或试验的客观情况。对原始资料进行检查与核对应从以下 3 个方面进行。

1)数据本身是否有错

如记录不全(丢失、损坏、遗漏)、记载错误(笔误、潦草模糊)以及测量工具不准、测量计数不熟练等原因造成的错误。所以,对一些过大过小的特殊数据应反复核实,对于抄错的数据应全部涂掉,要留痕迹,便于以后查对。

2)取样是否有差错

取样不全或样本含量过小或非随机取样(取样时加入人的主观因素,把合乎意图的留下,把不合乎意图的删掉)等获得的代表性不强、不准确的样本,都会影响统计的准确性。

3)资料不合理合并和归类

当整理资料时,对公畜与母畜、健康与疾病、妊娠与空怀、品种不同、胎次不同、时间不同、环境不同以及试验因素不同等资料进行了不合理的合并或归类,在资料检查与核对时,一旦发现就应及时加以纠正。

2.2 资料的整理与分组

调查或试验所得的数据,经检查与核对后,根据样本资料的多少确定是否分组。一般情况下,变数不多时(样本含量在 30 以下的小样本)不必分组,可直接进行统计分析,将资料中变数由小到大顺序排成依次表,也即整理成变异数列,便可一目了然地看出数据资料的几种趋势和变异情况及分布规律。如果变数较多时(样本含量在 30 以上的大样本),需要将数据分成若干组,以便统计分析,分组结果得到资料中各个变数在各组中出现的次数。数据经过分组归类后,可以制成较有规则的次数分布表,就可以看到资料的集中和变异的情况,从而对资料有一个初步的概念。不同类型的资料,其整理的方法略有不同。分组的过程,也就是制作次数分布表的过程，亦即整理过程。

2.2.1 计数资料的整理与分组

计数资料的整理与分组基本上是采用单项式分组法，其特点是用样本变数的自然值进行分组，每组均用一个或几个变数值来表示。分组时，可将数据资料中每个变量分别归入相应的组内，然后制成次数分布表。

例 2.1 从某鸡场调查50枚受精种蛋孵化出雏鸡的天数，对所给的资料进行分组整理，原始数据见表2.2。

表2.2 50枚受精种蛋孵化出雏鸡的天数/d

20	19	21	21	22	22	19	21	23	22	21	22	21	22	22	21	22	22
22	21	22	21	23	20	21	22	21	22	22	20	22	22	22	24	22	22
23	22	22	23	22	23	22	23	22	23	23	23	24	22				

把变数按由小到大的次序排列，以一个变数为一组，将资料中的各变数进行归组，做出次数分布表，见表2.3。

小鸡出壳天数在19～24 d范围内变动，有6个不同的观察值，把50个观测值按照小鸡出壳天数加以归类分组，共分为6组，将各组所属数据进行统计，得出各组次数，计算出各组的频率和累积频率，这样经整理后可得出小鸡出壳天数的次数分布表，见表2.3。

表2.3 50枚受精种蛋出雏天数的次数分布表

孵化天数/d	次数，f	频 率	累积频率
19	2	0.04	0.04
20	3	0.06	0.10
21	10	0.20	0.30
22	24	0.48	0.78
23	9	0.18	0.96
24	2	0.04	1.00

从表2.3可以看出，一堆杂乱无章的原始数据资料，经初步整理后，就可了解这些资料的大概情况，种蛋孵化出雏天数大多集中在21～23 d，其中以22 d的最多，孵化天数较短(19～20 d)和较长(24 d)的都较少。

有些计数资料，观察值较多，变异范围较大，若以每一观察值为一组，则组数太多，而每组内包含的观察值太少，看不出数据分布的规律性。对于这样的资料，可扩大为以几个相邻观察值为一组，这样可以适当减少组数，这样资料的规律性就较明显，对资料进一步计算分析也比较方便。

例 2.2 观测某鸡场罗曼褐壳蛋鸡100只每年每只鸡产蛋数(原始资料略)，其变异范围为211～310枚，共观测100只蛋鸡。这样的资料如以每个观察值为一组，则组数太多(该资料最多可分为100组)，显得十分分散，为了使次数分布表表现出规律性，可以按每间隔10枚为一组，则可使组数适当减少。经初步整理后分为10组，资料的规律性就比较明显，将各组所属数据进行统计，得出各组次数，计算出各组的频率和累积频率，这样经整理后可得出罗曼褐壳蛋鸡每年产蛋数的次数分布表，见表 2.4。

表 2.4 100 只罗曼褐壳蛋鸡每年产蛋数的次数分布表

产蛋数/枚	次数，f	频 率	累计频率
211 ~ 220	2	0.02	0.02
221 ~ 230	6	0.06	0.08
231 ~ 240	9	0.09	0.17
241 ~ 250	14	0.14	0.31
251 ~ 260	15	0.15	0.46
261 ~ 270	17	0.17	0.63
271 ~ 280	28	0.28	0.91
281 ~ 290	6	0.06	0.97
291 ~ 300	2	0.02	0.99
301 ~ 310	1	0.01	1.00

从表 2.4 可以看到，大部分蛋鸡的年产蛋数在 271 ~ 280 枚，但也有少数蛋鸡每年产蛋数少到 211 ~ 220 枚，多到 301 ~ 310 枚。

2.2.2 计量资料的整理与分组

计量资料不能按计数资料的分组方法进行整理，一般可采用组距式分组法。在分组前需要确定全距、组数、组距、组中值及组限，然后将全部观测值分别纳入相应的组内。下面以 150 头保山猪的 45 日龄的体重资料为例，说明其整理的方法及步骤。

例 2.3 将 150 头保山猪的 6 月龄体长的资料(表 2.5)整理成次数分布表。

表 2.5 150 头保山猪的 6 月龄的体长资料/cm

88	86	89	97	94	98	102	92	94	95	87	91	85	99	101
97	102	96	93	100	99	102	96	103	100	99	102	97	102	86
93	96	99	100	99	92	104	99	100	99	89	94	93	96	83
100	98	100	99	101	98	97	100	99	101	98	97	100	98	89
94	100	101	95	102	99	95	101	95	102	99	95	104	100	98
89	103	97	91	99	100	89	97	89	99	100	89	89	103	94
95	99	91	94	98	105	95	89	94	98	104	95	95	99	102
94	92	88	100	101	100	100	88	100	101	100	100	94	92	93
96	92	98	97	99	98	101	98	97	99	98	101	96	87	100
98	92	103	88	91	99	98	103	88	89	99	98	98	92	99

1)求全距

全距是样本资料中最大观测值与最小观测值之差，又称为极差(range)，它是整个样本的

变异幅度,用 R 表示,即

$$R = \mathrm{Max}(x) - \mathrm{Min}(x)$$

表 2.5 中,保山猪的 6 月龄的最大体长为 105 cm,最小体长为 83 cm,因此

$$R = (105 - 83)\,\mathrm{cm} = 22\ \mathrm{cm}$$

2)确定组数

将全部变数按其数值打散分成若干组,组数的多少视样本含量及资料的变动范围大小而定,一般以达到既简化资料又不影响反映资料的规律性为原则。组数要适当,不宜过多,亦不宜过少。分组越多,所求得的统计量越精确,但增大了运算量;若分组过少,资料的规律性就反映不出来,计算出的统计量的精确性也较差。在确定组数和组距时,应考虑样本含量的大小、全距的大小、便于计算、能反映出资料的真实面貌等因素。一般组数的确定,可参考表 2.6。

表 2.6 样本容量与组数的关系

样本容量,n	组　数
30~60	5~8
60~100	7~10
100~200	9~12
200~500	12~17
500 以上	17~30

本例中,$n=150$。根据表 2.6,初步确定组数为 11 组。

3)确定组距

每组最大值与最小值之差称为组距,也是每组内的上下限范围,可以用符号"i"来表示。分组时要求各组的组距相等,但连续性变数资料所求得的组距不一定是整数,为了便于计算,可以采用整数作为组距。组距的大小由全距与组数确定,计算公式为:

$$组距(i) = 全距/组数$$

本例中 $i=22/11=2$。

4)确定组限及组中值

分组是将原始数据分成若干组,每组内包括一定数量的变数。各组的最大值与最小值称为组限,其中的最小值称为下限,最大值称为上限。分组时应考虑第一组的下限不能大于资料中的最小值,而最后一组的上限不能小于资料中的最大值。每一组的中点值称为组中值,它是该组的代表值。组中值与组限、组距的关系如下:

$$组中值 = (组下限 + 组上限)/2 = 组下限 + 1/2\ 组距 = 组上限 - 1/2\ 组距$$

组距确定后,首先要选定第一组的组中值。在分组时为了避免第一组中观察值过多,一般第一组的组中值以接近于或等于资料中的最小值为好。第一组组中值确定后,该组组限即可确定,其余各组的组中值和组限也可相继确定。注意,最末一组的上限应大于资料中的最大值。由于相邻两组的组中值间的距离等于组距,所以当第一组的组中值确定以后,加上组距就是第二组的组中值,第二组的组中值加上组距就是第三组的组中值,其余类推。一直到能包括资料中最大值为止,在相邻的两组,后一组下限就是前一组的上限。

比如分组如下:83 ~85,85 ~87,87 ~89,……但用这种方法来分组,如遇到87这样的变数,是分到第一组还是分到第二组?不易分清楚。为了避免这种麻烦,一般采用以下两种方法表示。

(1)各组上限是整数时减去0.1,一位小数时减去0.01,两位小数时减去0.001,……,即可以写为83 ~84.9,85 ~86.9,87 ~88.9,……

(2)各组在书写时,只写下限,不写上限,而用一波浪线表示,如可以写为83 ~,85 ~,87 ~,……

(3)表2.5中,最小值为83,第一组的组中值取84,因组距已确定为2,所以第一组的下限 = 84 - (1/2) ×2 = 83;第一组的上限也就是第二组的下限为83 + 2 = 85;第二组的上限也就是第三组的下限为85 + 2 = 87,……,以此类推,一直到某一组的上限大于资料中的最大值为止,于是可分组为:83 ~85,85 ~87,……。为了使恰好等于前一组上限和后一组下限的数据能确切归组,约定将其归入后一组。可以采用第二种表示方法,将上限略去不写。如第一组记为83 ~,85 ~,……

5)归组划线计数,作次数分布表

确定好组数和各组上下限后,即分组结束后,可按原始资料中各观测数的次序,将资料中的每一观测值逐一归组,划线计数,一般采用"正"字划法或卡片法来计算各组的观测数次数。全部观测数归组后,即可求出各组的次数、频率和累积频率,制成次数分布表。如表2.5中,第一个观察值88,应归入表2.7中第三组,组限为87 ~89;第二个数86,应归入第二组,组限为85 ~87;依次将150个观察值都进行归组划线计数,制成次数分布表,见表2.7。

表2.7　150头保山猪的6月龄的体长的次数分布表

组　别/cm	组中值/cm	次数,f	频　率	累积频率
83 ~	84	1	0.007	0.007
85 ~	86	3	0.020	0.027
87 ~	88	7	0.046	0.073
89 ~	90	10	0.067	0.140
91 ~	92	11	0.073	0.213
93 ~	94	13	0.087	0.300
95 ~	96	15	0.100	0.400
97 ~	98	25	0.167	0.567
99 ~	100	39	0.260	0.827
101 ~	102	17	0.113	0.940
103 ~	104	9	0.060	1.000

次数分布表不仅便于观察资料的规律性,而且可根据它绘成次数分布图及计算平均数、标准差等统计量。从表2.7可以看出150头保山猪6月龄体长资料分布的一般趋势:体长的变异范围在83 ~105 cm,大部分保山猪6月龄体长在95 ~103 cm之间。

在归组划线时应注意,不要重复或遗漏,归组划线后将各组的次数相加,结果应与样本含量相等,如不等,证明归组划线有误,应予纠正。在分组后所得实际组数,有时和最初确定的组数不同,如第一组下限和资料中的最小值相差较大或实际组距比计算的组距小,则实际分组的组数将比原定组数多;反之则少。

2.3 常用统计图表

统计表是用表格形式来表示数量关系;统计图是用几何图形来表示数量关系。用统计表与统计图,可以把研究对象的特征、内部构成、相互关系等简明、形象地表达出来,便于比较分析。

2.3.1 统计表

统计表是系统地表述数字资料的表式。广义地说,凡是统计调查、统计整理、统计分析中所用的表式,如调查表、汇总表以及公布资料所用的表式都是统计表;狭义地说,统计表是指用以记载统计汇总结果和公布统计资料的表式。通常是按狭义来理解。

1)统计表的结构和要求

从形式上看,统计表由标题、横标目、纵标目、线条、数字及合计等要素构成,其基本格式如下表:

表号 标题

总横标目(或空白)	纵标目	合 计
横标目	数字资料	
合 计		

编制统计表的总原则:结构简单,层次分明,内容安排合理,重点突出,数据准确,便于理解和比较分析。具体要求如下:

(1)标题

标题是统计表的名称,它简要地说明表中统计资料的内容。

写标题应注意:①标题应置于表的上方,自左向右横写;②标题文字应简明扼要、准确地说明表的内容,有时须注明时间、地点;③标题文字较多时可分写两行,或加一副标题。

(2)标目

标目分横标目和纵标目两项。横标目列在表的左侧,用以表示被说明事物的主要标志;纵标目列在表的上端,说明横标目各统计指标内容,并注明计算单位,如%,kg,cm 等。

写标目时应注意:①标目的文字一律由左向右横写;②标目的排列次序一般有重要程度、等级高低、数字大小、时间先后、笔画多少、地域位置和习惯次序等几种;③大标目之下可分小标目,小标目之下可分细标目;④标目各项的概念要含义明确,要互相排斥,不要含糊不清、模棱两可,有关系的数字应排在接近的栏或行;⑤标目特别重要时,可用粗体字写;⑥总计、平均值、百分比等,根据实际需要放在标目之前或标目之后,总计放在标目之前,可引起人们对总计的注意;⑦为便于检查和阅读,标目可用数字或字母标明;跨页的统计表,标目应照原表列出。

(3)数字

一律用阿拉伯数字,数字以小数点对齐,小数位数一致,无数字的用"—"或"…"符号表示,表中不应留有空白格;数字是"0"的,则填写"0"。上下行数字相同时,不应用"同上"或""""表示,应当用实际数字填写。

(4)线条

线条是指统计表中划分标目所用的直线。

划线条时应注意:①纵栏与纵栏间,大标目与小标间,小标目与细标目间都要用格线划分;②横行与横行间不必用格线划分,如果横标目特别多时,为便于查阅各行的数字,可每五个空出一行,不需要划格线;③表的上下两端划粗格线,纵、横标目间及合计用细线分开,表的左右边线可省去,表的左上角一般不用斜线;④统计表一般为开口式,即表的左右两边不划格线。

从内容上看,统计表包括主词和宾词两部分。主词用以说明所研究事物的总体,或是总体的各个组、各个单位的名称;宾词用以说明总体的一系列的指标。通常主词写在表的左方,宾词写在表的上方,但在必要时也可互换位置。编制统计表时其内容不宜过于庞杂,分组层次或指标也不宜过多。

2)统计表的种类

统计表可根据纵、横标目是否有分组分为简单表、分组表和复合表等。

(1)简单表

由一组横标目和一组纵标目组成,纵横标目都未分组。此类表适于简单资料的统计,如表 2.8。

表 2.8 某品种绵羊的杂种二代毛色的分离情况

毛色	次数,f	频率/%
白色	167	75.91
黑色	53	24.09
合计	220	100.00

(2)复合表

由两组或两组以上的横标目与纵标目结合而成,或由一组横标目与两组或两组以上的纵标目结合而成,或由两组或两组以上的横、纵标目结合而成。复合表比分组表更能深入地说明问题,它可以表现出各个分组标志之间的关系,可以分析不同动物的饲料配方设计,也可以分析同种动物不同生长阶段对营养物质的需求,但分组层次不宜太多。此类表适于复杂资料的统计,如表 2.9。

表 2.9 生长期蛋用鸡几种营养物质的饲养标准

周　龄	营养水平					
	苯丙氨酸	精氨酸	钙	总磷	蛋氨酸	赖氨酸
0~6 周龄	0.54	1.00	0.80	0.70	0.30	0.85
7~14 周龄	0.48	0.89	0.70	0.60	0.27	0.64
15~20 周龄	0.36	0.67	0.60	0.50	0.20	0.45

2.3.2 统计图

它是表现统计资料的一种重要方式,用几何学的基本度量如点、线、面或具体事物形象,表明社会经济现象及其发展过程。把统计资料绘成统计图后,能给人以明晰、概括、形象、生动的感觉,而且能使所研究的事物或现象更一目了然。统计图常用来反映社会现象规模、结构、依存关系,反映现象的变动程度和发展趋势,检查和分析计划执行情况,表明现象在地区的分布情况等。

常用的统计图有长条图、圆图、线图、直方图和折线图等。各类统计图都有自己的特点及适用的范围,绘制时应根据资料的内容和性质,选用适当的图形。图形的选择取决于资料的性质, 一般情况下,计量资料采用直方图和折线图,计数资料、质量性状资料、半定量(等级)资料常用长条图、线图或圆图。

1)统计图绘制的基本要求

(1)标题简明扼要,列于图的下方。

(2)纵、横两轴应有刻度,注明单位。

(3)横轴由左至右、纵轴由下而上,数值由小到大; 图形长宽比例约5∶4或6∶5。

(4)图中需用不同颜色或线条代表不同事物时,应有图例说明。

2)常用统计图及其绘制方法

(1)长条图(条形图)

它用等宽长条的长短或高低表示按某一研究指标划分属性种类或等级的次数或频率分布。如表示奶牛几种疾病的发病率;几种家畜对某一寄生虫感染的情况;不同动物对同一药品的疗效的次数分布情况等。如果只涉及一项指标,则采用单式长条图;如果涉及两个或两个以上的指标,则采用复式长条图。长条图适用于间断性变量和质量性质资料,用以表示这些变量的次数分布状况。

绘制长条图时,应注意以下几点:

①纵轴尺度从"0"开始,间隔相等,标明所表示指标的尺度及单位。

②横轴是长条图的共同基线,应标明各长条的内容。长条的宽度要相等,间隔相同。间隔的宽度可与长条宽度相同或者是其一半。

③在绘制复式长条图时,将同一属性种类、等级的两个或两个以上指标的长条绘制在一起,各长条所表示的指标用图例说明,同一属性种类、等级的各长条间不留间隔。

例如,根据表2.8绘制的长条图是单式的,见图2.1。根据表2.9绘制的长条图是复式的,见图2.2。

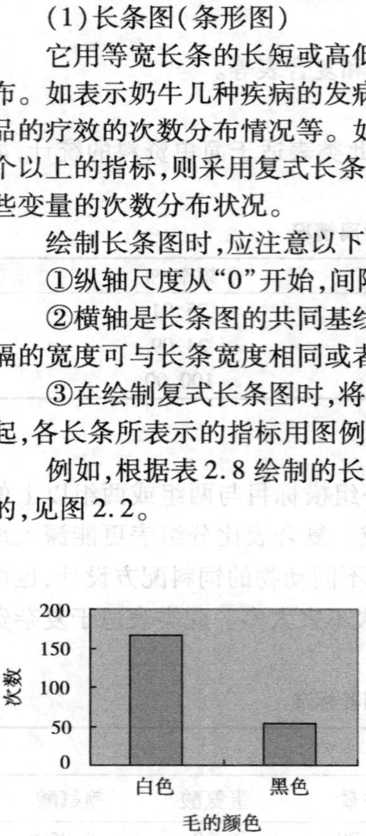

图2.1 某品种绵羊杂种二代毛色分离的次数分布图

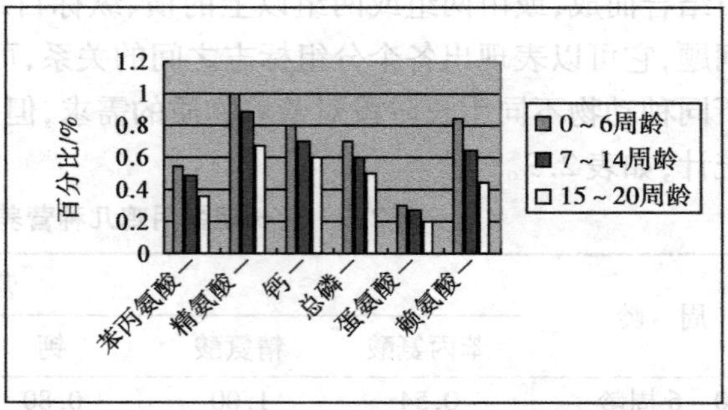

图2.2 生长期蛋用鸡几种营养物质的饲养标准(条形)

(2)圆图(饼图)

用于表示计数资料、质量性状资料或半定量(等级)资料的构成比。所谓构成比,就是各类别、等级的观测值个数(次数)与观测值总个数(样本含量)的百分比。把圆图的全面积看成 100%,按各类别、等级的构成比将圆面积分成若干部分,以扇形面积的大小分别表示各类别、等级的比例。

绘制圆图时,应注意以下 3 点:

①圆图每 3.6°圆心角所对应的扇形面积为 1%。

②圆图上各部分按资料顺序或大小顺序,以时钟 9 时或 12 时为起点,顺时针方向排列。

③圆图中各部分用线条分开,简要注明文字及百分比。

例如抽样调查了中国 100 名个体的血型数据资料,其中 A 型血有 23 名,B 型血有 17 名,AB 型血有 12 名,O 型血有 48 名,试用圆形图来表示各种血型的次数分布表,见图 2.3。

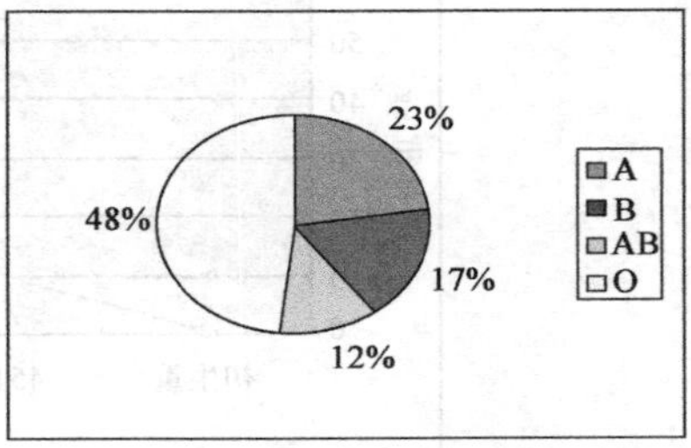

图 2.3　100 名个体的不同血型的次数分布图

(3)直方图(柱形图、矩形图)

对计量资料,可根据次数分布表作出直方图以表示资料的分布情况。其作法是:在横轴上标记组限,纵轴标记次数(f),在各组上作出其高等于次数的矩形,即得次数分布直方图。根据各组组限内所包含次数的多少,按比例绘成垂直矩形图,各组矩形的高低和该组次数成正比。

例如根据表 2.7 绘制的次数分布直方图,见图 2.4。

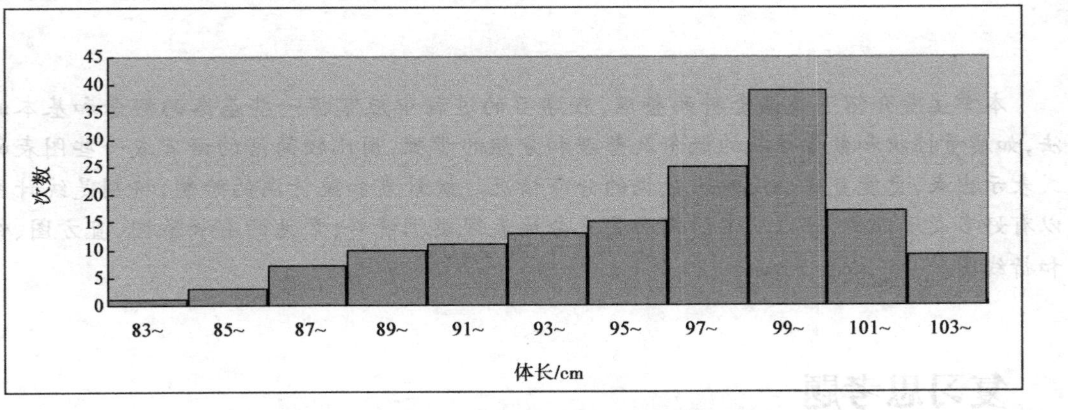

图 2.4　150 头保山猪的 6 月龄的体长的直方图

(4)折线图

对于计量资料,还可根据次数分布表作出次数分布折线图。其作法是:在横轴上标记组中值,纵轴上标记次数,以各组组中值为横坐标、次数为纵坐标描点,用线段依次连接各点,即可得次数分布折线图。

例如,某猪场某地方猪种从初生到 6 月龄的体重的变化如表 2.10 所示,根据该资料可以绘制成折线图,以表示该猪场某地方猪种体重随月龄变化的情况,见图 2.5。

表 2.10 某地方猪种的体重变化(0~6月龄)/kg

月龄	初生重	45日龄	70日龄	4月龄	6月龄
体重	0.82	10.32	16.00	38.50	56.50

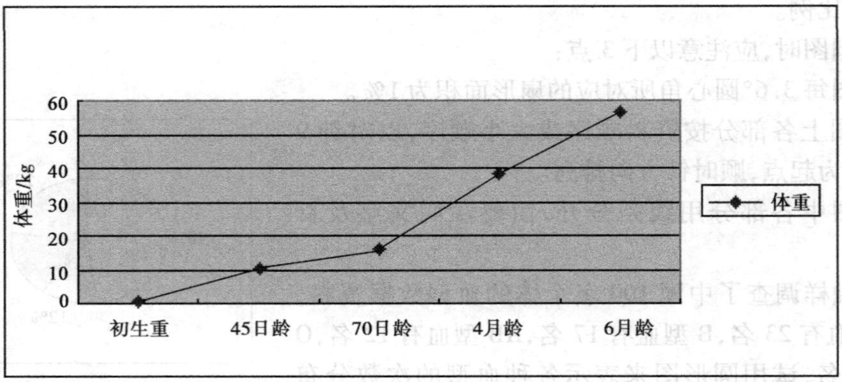

图 2.5 某地方品种猪不同生长阶段的体重变化折线图

通过以上统计表和统计图的绘制,可以看出各观测资料的变化趋势,其中,统计的次数分布图和频率分布图比次数分布表更能直观地表示出各观测值的变化趋势,各资料的分布中心及其变异趋势均可很直观地得到描述。

本章小结

本章主要介绍了数据资料的整理,在学习的过程中应掌握一些基本的概念和基本的方法,如质量性状和数量性状的概念及整理和分组的步骤,用比较简洁的语言或一些图表的形式表示出来,更能直观地反映出数据的分布情况。统计表和统计图的绘制,特别是统计图可以有好多表现形式,可以从不同侧面更充分地表现数据资料,常见的有长条图、直方图、饼图和折线图。

复习思考题

1. 数据资料来源于哪些方面?整理资料有何意义?
2. 资料分哪几种类型?试举例说明。
3. 为什么要对资料进行整理?对于计量资料,整理的基本步骤有哪些?
4. 根据下列100头母猪的产仔数资料,试将其整理分组作成次数分布表。

100头母猪的产仔数资料/头

9	10	12	10	10	11	10	11	12	10
13	10	11	13	12	13	9	10	11	9
10	11	8	11	10	10	12	14	10	11
12	12	14	9	11	12	9	12	13	10
11	10	11	10	11	10	11	8	10	13
13	9	10	11	14	12	12	11	9	10
8	11	14	12	10	9	7	10	11	9
10	10	11	10	11	13	11	12	13	11
11	12	13	11	13	10	7	10	12	10
12	10	10	8	10	8	12	14	10	7

5. 根据习题4的次数分布表，绘制直方图和折线图。

6. 测得某肉品的化学成分的百分比如下，请绘制成圆图。

某肉品的化学成分的百分比资料/%

水　分	蛋白质	脂　肪	无机盐	其　他
62.0	15.3	17.2	1.8	3.7

7. 1~9周龄大型肉鸭杂交组合GW和GY的料肉比如下表所示，请绘制成线图。

1~9周龄大型肉鸭杂交组合GW和GY的料肉比资料

周　龄	1	2	3	4	5	6	7	8	9
GW	1.42	1.56	1.66	1.84	2.13	2.48	2.83	3.11	3.48
GY	1.47	1.71	1.80	1.97	2.31	2.91	3.02	3.29	3.57

第3章 数据资料的度量

本章导读：主要就资料的分布情况做了相关的阐述，内容包括平均数、标准差与变异系数3个常用统计量的相关知识。前者用于反映资料的集中性，即观测值以某一数值为中心而分布的性质；后两者用于反映资料的离散性，即观测值离中分散变异的性质。通过学习，要求深刻理解平均数、标准差和变异系数3个统计量的意义，并掌握其计算方法，通过计算能够做简要的分析。

3.1 集中趋势的度量

平均数是统计学中最常用的统计量，用来表明资料中各观测值相对集中较多的中心位置。在畜牧业生产实践和科学研究中，平均数被广泛用来描述或比较各种技术措施的效果、畜禽某些数量性状的指标等。平均数(average)是数据的代表性，表示资料中观察值的中心位置，并且可以作为资料的代表而与另一组资料相比较，借以明确两者之间相差的情况。

平均数主要包括有算术平均数、中位数、众数、几何平均数及调和平均数，现分别介绍如下。

3.1.1 算术平均数

算术平均数是指资料中各观测值的总和除以观测值个数所得的商，简称平均数或均数，记为 $\bar{x}$，算术平均数的单位与观测值的单位相同。算术平均数可根据样本大小及分组情况而采用直接法或加权法计算。

1)算术平均数的计算方法

(1)直接法

主要用于样本含量较小时($n < 30$)未经分组资料平均数的计算。

设某一资料包含 n 个观测值：$x_1, x_2, \cdots, x_n$，则样本平均数 $\bar{x}$ 可通过下式计算：

$$\bar{x} = \frac{1}{n}(x_1 + x_2 + \cdots + x_n) = \frac{1}{n}\sum_{i=1}^{n} x_i \tag{3.1}$$

其中，$\sum$（读作 sigma）为求和符号；为书写方便，$\sum_{i=1}^{n} x_i$ 可简写为 $\sum x$，式(3.1)即可改写为：

$$\bar{x} = \frac{\sum x}{n}$$

若个体数为 N 的有限总体，其数值为 $X_1, X_2, \cdots, X_N$，则该总体的平均数的计算公式为：

$$\mu = \frac{1}{N}(X_1 + X_2 + \cdots + X_N) = \frac{1}{N}\sum_{i=1}^{N} X_i \tag{3.2}$$

从式(3.2)中可以看出，除非是有限总体，否则总体平均数是无法通过计算得到的。

例 3.1　有人抽测了某奶牛场 12 头奶牛的 305 d 产奶量为 5 480，6 370，6 310，5 180，5 090，6 390，6 050，5 600，5 380，5 360，6 420，7 760(kg)，求其平均体重。

由于 $\sum x = 5\,480 + 6\,370 + 6\,310 + 5\,180 + 5\,090 + 6\,390 + 6\,050 + 5\,600 + 5\,380 + 5\,360 + 6\,420 + 7\,760 = 71\,390$，$n = 12$

代入式(3.2)得：

$$\bar{x} = \frac{\sum x}{n} = \frac{71\,390}{12} = 5\,949.2(\text{kg})$$

即 12 头奶牛的年产奶量为 5 949.2 kg。

(2)减去(或加上)常数法

若观测值 x_i 值都较大(或较小)，且接近某一常数 a 时，可将它们的值都减去(或加上)常数 a，得到一组新的数据，然后再计算平均数，最后重新加上(或减去)常数 a，即得到 $\bar{x}$。以减去常数 a 为例，设 $y_1 = x_1 - a, y_2 = x_2 - a, \cdots, y_n = x_n - a$，则有 $x_1 = y_1 + a, x_2 = y_2 + a, \cdots, x_n = y_n + a$，于是，有：

$$\bar{x} = \frac{\sum x_i}{n} = \frac{\sum (y_i + a)}{n} = \frac{\sum y}{n} + a \tag{3.3}$$

例 3.2　利用减去常数法，计算例 3.1 的平均数 $\bar{x}$。

设 $a = 6\,000$，则有 $y_1 = 5\,480 - 6\,000 = -520, y_2 = 6\,370 - 6\,000 = 370, \cdots, y_{12} = 7\,760 - 6\,000 = 1\,760$。代入式(3.3)，得：

$$\bar{x} = \frac{1}{12} \times [(-520) + 370 + \cdots + 1\,760] + 6\,000 = 5\,949.2$$

(3)加权平均法

对于样本含量 $n \geqslant 30$ 且已分组的资料，可以在次数分布表的基础上采用加权法计算平均数。在具有 n 个观测数的样本中，如果观测数 x_1 出现 f_1 次，观测数 x_2 出现 f_2 次，……，观测数 x_k 出现 f_k 次，且 $f_1 + f_2 + \cdots + f_k = n$，这时平均数的计算公式为：

$$\bar{x} = \frac{f_1x_1 + f_2x_2 + \cdots + f_kx_k}{f_1 + f_2 + \cdots + f_k} = \frac{\sum_{i=1}^{k} f_ix_i}{\sum_{i=1}^{k} f_i} = \frac{\sum fx}{\sum f} = \frac{\sum fx}{n} \tag{3.4}$$

式中　x_i——第 i 组的组中值；

f_i——第 i 组的次数；

k—— 分组数。

第 i 组的次数 f_i 是权衡第 i 组组中值 x_i 在资料中所占比重大小的数量，因此 f_i 可以理解为 x_i 的“权数”，因而上式所求得的 $\bar{x}$ 称为加权平均数，加权法也由此而得名。

例 3.3 利用加权平均法，计算例 3.1 的加权平均数。

先整理 150 头保山猪 6 月龄的体长数据如表 3.1。利用公式(3.4)，得：

$$\bar{x} = \frac{\sum fx}{\sum f} = \frac{14\ 552}{150} = 93.01\ (\text{cm})$$

即这 150 头保山猪平均 6 月龄体长为 93.01 cm。

表 3.1 150 头保山猪的 6 月龄的体长的次数分布表

组 别/cm	组中值/cm	次数，f	fx
83 ~	84	1	84
85 ~	86	3	258
87 ~	88	7	616
89 ~	90	10	900
91 ~	92	11	1 012
93 ~	94	13	1 222
95 ~	96	15	1 440
97 ~	98	25	2 450
99 ~	100	39	3 900
101 ~	102	17	1 734
103 ~	104	9	936
		150	14 552

计算若干个来自同一总体的样本平均数的平均数时，如果样本含量不等，也应采用加权法计算。

例 3.4 假设有一个样本含量为 500 的一个群体，其生长激素基因的两个等位基因 A 和 B 的基因频率分别为 0.3 和 0.7，另一个样本含量为 800 的群体，同一基因 A 和 B 的基因频率分别为 0.4 和 0.6。求这两个群体混合在一起，整个混合群体中 A 和 B 等位基因的平均基因频率是多少？

此例两个群体所包含的个体数不等，要计算两个群体混合后生长激素基因各等位基因的平均基因频率，应以两个群体的个体数为权，求两个群体生长激素基因各基因的加权平均数，即：

$$\bar{x}_A = \frac{\sum fx}{\sum f} = \frac{500 \times 0.3 + 800 \times 0.4}{500 + 800} = 0.36 \quad \bar{x}_B = \frac{\sum fx}{\sum f} = \frac{500 \times 0.7 + 800 \times 0.6}{500 + 800} = 0.64$$

即两群体混合后生长激素基因两个等位基因 A 和 B 的平均基因频率分别为 0.36 和 0.64。

2)算术平均数的基本性质

(1)样本各观测值与平均数之差的总和为零,即离均差之和等于零。

$$\sum_{i=1}^{n}(x_i - \bar{x}) = 0 \qquad \text{或简写成} \sum (x - \bar{x}) = 0$$

证明如下:

$$\begin{aligned}\sum (x - \bar{x}) &= (x_1 - \bar{x}) + (x_2 - \bar{x}) + \cdots + (x_n - \bar{x}) \\ &= (x_1 + x_2 + \cdots + x_n) - n\bar{x} \\ &= \sum x - n\bar{x}\end{aligned}$$

因为$\bar{x} = \dfrac{\sum x}{n}$,所以$\sum x = n\bar{x}$,故:

$$\sum (x - \bar{x}) = \sum x - n\bar{x} = 0$$

例 3.5　比如1,3,5,7四个观测值的平均数等于4。

$$\sum (x - \bar{x}) = (1-4) + (3-4) + (5-4) + (7-4) = -3 - 1 + 1 + 3 = 0$$

(2)样本中各观测值与平均数之差的平方和为最小,即离均差平方和为最小。

设a为$\bar{x}$以外的任何数值,则:

$$\sum_{i=1}^{n}(x - \bar{x})^2 < \sum_{i=1}^{n}(x_i - a)^2 \qquad (\text{常数 } a \neq \bar{x})$$

或简写为:

$$\sum (x - \bar{x})^2 < \sum (x - a)^2$$

这是因为:

$$\begin{aligned}\sum (x - a)^2 &= \sum [(x - \bar{x}) + (\bar{x} - a)]^2 \\ &= \sum [(x - \bar{x})^2 + 2(x - \bar{x})(\bar{x} - a) + (\bar{x} - a)^2] \\ &= \sum (x - \bar{x})^2 + 2\sum (x - \bar{x})(\bar{x} - a) + \sum (\bar{x} - a)^2 \\ &= \sum (x - \bar{x})^2 + n(\bar{x} - a)^2\end{aligned}$$

已知$\sum (x - \bar{x}) = 0$,因此$2\sum (x - \bar{x})(\bar{x} - a) = 2(\bar{x} - a)\sum (x - \bar{x}) = 0$。

因为$n(\bar{x} - a)^2$必大于0,所以,有:

$$\sum (x - \bar{x})^2 < \sum (\bar{x} - a)^2$$

例 3.6　现有5个变数,分别为2,4,6,8,10,其平均数为6,试验证离均差平方和最小。

计算过程如表3.2所示。

表3.2　离均差平方和为最小的计算实例

变　数	$(x-2)^2$	$(x-4)^2$	$(x-5)^2$	$(x-6)^2$	$(x-8)^2$
2	0	4	9	16	36
4	4	0	1	4	16
6	16	4	1	0	4
8	36	16	9	4	0
10	64	36	25	16	4
总和	120	60	45	40	60

由上表可以看出 40 < 45 < 60 < 120。

3.1.2 几何平均数

n 个观测值(非负数)相乘之积开 n 次方所得的方根,称为几何平均数,用 G 来表示,其计算公式为:

$$G = \sqrt[n]{x_1 x_2 \cdots x_n} = (x_1 x_2 \cdots x_n)^{\frac{1}{n}} \tag{3.5}$$

几何平均数主要应用于动物生产的动态分析,畜禽疾病及药物效价的统计分析。如畜禽、水产养殖的增长率,抗体的滴度,药物的效价,畜禽疾病的潜伏期等。这类资料的相邻数值间成等比关系,因此用几何平均数比用算术平均数更能代表其平均水平。

为了计算方便,可将各观测值取对数值后相加再除以 n,得 $\lg G$,再查出 $\lg G$ 的反对数,即得 G 值,即

$$G = \lg^{-1}\left[\frac{1}{n}(\lg x_1 + \lg x_2 + \cdots + \lg x_n)\right] \tag{3.6}$$

例 3.7 某品种猪从初生到 4 月龄体重变化见表 3.3,试求其月平均增长率。

表 3.3 某品种猪不同生长阶段体重变化情况

时 期	体重/kg	相对增重率, x	$\lg x$
初生重	1.86	—	—
1 月龄	14.31	7.66	0.884
2 月龄	24.30	1.70	0.230
3 月龄	36.57	1.50	0.176
4 月龄	50.50	1.38	0.140
5 月龄	66.50	1.32	0.121

利用式(3.6)求月平均增长率

$$\begin{aligned} G &= \lg^{-1}\left[\frac{1}{n}\lg x_1 + \lg x_2 + \cdots + \lg x_n\right] \\ &= \lg^{-1}\left[\frac{1}{5}(0.884 + 0.230 + 0.176 + 0.140 + 0.121)\right] \\ &= \lg^{-1}\left(\frac{1.551}{5}\right) \\ &= \lg^{-1}0.3102 \\ &= 2.04 \end{aligned}$$

即月平均增长率为 2.04 或 204%。

3.1.3 中位数

将资料内所有观测值从小到大依次排列,位于中间的那个观测值,称为中位数,记为 M_d。当观测值的个数是偶数时,则以中间两个观测值的平均数作为中位数。中位数简称中数。当所获得的数据资料呈偏态分布时,中位数的代表性优于算术平均数。中位数的计算方法因资料是否分组而有所不同。

1)**未分组资料中位数的计算方法**

对于未分组资料,先将各观测值由小到大依次排列。

(1)当观测值个数 n 为奇数时,$(n+1)/2$ 位置的观测值,即 $x_{(n+1)/2}$ 为中位数,即:

$$M_d = x_{(n+1)/2} \tag{3.7}$$

(2)当观测值个数为偶数时,$n/2$ 和$(n/2+1)$ 位置的两个观测值之和的1/2 为中位数,即:

$$M_d = \frac{x_{n/2} + x_{(n/2+1)}}{2} \tag{3.8}$$

例3.8　观察一窝仔猪的初生重资料为1.3,1.4,1.1,1.2,1.6,1.8,1.0,1.5,1.7(kg),求其中位数。

此例中 $n = 9$,为奇数,则:

各观测值按从小到大的次序为1.0,1.1,1.2,1.3,1.4,1.5,1.6,1.7,1.8,故中位数:

$$M_d = x_{(n+1)/2} = x_{(9+1)/2} = x_5 = 1.4\ \text{kg}$$

即此窝仔猪的初生重的中位数为1.4 kg。

例3.9　某鸡场雏鸡球虫病发病日龄(单位:d)为11,20,24,28,31,34,36,41,56,81,求其中位数。

此例中 $n = 10$,为偶数,则:

各观测值按从小到大的次序为11,20,24,28,31,34,36,41,56,81 (d),故中位数:

$$M_d = \frac{(x_{n/2} + x_{n/2+1})}{2} = \frac{(x_5 + x_6)}{2} = \frac{31+34}{2}\text{d} = 32.5\ \text{d}$$

即雏鸡球虫病发病日龄的中位数为32.5 d。

2)**已分组资料中位数的计算方法**

若资料已分组,编制成次数分布表,则可利用次数分布表来计算中位数,其计算公式为:

$$M_d = L + \frac{i}{f}\left(\frac{n}{2} - c\right) \tag{3.9}$$

式中:L 为中位数所在组的下限,i 为组距,f 为中位数所在组的次数,n 为总次数,c 为小于中数所在组的累加次数。

例3.10　某奶牛场100头奶牛年产奶的天数整理成次数分布表如表3.4所示,求中位数。

表3.4　100头奶牛年产奶的天数次数分布表

年产奶天数/d	头数,f	累加头数
270 ~ 275	2	2
275 ~ 280	5	7
280 ~ 285	18	25
285 ~ 290	23	48
290 ~ 295	37	85
295 ~ 300	10	95
300 ~ 305	3	98
305 ~ 310	2	100

由表3.4可见:$i = 5$,$n = 100$,因而中位数只能在累加头数为85所对应的“290 ~ 295”这一组,于是可确定 $L = 290$,$f = 37$,$c = 48$,代入式(3.9)得:

$$M_d = L + \frac{i}{f}\left(\frac{n}{2} - c\right) = 290 + \frac{5}{37}\left(\frac{100}{2} - 48\right) = 290.3\ \text{d}$$

即奶牛年产奶天数的中位数为 290. 3 d。

3.1.4 众　数

资料中出现次数最多的那个观测值或次数最多一组的组中值，称为众数，记为 M_o。间断性观测值的资料由于各观测值易于集中某一数值，所以，众数易于决定；连续性观测值的资料由于各变数不易集中某一数值，因此，不易确定众数。所以，连续性观测值资料确定众数需要制成次数分布表，在表中次数出现最多的一组的组中值，即为众数。如表 2. 2 所列的 50 枚受精种蛋出雏天数次数分布中，以 22 出现的次数最多，则该资料的众数为 22 d。又如例 3. 9 所列出的次数分布表中，290 ~295 这一组次数最多，其组中值为 292. 5 d，则该资料的众数为292. 5 d。

3.1.5 调和平均数

资料中各观测值倒数的算术平均数的倒数，称为调和平均数，记为 H，即

$$H = \frac{1}{\frac{1}{n}\left(\frac{1}{x_1} + \frac{1}{x_2} + \cdots + \frac{1}{x_n}\right)} = \frac{1}{\frac{1}{n}\sum \frac{1}{x}} \tag{3.10}$$

对于速度一类资料，常用调和平均数。调和平均数主要用于反映畜群不同阶段的平均增长率或畜群不同规模的平均规模。

例 3. 11　某育种场，种猪不同世代猪群保种的规模分别为：0 世代 180 头，1 世代 200 头，2 世代 220 头，3 世代 180 头，4 世代 230 头，试求其平均规模。

利用公式(3. 10) 求平均规模：

$$H = \frac{1}{\frac{1}{5}\left(\frac{1}{180} + \frac{1}{200} + \frac{1}{220} + \frac{1}{180} + \frac{1}{230}\right)}\text{头} = \frac{1}{\frac{1}{5}(0.025)}\text{头} = \frac{1}{0.005}\text{头} = 200\ \text{头}$$

即保种群平均规模为 200 头。

3.1.6 各个集中趋势度量指标之间的关系及评价

上述五种平均数(算术平均数、几何平均数、众数、中位数、调和平均数)，最常用的是算术平均数。平均指标又称统计平均数，用以反映社会经济现象总体各单位某一数量标志在一定时间、地点条件下所达到的一般水平的综合指标。

总体平均指标在认识现象总体数量特征方面有重要作用，应用广泛。一是可以反映总体的综合特征；二是可以反映总体分布的集中趋势；三是可以用于对同类现象在不同空间、不同时间条件下的对比分析，从而反映现象在不同地区、单位之间的差异，体现现象在不同时间的发展趋势。

算术平均数也称均值；几何平均数是 n 个变量值乘积的 n 次方根，在统计中，几何平均数常用于计算平均速度和平均比率；中位数是位置平均数，不受极端值的影响，在总体标志值差异很大的情况下，中位数具有很强的代表性；众数也是一种位置平均数，在实际工作中往往可以代表现象的一般水平，但只有在总体单位数多且有明显的集中趋势时，才可计算众数；调和平均数是总体各单位标志值倒数的算术平均数的倒数，又称为倒数平均数。

在单峰对称分布中，算术平均数、中位数、众数三者相等。

在单峰偏斜分布中，只要偏斜适度，有下列经验关系：中位数处在算术平均数和众数之间；上偏时，众数最小，算术平均数最大；下偏时，众数最大，算术平均数最小；中位数与众数之间的距离大约是中位数与算术平均数之间距离的 2 倍(图 3.1)。

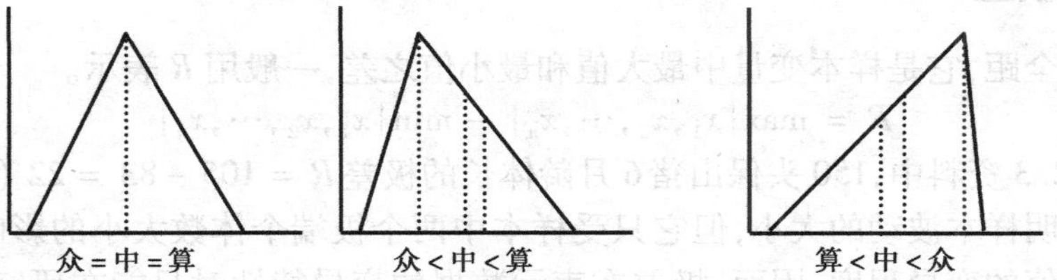

图 3.1　算术平均数、中位数、众数的关系

由于算术平均数、中位数、众数的上述关系，一般认为，在较明显的偏斜分布情形下，用中位数来说明次数分布的位置特征较为适中。因为，众数忽略了偏斜一侧的大量数值，而算术平均数又过分强调了这些数值。

算术平均数对特异值的反应十分灵敏，而中位数对特异值反应不灵敏。因此，常常把中位数作为探索发现特异值的标准。我们把数据中的每一个数值和中位数相减，可以很容易发现特异值；反之，把每个数值和算术平均数相减却不容易发现特异值。

对于同一资料，不同的平均数的计算，其数据资料集中趋势的程度是不一样的，其代表性依次为：算术平均数 > 几何平均数 > 调和平均数。

均数的应用：①均数用来描述一组变量值的平均水平，具有代表性，因此变量值必须是同质的。②均数适用于呈正态分布的资料，因为它位于分布的中心，最能反映分布的集中趋势。对于偏态分布资料，均数则不能很好地反映分布的集中趋势，可用几何均数、中位数等描述。③均数只能反映数据集中趋势，对服从正态分布的资料，应把均数与离散趋势指标标准差结合起来，可全面地反映其分布的特征。

3.2　离散趋势的度量

离散特征数反映总体中各单位标志值离散程度或变动范围的指标。

从前面的内容可以知道，用平均数作为样本的代表，其代表性的强弱受样本资料中各观测值变异程度的影响。如果各观测值变异小，则平均数对样本的代表性强；如果各观测值变异大，则平均数代表性弱。因而仅用平均数对一个资料的特征作统计描述是不全面的，还需引入一个表示资料中观测值变异程度大小的统计量。

请看下面的例子：

A 组资料：3，4，5，6，7，平均数为 5；

B 组资料：1，3，5，7，9，平均数仍为 5。

这里的平均数 5 对于 A 组资料的代表性好，还是对于 B 组资料的代表性好？

因此，只表明了数据的集中程度是远远不够的，还需要进一步说明数据的变异程度。只有通过变异程度的描述，才知道代表值的代表性。与集中趋势相反，离散趋势反映的是一组资料中各观测值之间的差异或离散程度。常用的描述定量资料离散趋势的指标有极差、平均绝对离差、方差、标准差、变异系数等。

3.2.1 极差

极差又称全距，它是样本变量中最大值和最小值之差，一般用 R 表示。

$$R = \max\{x_1, x_2, \cdots, x_n\} - \min\{x_1, x_2, \cdots, x_n\} \tag{3.11}$$

例如，表2.3资料中，150头保山猪6月龄体长的极差 $R = 105 - 83 = 22$ (cm)。极差在一定程度上能说明样本波动的大小，但它只受样本中两个极端个体数大小的影响，不能代表样本中各个观测值的变异程度，因而，极差在表示数据的变异特性时只能在研究小样本的波动时使用，具有一定的局限性。

3.2.2 平均绝对离差

平均绝对离差又称为平均差，指各个数据与平均数差数的绝对值的平均数。由于各个观测值对其算术平均数的离差总和恒等于零(即 $\sum (x - \bar{x}) = 0$)，因此各项离差的平均数也恒等于零，为此，在计算平均差时，采用离差的绝对值 $|x - \bar{x}|$。

1）平均绝对离差的一般计算方法

计算公式如下：

以 MAD 表示，对于未分组资料，其计算公式为：

$$MAD = \frac{\sum_{i=1}^{n} |x - \bar{x}|}{n} \tag{3.12}$$

如1,2,3,4,5等数字的平均数为3，离均差分别为 -2，-1，0，1，2，绝对离差为2，1，0，1，2，因此：

$$MAD = \frac{2 + 1 + 0 + 1 + 2}{5} = 1.2$$

对于分组资料：

$$MAD = \frac{\sum_{i=1}^{k} f_i |x - \bar{x}|}{\sum_{i=1}^{k} f_i} \tag{3.13}$$

例3.12 某奶牛场100头奶牛体重资料如表3.5，试计算平均绝对离差。

将表3.5资料按加权平均法代入式(3.4)，得：

$$\bar{x} = \frac{\sum_{i=1}^{k} x_i f_i}{\sum_{i=1}^{k} f_i} = \frac{3\,200}{100} = 320 \text{ kg}$$

将表3.5资料按分组资料计算法代入式(3.13)，得：

$$MAD = \frac{\sum_{i=1}^{k} f_i |x_i - \bar{x}|}{\sum_{i=1}^{k} f_i} = \frac{7\,600}{100} = 76 \text{ kg}$$

表 3.5　100 头奶牛体重资料 /kg

按体重分组	个体数	组中值	离　差	离差的绝对值	离差绝对值 × 次数
100 ~ 200	10	150	−170	170	1 700
200 ~ 300	30	250	−70	70	2 100
300 ~ 400	40	350	30	30	1 200
400 ~ 500	20	450	130	130	2 600
合计	100	—	—	—	7 600

平均绝对离差充分考虑了每一个数值离中的情况，可以表示资料中各观测值的变异程度，完整地反映了全部数值的分散程度，在反映离中趋势方面比较灵敏，计算方法也比较简单。它的缺陷在于，由于它的敏感性和包含绝对值符号，使得它易受极端值影响，使用很不方便，特别是绝对值运算给数学处理带来很多不便，故在统计学中未被采用。

2) 在 EXCEL 软件中计算平均绝对离差

未分组资料：函数 AVEDEV

分组资料：运用函数 SUMPRODUCT，ABS(求绝对值)

3.2.3　方差和标准差

全距(极差)是表示资料中各观测值变异程度大小最简便的统计量。全距大，则资料中各观测值变异程度大；全距小，则资料中各观测值变异程度小。但是全距只利用了资料中的最大值和最小值，并不能准确表达资料中各观测值的变异程度，比较粗略。当资料很多而又要迅速对资料的变异程度做出判断时，可以利用全距这个统计量。

虽然平均绝对离差可以表示资料中各观测值的变异程度，但由于平均绝对离差包含绝对值符号，使用很不方便，在统计学中未被采用。我们还可以采用将离均差平方的办法来解决离均差有正、有负，离均差之和为零的问题。

方差与标准差是测度离中趋势的最重要、最常用的量。

1) 方差

由于算术平均数的可信度比较高，我们设想用观察值与算术平均数之间的差异来度量一组观察值的变异性，但是这又遇到 $\sum(x-\bar{x})=0$ 的困难，不能反映其变异程度。为了解决这一矛盾，将离均差平方后再相加就不再为 0 。从这个式子知道 $\sum(x-\bar{x})^2$ 愈大，则资料的变异程度也就愈大。但这样还有一个缺点，就是离均差平方和常随样本容量大小而改变。为了方便比较，用样本容量 n 来除离均差平方和，得到平均的平方和，简称均方 (mean square，MS) 或方差 (variance)。方差可以分为样本方差和总体方差，样本方差是一组资料中各数值与其算术平均数离差平方和的平均数，用 s^2 表示。

$$s^2=\frac{\sum(x-\bar{x})^2}{n-1} \tag{3.14}$$

其中 $\sum(x-\bar{x})^2$ 称为离均差的平方和(简称平方和)，记为 SS (Sum of Square)。

这里，一个样本中有 n 个观测值，在计算方差时，利用了 n 个离均差 $(x-\bar{x})$，但由于

$\sum(x-\bar{x})=0$ 这一条件的约束，所以只有 $(n-1)$ 个离均差可以自由变动。$(n-1)$ 称为自由度(degree of freedom,df)，它是指当以样本的统计量来估计总体的参数时，样本中独立或能自由变化的数据的个数。

样本方差相应的总体参数叫总体方差，通常用 σ^2 表示。对于有限总体而言，σ^2 是一组资料中各数值与其算术平均数离差平方和的平均数，即：

$$\sigma^2=\frac{\sum(x-\mu)^2}{n} \tag{3.15}$$

例如，在估计总体的平均数时，样本中的 n 个数值全部加起来，其中任何一个数值都和其他数据相独立，从其中抽出任何一个数值都不影响其他数据(这也是随机抽样所要求的)。因此一组数据中每一个数据都是独立的，所以自由度就是估计总体参数时独立数据的数目，而平均数是根据 n 个独立数据来估计的，因此自由度为 n。

但是用样本估计总体的方差时，方差的自由度就是 $(n-1)$。从式(3.14)我们可以看出，总体的方差是由各数据与总体平均数的差值求出来的，因此必须将 μ 固定后才可以求总体的方差。因此，由于 μ 被固定，它就不能独立自由变化，也就是方差受到总体平均数的限制，少了一个自由变化的机会，因此要从 n 里减掉一个。

当样本数据个数很大时，n 与 $n-1$ 很接近，从而样本方差与总体方差也很接近。需要强调的是，样本方差的分母为 $n-1$，总体方差的分母为 n。s^2 是总体方差 σ^2 的最好无偏估计值。

从方差的定义和计算公式，我们看到它与平均差一样，都是以离差来反映一组数据的差异程度的，所不同在于对离差的处理方式不同。方差是通过对离差进行平方来避免正负离差的互相抵消，这使得它不仅能够考虑所有数据的情况来反映数据离散程度的大小，而且避免了绝对值计算，使得数学上的处理更加方便。此外，方差在统计推断上具有较佳的统计与数学性质，这就使得方差成为最重要的离中趋势测度量。

2)标准差

(1)标准差的定义

方差虽能反映变量的变异程度，但由于离均差取了平方值，使得它与原始数据的数值和单位都不相适应，需要将其还原，即应求出样本方差的正平方根。样本方差的正平方根叫做样本标准差，记为 s，即：

$$s=\sqrt{\frac{\sum(x-\bar{x})^2}{n-1}} \tag{3.16}$$

对应于样本标准差，总体也有标准差，记为 σ。对于有限总体而言，σ 的计算公式为：

$$\sigma=\sqrt{\frac{\sum(x-\mu)^2}{n}} \tag{3.17}$$

比较样本标准差和总体标准差，可以看出，样本标准差不用 n 而是用 $(n-1)$ 为除数，这是因为 $\sum(x-\bar{x})^2$ 是一最小平方和，如果以 n 为除数，则所得 s 是 σ 的偏小估计，而用 $(n-1)$ 替代 n，则可避免偏小估计的弊端，提高用样本估计总体变异的精度。

(2)标准差的计算

在计算标准差时，首先要求出平均数，然后求出 $\sum(x-\bar{x})^2$，再按样本标准差的公式进行计算。这样不仅麻烦，而且当$\bar{x}$为约数时，容易引起计算误差。所以通常把$\sum(x-\bar{x})^2$进行下面变形。

$$\begin{aligned}\sum(x-\bar{x})^2 &= \sum(x^2-2x\bar{x}+\bar{x}^2)\\ &= \sum x^2 - 2\bar{x}\sum x + n\bar{x}^2\\ &= \sum x^2 - 2\frac{(\sum x)^2}{n} + n\left(\frac{\sum x}{n}\right)^2\\ &= \sum x^2 - \frac{(\sum x)^2}{n}\end{aligned}$$

所以式(3.16)可改写为：

$$s = \sqrt{\frac{\sum x^2 - \frac{(\sum x)^2}{n}}{n-1}} \tag{3.18}$$

在统计学中，常用样本标准差s估计总体标准差σ。

①直接法。对于未分组或小样本资料，可直接利用式(3.15)或式(3.17)来计算标准差。

例3.13　为比较A，B两个品种肉猪的肥育性能，随机各抽取12头猪，在相同的饲养管理条件下进行了肥育试验，得到其日增重的数据如表3.6所示，试求其标准差。

表3.6　A，B两个品种肉猪的日增重/g

品种	猪日增重/g												平均数
A	850	800	860	910	864	795	900	876	910	882	870	880	866.42
B	600	620	610	598	630	624	597	601	607	597	610	603	608.08

$$\sum x_A = 850+800+860+910+864+795+900+876+910+882+870+880 = 10\ 397$$

$$\sum x_A^2 = 850^2+800^2+860^2+910^2+864^2+795^2+900^2+876^2+910^2+882^2+870^2+880^2 = 9\ 023\ 421$$

$$\sum x_B = 600+620+610+598+630+624+597+601+607+597+610+603 = 7\ 297$$

$$\sum x_B^2 = 600^2+620^2+610^2+598^2+630^2+624^2+597^2+601^2+607^2+597^2+610^2+603^2 = 4\ 438\ 557$$

此例中，$n=12$，经计算得：$\sum x_A = 10\ 397$，$\sum x_A^2 = 9\ 023\ 421$，$\sum x_B = 7\ 297$，$\sum x_B^2 = 4\ 438\ 557$。将它们代入式(3.18)，得：

$$s_A = \sqrt{\frac{\sum x^2 - (\sum x)^2/n}{n-1}} = \sqrt{\frac{9\ 023\ 421 - 10\ 397^2/12}{12-1}} = 37.279\ \text{g}$$

$$s_B = \sqrt{\frac{\sum x^2 - (\sum x)^2/n}{n-1}} = \sqrt{\frac{4\ 438\ 557 - 7\ 297^2/12}{12-1}} = 11.172\ \text{g}$$

由于$s_A > s_B$，说明A品种猪日增重的变异大于B品种猪日增重的变异程度。

在实际计算中，当遇到数值较大的数据资料时，为了简化计算过程，可将各观测值都加上或减去一个常数，所得 s 值不变。

例 3.14 测得 10 头中国荷斯坦奶牛的的体高(cm)数据资料如表 3.7，试计算其标准差。

表 3.7 10 头中国荷斯坦奶牛的的体高(cm)标准差计算

体高 x	x^2	$x' = x - 134$	x'^2
133	17 689	−1	1
134	17 956	0	0
135	18 225	1	1
136	18 496	2	4
134	17 956	0	0
137	18 769	3	9
136	18 496	2	4
134	17 956	0	0
133	17 689	−1	1
135	18 225	1	1
$\sum x = 1\ 347$	$\sum x^2 = 181\ 457$	$\sum x' = 7$	$\sum x'^2 = 21$

将表中的资料按两种算法代入式(3.18)，得：

$$s = \sqrt{\frac{\sum x^2 - (\sum x)^2/n}{n-1}} = \sqrt{\frac{181\ 457 - 1\ 347^2/10}{10-1}} = 1.337\ \text{cm}$$

$$s = \sqrt{\frac{\sum x'^2 - (\sum x')^2/n}{n-1}} = \sqrt{\frac{21 - 7^2/10}{10-1}} = 1.337\ \text{cm}$$

两种算法相比，其结果是一样的。当样本的变量数值较大时，用简化后的数据计算标准差 s，可以大大节约计算工作量。

② 加权法。对于已分组的制成次数分布表的大样本资料，可利用次数分布表，采用加权法计算标准差。计算公式为：

$$s = \sqrt{\frac{\sum f(x-\bar{x})^2}{\sum f - 1}} = \sqrt{\frac{\sum fx^2 - (\sum fx)^2/\sum f}{\sum f - 1}} \tag{3.19}$$

式中，f 为各组次数；x 为各组的组中值；$\sum f = n$ 为总次数。

例 3.15 利用某纯系蛋鸡 200 枚蛋重资料的次数分布表(见表 3.8)计算标准差。

表 3.8　某纯系蛋鸡 200 枚蛋重资料次数分布及标准差计算表

组　别	组中值, x	次数, f	fx	fx^2
44.15 ~	45.0	3	135.0	6 075.0
45.85 ~	46.7	6	280.2	13 085.34
47.55 ~	48.4	16	774.4	37 480.96
49.25 ~	50.1	22	1 102.2	55 220.22
50.95 ~	51.8	30	1 554.0	80 497.20
52.65 ~	53.5	44	2 354.0	125 939.00
54.35 ~	55.2	28	1 545.0	85 317.12
56.05 ~	56.9	30	1 707.0	97 128.30
57.75 ~	58.6	12	703.2	41 207.52
59.45 ~	60.3	5	301.5	18 180.45
61.15 ~	62.0	4	248.0	15 376.00
合计		$\sum f = 200$	$\sum fx = 10\ 705.1$	$\sum fx^2 = 575\ 507.11$

将表 3.8 中的 $\sum f, \sum fx, \sum fx^2$ 代入式(3.18),得:

$$s = \sqrt{\frac{\sum fx^2 - (\sum fx)^2 / \sum f}{\sum f - 1}} = \sqrt{\frac{575\ 507.11 - 10\ 705.1^2/200}{200 - 1}} = 3.552\ 4\ \text{g}$$

即某纯系蛋鸡 200 枚蛋重的标准差为 3.552 4 g。

样本标准差既反映了样本本身的变异程度,也是对总体变异程度的估计。标准差越小,表明样本中各变数越趋近于平均数,平均数的代表性就越好;反之,标准差越大,表明样本中各变数的分布越分散,平均数的代表性就越差。

(3)标准差的特性

标准差是衡量变量资料变异程度的最好参数,它具有以下特性。

①标准差的大小,受资料中每个观测值的影响,如观测值间变异大,求得的标准差也大,反之则小。

②在计算标准差时,各观测值同时加上或减去一个常数,所得的标准差值不变。

③当每个观测值同时乘以或除以一个不为 0 的常数 a,则所得的标准差是原来标准差的 a 倍或 $1/a$ 倍。

④在资料服从正态分布的条件下,资料中约有 68.26% 的观测值在平均数左右一倍标准差 ($\bar{x} \pm s$) 范围内;约有 95.43% 的观测值在平均数左右两倍标准差($\bar{x} \pm 2s$) 范围内;约有 99.73%的观测值在平均数左右三倍标准差($\bar{x} \pm 3s$) 范围内。也就是说全距近似地等于 6 倍标准差,可用(全距 /6) 来粗略估计标准差。

(4)标准差的作用

①表示变量分布的离散程度。标准差小,说明变量的分布比较集中在平均数的附近;标准差大,则表明变量的分布比较离散。因此,可以用标准差的大小判断平均数代表性的强弱。

②利用标准差的大小，可以概括地估计出变量的次数分布及各类观测数在总体中所占的比例。

③估计平均数的标准误。在计算平均数的估计标准误时，可根据样本标准差代替总体标准差进行计算。

④进行平均数的区间估计和变异系数计算。

3）方差和标准差

方差和标准差都可以用来表示数据资料的离散程度，从两者的概念上可以看出它们有相似性，也有一定的联系，标准差为方差的平方根。方差越大，这组数据就越离散，数据的波动也就越大；方差越小，这组数据就越聚合，数据的波动也就越小。这一公式可简单记忆为“方差等于差方的平均数”。方差、标准差都是描述数据“离散程度”的“特征数”。

3.2.4 变异系数

1）变异系数的意义

变异系数是衡量资料中各观测值变异程度的另一个统计量。当进行两个或多个资料变异程度的比较时，如果度量单位相同，且各平均数彼此相近，可以直接利用标准差来比较。如果单位不同和（或）平均数差异很大时，比较其变异程度就不能采用标准差，而需采用标准差与平均数的比值（相对值）来比较。标准差与平均数的比值称为变异系数，记为 C_V。变异系数可以消除单位和（或）平均数不同对两个或多个资料变异程度比较的影响，它也是衡量样本资料变异程度的一个统计量。可以用变异系数来比较均数相差悬殊的几组资料的变异度，如相同度量衡单位指标的不同时间的纵向比较、比较度量衡单位不同的多组资料的变异度，即做相同时间不同指标的横向比较和变异系数还常用于比较多个样品重复测定的误差。

变异系数的计算公式为：

$$C_V = \frac{s}{\bar{x}} \times 100\% \tag{3.20}$$

式中，C_V 为变异系数；s 为标准差；$\bar{x}$ 为平均数。

例 3.16 已知某良种猪场 400 头长白猪成年母猪平均体重为 190 kg，标准差为 10.5 kg，而 100 头长白猪育成母猪平均体重为 90 kg，标准差为 8.5 kg。试问两组不同年龄的母猪，哪一组体重变异程度大？

此例观测值虽然都是体重，单位相同，但它们的平均数不相同，只能用变异系数来比较其变异程度的大小。

因此，长白成年母猪体重的变异系数：$C_V = \frac{10.5}{190} \times 100\% = 5.53\%$

长白猪育成母猪体重的变异系数：$C_V = \frac{8.5}{90} \times 100\% = 9.44\%$

两组不同年龄母猪的比较，长白猪育成母猪体重的变异系数大于成年母猪体重的变异系数。所以，长白猪育成母猪体重的变异程度大于成年母猪。

注意，变异系数的大小，同时受平均数和标准差两个统计量的影响，因而在利用变异系数表示资料的变异程度时，最好将平均数和标准差也列出。

2）变异系数的特性

（1）变异系数也是表示样本变异程度的一种数值，它与标准差不同，标准差是一个绝对值,它有单位,而变异系数是一个相对值,用百分数表示。

(2)变异系数不受单位不同和平均数不同的影响。单位不同和平均数不同的数据,都可以应用变异系数来比较其变异程度的大小。

(3)变异系数的大小,同时受标准差与平均数两个指标的影响。

(4)在比较两个或多个样本的变异程度时,变异系数不受样本单位不同或平均数差异大小的影响。

本章小结

本章主要介绍了生物统计中的一些统计量的有关知识,这些统计量可用来衡量数据资料的集中程度和离散程度。平均数、方差、标准差、变异系数等的概念和计算公式如下:

平均数的计算公式:$\bar{x}=\dfrac{\sum x}{N}$

方差的计算公式:$s^2=\dfrac{\sum(x-\bar{x})^2}{n-1}$　　$s^2=\dfrac{\sum_{i=1}^{k}(x_i-\bar{x})^2 f_i}{\sum_{i=1}^{k} f_i-1}$

标准差的计算公式:$\sigma=\sqrt{\dfrac{\sum x^2-\dfrac{(\sum x)^2}{n}}{n-1}}$　　$\sigma=\sqrt{\dfrac{\sum fx^2-\dfrac{(\sum fx)^2}{\sum f}}{\sum f-1}}$

变异系数的计算公式:$C_V=\dfrac{s}{\bar{x}}\times 100\%$

复习思考题

1. 生物统计中常用的平均数有几种?各在什么情况下应用?

2. 何谓标准差?标准差有哪些特性?

3. 何谓变异系数?为什么变异系数要与平均数、标准差配合使用?

4. 10头母猪第一胎的产仔数分别为:9,8,7,10,12,10,11,14,8,9头。试计算这10头母猪第一胎产仔数的平均数、标准差和变异系数。

5. 随机测量了某品种120头6月龄母猪的体长(cm),经整理得到如下次数分布表。试利用加权法计算其平均数、标准差与变异系数。

某品种 120 头 6 月龄母猪的体长资料

组 别	组中值,x	次数,f
80 ~	84	2
88 ~	92	10
96 ~	100	29
104 ~	108	28
112 ~	116	20
120 ~	124	15
128 ~	132	13
136 ~	140	3

6. 调查甲、乙两地某品种成年母水牛的体高(cm)如下表,试比较两地成年母水牛体高的变异程度。

甲、乙两地某品种成年母水牛的体高(cm)资料

甲地	137	133	130	128	127	119	136	132
乙地	128	130	129	130	131	132	129	130

第4章 概率与概率分布

本章导读：概率及概率分布是统计推断的基础。常见的理论分布主要有正态分布、二项分布，当 n 值较大或 p 与 q 基本接近时，二项分布趋近于正态分布。

4.1 事件与概率

4.1.1 事 件

在自然界与生产实践和科学试验中，人们把观察到的各种各样的现象归纳起来，分为两大类：一类是可以预言其结果的，即在保持条件不变的情况下，重复进行试验，得到的结果总是确定的，必然发生（或必然不发生）的。例如，在1个标准大气压下，水加热到100 ℃必然沸腾；正常的受精鸡蛋在温度37～39.5 ℃的条件下孵出的是小鸡。这类在一定条件下必然出现的现象叫必然现象，发生必然现象的事件叫必然事件，以U表示。必然事件的反面，例如，牛的子代必然不会是猪或羊，鱼不能离开水等，这种在一定条件下必然不出现的事件，叫不可能事件，以V表示。

然而，在自然界里还有另外许多现象，它们在一定条件下可能发生，也可能不发生。例如，1头母牛产出的犊牛，可能是公犊，也可能是母犊；受精的种蛋孵化后，可能孵化出雏鸡，也可能不能孵化出雏鸡；用药物对 n 头病猪进行治疗，出现的结果可能是"全部治愈"、"死亡1头"、"死亡2头"、……、"全部死亡"，事前不可能断言其治疗结果。像这种在某些确定条件下，可能出现也可能不出现的现象，叫随机事件，简称事件。通过长期的观察和实践与研究，人们发现个别的随机现象的发生具有偶然性，大量的随机现象的发生则具有统计规律性。

4.1.2 概 率

现在讨论随机事件发生的可能性大小。一般来说，不同随机事件发生的可能性大小是不一样的。例如，一对显性与隐性性状杂交子二代中，表现显性性状的个体有75%，而表现隐性性状的个体为25%。既然随机事件发生的可能性有大有小，就使我们联想到用一个数值来表示这种可能性的大小，这个数值就是随机事件发生的概率。

若在相同条件下进行 n 次重复试验，随机事件 A 发生了 a 次，则称 a/n 为随机事件 A 的频率；当试验次数 n 逐渐增大时，随机事件 A 的频率越来越稳定地接近一定值 p，称 p 为随机事件 A 的概率，记为 $p(A)$，即：

$$p(A) = p = \lim_{n \to \infty} \frac{a}{n} \tag{4.1}$$

可见，随机事件 A 的概率是其频率的极限值，且是一个不大于 1 的非负数。

随机事件的概率反映它在一次试验中发生的可能性大小。若概率很小，比如小于 0.05，0.01，0.001 或接近于 0，就表明随机事件在一次试验中发生的可能性很小，不发生的可能性很大，以至可以认为不可能发生。这种概率很小的随机事件称为小概率事件。小概率事件在一次试验中实际不可能发生的原理，称为小概率原理。小概率事件实际不可能性原理是统计学上进行假设检验（显著性检验）的基本依据，具有非常重要的实际意义。

4.2 概率分布

事件的概率表示了一次试验某一个结果发生的可能性大小。若要全面了解试验，则必须知道试验的全部可能结果及各种可能结果发生的概率，即必须知道随机试验的概率分布。为了深入研究随机试验，我们先引入随机变量的概念。

4.2.1 随机变量

首先讨论随机试验。简单地说，随机试验就是在同一条件下观察随机现象的试验，这类试验具有可多次重复进行、试验结果有可能多个、但每次不能预先准确知道哪个结果发生的特点。例如，5 枚受精种鸡蛋在一定温度条件下孵化的可能结果有 6 个：0 公 5 母、1 公 4 母、2 公 3 母、3 公 2 母、4 公 1 母、5 公 0 母。这个试验无论我们重复多少次，但每次都只能获得这 6 个可能结果之一，究竟出现其中的哪个？预先无法知道。随机试验是具有最广泛意义，我们能经常遇到的一类试验。为了全面研究随机试验的结果，揭示随机现象存在的统计规律性，我们引入随机变量的概念。

可以设想，随机试验的结果用一个变量表示。每个可能结果表示变量的每个取值，所有可能结果表示变量的取值范围。由于试验的各个结果就是一个随机事件，它的发生具有一定的概率，所以这个变量的取值也有一定的概率。因此，我们称这种表示随机试验结果的变量叫随机变量。有些随机试验的结果本身就是数量，如动物的体重、体长等；有些随机试验结果本身不是数量，但可设法用数量表示。如上述例子中，5 个受精种鸡蛋孵化的性别结果，本身不是数量，但可用 5 个受精种鸡蛋中孵出公或母鸡苗的数量对试验结果予以数量化。数量化后的具体值，同样由试验结果确定，因而也具有随机性。

如果表示试验结果的变量 x，其可能取值至多为有限或可数孤立的无穷个，且以各种确定的概率取这些不同的值，则称 x 为离散型随机变量；若表示试验结果的变量 x，其可能取值为某范围内的任何数值，且 x 在其取值范围内的任一区间中取值时，其概率是确定的，则称 x 为连续型随机变量。

引入随机变量的概念后,对随机试验的概率分布的研究就转为对随机变量概率分布的研究了。

4.2.2 离散型随机变量的概率分布

要了解离散型随机变量 x 的统计规律,就必须知道它的一切可能值 x_i 及取每种可能值的概率 p_i。

例 4.1 表 4.1 为某牛群的年龄。其中某个年龄下的频率就是该年龄组的个体占牛群全部个体的百分数。表中给出了该牛群年龄构成的全貌,故称其为该牛群年龄的概率分布。在这里如果以随机变量 x 表示年龄,那么表 4.1 称为 x 的概率分布。

表 4.1 某牛群的年龄结构/岁

年 龄, x	1	2	3	4	5	6	7	8
频 率/%	20.52	18.85	18.36	14.45	13.13	8.32	3.22	1.15

一般离散型随机变量的概率分布可列成与表 4.1 相同形式的表格,即表 4.2。

表 4.2 离散型变量的概率分布

年 龄, x	x_1	x_2	…	x_n
概 率 p	p_1	p_2	…	p_n

若将离散型随机变量 x 的一切可能取值 $x_i(i = 1,2,\cdots,n)$,及其对应的概率 p_i,记作

$$P(x = x_i) = p_i \qquad i = 1,2,\cdots,n \tag{4.2}$$

则称式(4.2)为离散型随机变量 x 的概率分布或分布。常用分布列来表示离散型随机变量:

$$\begin{bmatrix} x_1 & x_2 & \cdots & x_n & \cdots \\ p_1 & p_2 & \cdots & p_n & \cdots \end{bmatrix}$$

显然离散型随机变量的概率分布具有 $p_i \geqslant 0$ 和 $\sum p_i = 1$ 这两个基本性质。

4.2.3 连续型随机变量的概率分布

连续型随机变量(如泌乳量、断奶重、蛋重)的概率分布不能用分布列来表示,因为其可能取的值是不可数的。我们改用随机变量 x 在某个区间内取值的概率 $P(x_1 \leqslant x \leqslant x_2)$ 来表示。下面通过频率分布密度曲线予以说明。

由 100 头母猪基础体重资料作出的频率分布直方图,见图 4.1,图中纵坐标取频率与组距的比值。由此可见,如果样本取得越大($n \to +\infty$),组分得越细($i \to 0$),那么某一范围内的频率将趋近于一个稳定值——概率。频率分布直方图中各个小矩形上端中点的联线——频率分布折线将逐渐趋向于一条连续光滑的曲线。即当 $n \to +\infty$、$i \to 0$ 时,频率分布折线是一条稳定的函数曲线。这条曲线叫概率分布密度曲线,相应的函数叫概率分布密度函数。若记体重概率分布密度函数为 $f(x)$,则 x 取值于区间 $[x_1, x_2]$ 的概率为图中阴影部分的面积,即:

$$P(x_1 \leqslant x \leqslant x_2) = \int_{x_1}^{x_2} f(x)\,\mathrm{d}x \tag{4.3}$$

式(4.3)即为连续型随机变量 x 在区间 $[x_1, x_2]$ 上取值概率的表达式。由此可见,连续型随机变量的概率由概率分布密度函数确定。

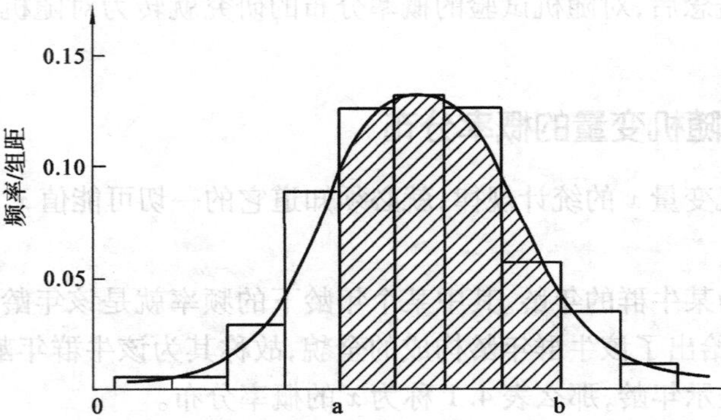

图 4.1　100 头母猪基础体重资料的分布曲线

对于随机变量 x 在区间$(-\infty, +\infty)$内进行抽样,事件"$-\infty < x < +\infty$"为必然事件,所以,有:

$$P(-\infty < x < +\infty) = \int_{-\infty}^{+\infty} f(x)\,\mathrm{d}x = 1 \tag{4.4}$$

式(4.4)表示概率密度 $f(x)$ 与 x 轴所围成的面积为 1。

4.3　二项分布

4.3.1　大数定律

将某随机试验重复进行 n 次,若各次试验结果互不影响,即每次试验结果出现的概率都不依赖于其他各次试验的结果,则称这 n 次试验是独立的。当 n 充分大时,事件 A 发生的频率 $W(A)$ 就可代替概率 $P(A)$。频率和概率之间的关系,实际上就是统计数与参数的关系,频率 $W(A)$ 是一个统计数,概率 $P(A)$ 是一个参数。为什么可以用频率来代替概率,这是由于大数定律在起作用。

大数定律是概率论中用来阐述大量随机现象平均结果稳定性的一系列定律的总称,最常用的是贝努里(Bernoulli)大数定律,可描述为:设 m 是 n 次独立试验中事件 A 出现的次数,而 p 是事件 A 在每次试验中出现的概率,则对于任意小的正数,有如下关系:

$$\lim_{n\to\infty} P\left\{ \left| \frac{m}{n} - p \right| < \varepsilon \right\} = 1 \tag{4.5}$$

式(4.5)中,P 为实现 $\left| \frac{m}{n} - p \right| < \varepsilon$ 这一事件的概率,$P = 1$ 为必然事件。

贝努里大数定律说明:当试验在不变的条件下,重复次数 n 接近无限大时,频率 $\frac{m}{n}$ 与理论概率 p 的差值,必定要小于一个任意小的正数 ε,即这两者可以基本相等,这几乎是一个必然要发生的事件,即 $P = 1$。

实际上,我们可以这样来理解大数定律:设一个随机变量 x_i 是由因总体平均数 μ 和一个

随机误差 ε_i 所构成，可以用下面线性模型来表达：

$$x_i = \mu + \varepsilon_i \tag{4.6}$$

如果从同一总体抽取 n 个随机变量，就构成一个样本，那么样本平均数可表示为：

$$\bar{x} = \frac{1}{n}\sum_{i=1}^{n} x_i = \frac{1}{n}\sum_{i=1}^{n}(\mu + \varepsilon_i) = \mu + \frac{1}{n}\sum_{i=1}^{n}\varepsilon_i \tag{4.7}$$

从式(4.7)可看出，当试验次数 n 越来越大时，$\frac{1}{n}\sum_{i=1}^{n}\varepsilon_i$ 部分会变得越来越小。因为 ε_i 有正有负，正负相互抵消，且随着 n 的增大，$\frac{1}{n}\sum_{i=1}^{n}\varepsilon_i$ 会变得非常小，使 $\bar{x}$ 越来越接近 μ。

因此，大数定律可通俗地表达为：样本容量越大，样本统计数与总体参数之差越小。有了大数定律作为理论基础，只要是从总体中抽取的随机变量相当多，就可以用样本的统计数来估计总体参数。尽管存在随机误差，但通过进行大量的重复试验，其总体特征是可以透过个别的偶然现象显示出其必然性，而且这种随机误差可以用数学方法进行测定，在一定范围内也可以得到人为控制，因此完全可以根据样本的统计数来估计总体的参数。

4.3.2 二项分布的意义及性质

1）二项分布定义

在生物科学中，二项分布应用很广，可描述许多生命现象，是一种重要的离散型随机变量的概率分布。首先看一个简单例子，从雌雄各半共装有10条鱼的篮子中抓一条鱼，作放回式随机抽样，共10次，观察抓到雄鱼的条数。不难发现，这个试验可重复进行，每次有二个相互对立的可能结果（雌或雄），每次抽到雄鱼的概率不变（50%）。我们把这种具有试验的可重复性、试验结果的对立性和抽样的独立性的试验，称为二项试验。许多生命现象如生与死、阴性与阳性、抗体与抗原、有效与无效等均具有二项性质，把这种“非此即彼”事件所构成的总体，称为二项总体，其概率分布称为二项分布。

假设在相同条件下进行 n 次试验；每次试验只有两种可能结果（记为1和0）；每次试验中结果为1的概率为 p，结果为0的概率为 $q = 1 - p$；各次试验彼此间是独立的，那么在 n 次试验，结果为1的次数 $x(= 0,1,2,\cdots,n)$ 是个随机变量，其分布称为二项分布。x 是一个离散型随机变量，它的所有可能取值为 $0,1,2,\cdots,n$，其概率函数为：

$$f(x) = P_n(x) = C_n^x p^x q^{n-x} \quad (x = 0,1,2,\cdots,n) \tag{4.8}$$

其中，$C_n^x = \frac{n!}{x!(n-x)!}$。我们称 $P_n(x)$ 为随机变量 x 的二项分布，记作 $B(n,p)$。之所以把这个分布称之为二项分布，是因为 $C_n^x p^x q^{n-x}$ 恰好等于二项式 $(p+q)^n$ 按牛顿二项式展开含有 p^x 的第 $x+1$ 项。这一分布也叫贝努里分布。

显然，二项分布是一种离散型随机变量的概率分布。参数 n 称为离散参数，只能取正整数；p 是连续参数，它能取0与1之间的任何数值（q 由 p 确定，故不是另一个独立参数）。

2）二项分布的特征

二项分布由 n 与 p 确定。当 $p = 0.5$ 时，分布是对称的，近似正态分布（图4.2，图4.3）；当 $p \neq 0.5$ 时，分布是偏态的或非对称的；特别是 n 不大，p 离0.5愈远时，分布愈偏；但只要 p 不接近于0或1时，随着 n 的增大，分布逐渐逼近正态分布。一般说来，np 或 $n(1-p)$ 小于5时呈偏态分布，大于5时呈近似对称分布。因此，当p或$(1-p)$不太小而n足够大时，可用正态分布的理论来近似处理二项分布的问题。

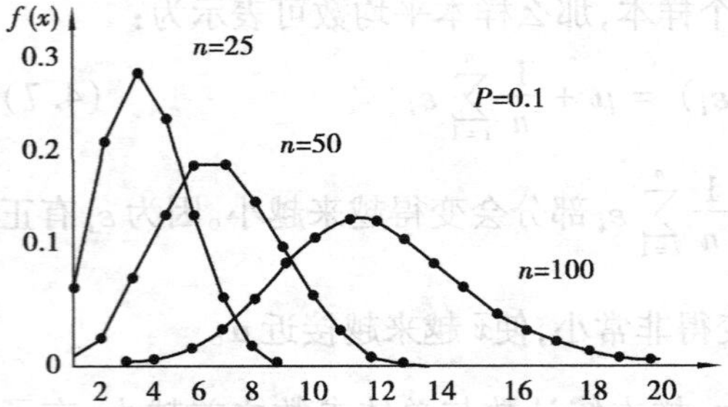

图4.2 n值不同的二项分布比较

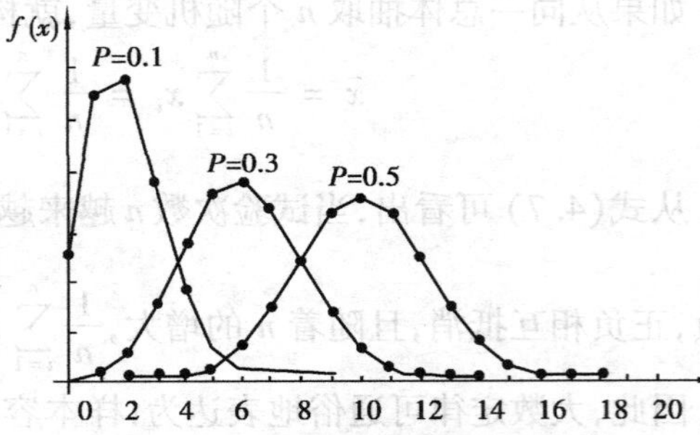

图4.3 p值不同的二项分布比较

此外，在n较大，np，nq较接近时，二项分布接近于正态分布；当$n\to\infty$时，二项分布的极限分布是正态分布。

4.3.3 二项分布的概率计算及应用条件

例4.2 某批种蛋的孵化率是0.90，今从该批种蛋中每次任选5个进行孵化，试求孵出小鸡的各种可能概率。

在此问题中，$n=5$，$p=0.90$，$q=1-p=1-0.90=0.10$，每次孵化5个种蛋得到小鸡数服从二项分布$B(5,0.90)$。

获得0只小鸡的概率为：

$$P(0)=C_5^0p^0q^5=1\times0.90^0\times0.10^5=0.000\ 01$$

获得1只小鸡的概率为：

$$P(1)=C_5^1p^1q^4=5\times0.90^1\times0.10^4=0.000\ 45$$

获得2只小鸡的概率为：

$$P(2)=C_5^2p^2q^3=10\times0.90^2\times0.10^3=0.008\ 10$$

获得3只小鸡的概率为：

$$P(3)=C_5^3p^3q^2=10\times0.90^3\times0.10^2=0.072\ 90$$

获得4只小鸡的概率为：

$$P(4)=C_5^4p^4q^1=5\times0.90^4\times0.10^1=0.328\ 05$$

获得5只小鸡的概率为：

$$P(5)=C_5^5p^5q^0=1\times0.90^5\times0.10^0=0.590\ 49$$

显然，
$$f(x)=\sum_{x=0}C_n^xp^xq^{n-x}$$
$$=0.000\ 01+0.000\ 45+0.008\ 10+0.072\ 90+0.328\ 05+0.590\ 49$$
$$=1$$

例4.3 设在家畜中感染某种疾病的概率为20%，现有两种疫苗，用疫苗A注射了15头家畜后无一感染，用疫苗B注射15头家畜后有1头感染。设各头家畜没有相互传染疾病的可能。问：应该如何评价这两种疫苗？

假设疫苗A完全无效，那么注射后的家畜感染的概率仍为20%，则15头家畜中染病头数$x=0$的概率为

$$P(x=0)=C_{15}^{0}0.20^{0}0.80^{15}=0.0352$$

同理,如果疫苗B完全无效,则15头家畜中最多有1头感染的概率为

$$P(x\leqslant 1)=C_{15}^{0}0.20^{0}0.80^{15}+C_{15}^{1}0.20^{1}0.80^{14}=0.1671$$

由计算可知,注射A疫苗无效的概率为0.035 2,比B疫苗无效的概率0.167 1小得多。因此,可以认为A疫苗是有效的,但不能认为B疫苗也是有效的。

例4.4 仔猪黄痢病在常规治疗下死亡率为20%,求5头病猪治疗后死亡头数各可能值相应的概率。

设5头病猪中死亡头数为x,则x服从二项分布$B(5,0.2)$,其所有可能取值为0,1,…,5,按式(4.6)计算概率用分布列表表示如下:

$$\begin{bmatrix} 0 & 1 & 2 & 3 & 4 & 5 \\ 0.3277 & 0.4096 & 0.2048 & 0.0512 & 0.0064 & 0.0003 \end{bmatrix}$$

从上面各例可看出二项分布的应用条件有3个:① 各观察单位只具有互相对立的一种结果,如阳性或阴性,生存或死亡等,属于二项分类资料;② 已知发生某一结果(如死亡)的概率为p,其对立结果的概率则为$(1-p)=q$,实际中要求p是从大量观察中获得的比较稳定的数值;③n个观察单位的观察结果互相独立,即每个观察单位的观察结果不会影响到其他观察单位的观察结果。

4.3.4 二项分布的平均数与标准差

前面已经指出二项分布由两个参数n和p决定。统计学证明,服从二项分布$B(n,p)$的随机变量之平均数μ、标准差σ与参数n,p有如下关系:

当试验结果以事件A发生次数k表示时

$$\mu=np \tag{4.9}$$

$$\sigma=\sqrt{npq} \tag{4.10}$$

例4.5 求例4.4平均死亡猪数及死亡数的标准差。

以$p=0.2$, $n=5$代入 式(4.9)和式(4.10),得

平均死亡猪数 $\mu=5\times0.20=1.0$ 头

标准差 $\sigma=\sqrt{npq}=\sqrt{5\times0.2\times0.8}=0.894$ 头

当试验结果以事件A发生的频率k/n表示时

$$\mu_p=p \tag{4.11}$$

$$\sigma_p=\sqrt{(pq)/n} \tag{4.12}$$

σ_p也称为总体百分数标准误,当p未知时,常以样本百分数$\hat{p}$来估计。此时式(4.12)改写为:

$$s_p=\sqrt{(\hat{p}\hat{q})/n} \qquad \hat{q}=1-\hat{p} \tag{4.13}$$

s_p称为样本百分数标准误。

4.4 正态分布

正态分布是一种两头小、中间大、两侧对称、呈钟型的连续型随机变量分布，亦称高斯分布。世界上包括生命现象在内的许多客观现象服从或近似服从正态分布，如家畜的体长、体重、产奶量、产毛量、血红蛋白含量、血糖含量等。统计学中的许多理论都是建立在正态分布基础上的。因此，正态分布是生物统计中最重要的理论基础。

4.4.1 正态分布的定义及其特征

1)正态分布的定义

若连续型随机变量 x 的概率分布密度函数为

$$f(x) = \frac{1}{\sigma\sqrt{2\pi}} e^{-\frac{(x-\mu)^2}{2\sigma^2}} \tag{4.14}$$

式中，$f(x)$ 为正态分布的概率密度函数，表示某一定 x 值出现的概率密度函数值；μ 为总体平均数；σ^2 为总体方差；π 为圆周率，近似值为 3.141 59，e 为自然对数底，近似值为2.718 28。

此时则称随机变量 x 服从正态分布，记为 $x \sim N(\mu,\sigma^2)$。相应的概率分布函数为

$$f(x) = \frac{1}{\sigma\sqrt{2\pi}} \int_{-\infty}^{x} e^{-\frac{(x-\mu)^2}{2\sigma^2}} dx \tag{4.15}$$

正态分布密度曲线如图 4.4 所示。

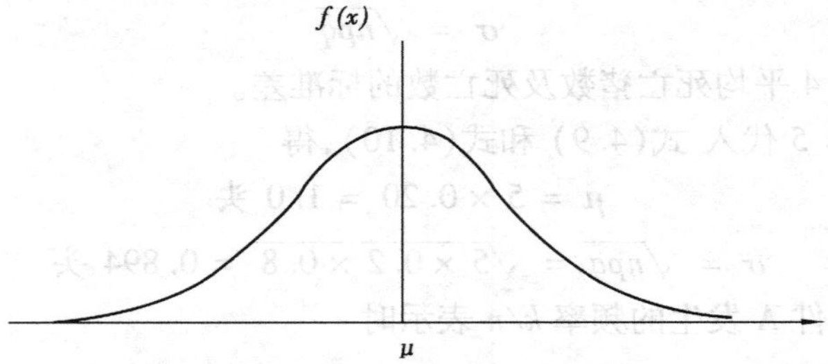

图 4.4 正态分布密度曲线

2)正态分布的特性

由式(4.15)和图 4.2 可以看出正态分布具有以下几个重要特性：

(1) 正态分布密度曲线是单峰、对称的悬钟形曲线，对称轴为 $x = \mu$，其平均数等于中位数等于众数；

(2) $f(x)$ 在 $x = \mu$ 处达到极大，极大值 $f(\mu) = \frac{1}{\sigma\sqrt{2\pi}}$；

(3) $f(x)$ 是非负函数，以 x 轴为渐近线向左右无限延长，其分布从 $-\infty$ 至 $+\infty$；

(4) 曲线在 $x = \mu \pm \sigma$ 处各有一个拐点，即曲线在 $(-\infty, \mu-\sigma)$ 和 $(\mu-\sigma, +\infty)$ 区间上是下凸的，在 $[\mu-\sigma, \mu+\sigma]$ 区间内是上凸的；

(5) 正态分布有两个参数，即平均数μ和标准差σ。μ称为中心参数或位置参数（图4.5），σ称为形状参数或变异参数（图4.6）。当σ一定时，μ越大，则曲线沿x轴越向右移动，反之越向左移动。当μ一定时，σ越大，表示x的取值愈分散，曲线越“胖”，反之越“瘦”。可见，是μ和σ把分布的位置与形状确定下来，亦即分布确定下来。因此，一般把均数为μ、标准差为σ的正态分布记为$N(\mu,\sigma^2)$，标准正态分布用$N(0,1)$表示。

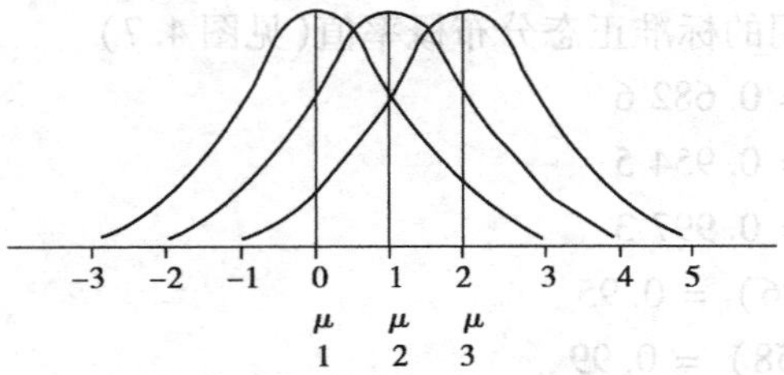

图 4.5　σ 相同而 μ 不同的 3 个正态分布

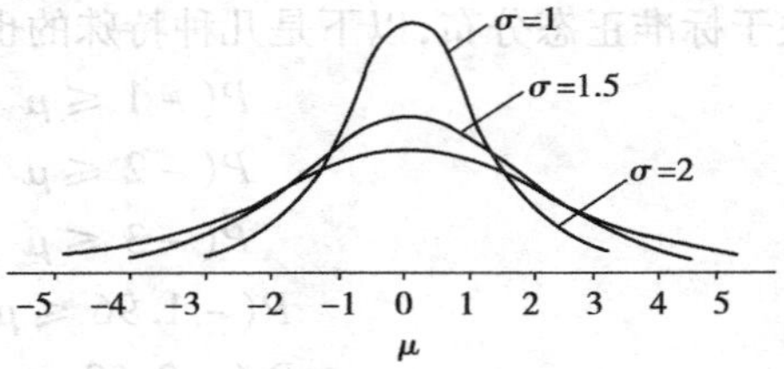

图 4.6　μ 相同而 σ 不同的 3 个正态分布

(6) 正态分布密度曲线下方与横轴之间的全部面积为 1，即：

$$P(-\infty < x < +\infty) = \int_{-\infty}^{+\infty} \frac{1}{\sigma\sqrt{2\pi}} e^{-\frac{(x-\mu)^2}{2\sigma^2}} dx = 1$$

4.4.2　正态分布的概率计算

正态分布曲线下的面积可用积分法求取。由概率论知，标准正态变量μ落在右侧尾部区间$(\mu_\alpha, +\infty)$的概率α即是对$\Phi(\mu)$从μ_α到$+\infty$区间内的面积。

$$\Phi(\mu) = \int_{\mu_\alpha}^{+\infty} \frac{1}{\sqrt{2\pi}} e^{-\frac{1}{2}\mu^2} d\mu = P(\mu_\alpha < \mu < +\infty) = \alpha \tag{4.16}$$

上式称右侧累计分布函数$\Phi(\mu)$或右侧累计概率。特别地，$\Phi(-\infty) = 1$，$\Phi(0) = 0.5$。实际计算时，只要查表即可（附表 1）。

附表 1 只对于$0 \leqslant \mu < 4.99$给出了$\Phi(\mu)$的数值。附表 1 中，μ值列在第一列和第一行，第一列列出μ的整数部分及小数点后第一位，第一行为μ的小数点后第二位数值。例如，$\mu = 1.75$，1.7 放在第一列，0.05 放在第一行。在附表 1 中，1.7 所在行与 0.05 所在列相交处的数值为 0.959 94，即$\Phi(1.75) = 0.959\,94$。有时会遇到给定$\Phi(\mu)$值，例如$\Phi(\mu) = 0.903$，反过来查μ值。这只要在附表 1 中找到与 0.903 最接近的值 0.903 20，对应行的第一列数 1.3，对应列的第一行数值 0.00，即相应的μ值为$\mu = 1.3$，亦即$\Phi(1.3) = 0.903$。如果要求更精确的μ值，可用线性插值法计算。

表中用了像 $0.0^3 2\,336$，$0.9^3 7\,674$ 这种写法，分别是 0.000 23^3 6 和 0.999 767 4 的缩写，0^3 表示连续 3 个 0，9^3 表示连续 3 个 9。

由式(4.16)及正态分布的对称性可推出下列关系式，再借助附表 1，便能很方便地计算有关概率：

$$\begin{aligned}
&P(0 \leqslant \mu < \mu_1) = \Phi(\mu_1) - 0.5 \\
&P(\mu \geqslant \mu_1) = 1 - \Phi(\mu_1) = \Phi(-\mu_1) \\
&P(|\mu| \geqslant \mu_1) = 2\Phi(-\mu_1) \\
&P(|\mu| < \mu_1) = 1 - 2\Phi(-\mu_1) \\
&P(\mu_1 \leqslant \mu \leqslant \mu_2) = \Phi(\mu_2) - \Phi(\mu_1)
\end{aligned} \tag{4.17}$$

例4.6 已知$\mu \sim N(0,1)$，试求：(1)$P(\mu \leqslant 0.64)$；(2)$P(\mu \geqslant 1.53)$；(3)$P(2.12 \leqslant \mu \leqslant 2.53)$

解：利用式(4.17)，查附表1得：

(1)$P(\mu \leqslant 0.64) = 0.738\,9$

(2)$P(\mu \geqslant 1.53) = 1 - \Phi(1.53) = 0.063\,01$

(3)$P(2.12 \leqslant \mu \leqslant 2.53) = \Phi(2.53) - \Phi(2.12) = 0.994\,297 - 0.983\,00 = 0.011\,297$

关于标准正态分布，以下是几种特殊的也是常用的标准正态分布概率值(见图4.7)

$$P(-1 \leqslant \mu < 1) = 0.682\,6$$

$$P(-2 \leqslant \mu < 2) = 0.954\,5$$

$$P(-3 \leqslant \mu < 3) = 0.997\,3$$

$$P(-1.96 \leqslant \mu < 1.96) = 0.95$$

$$P(-2.58 \leqslant \mu < 2.58) = 0.99$$

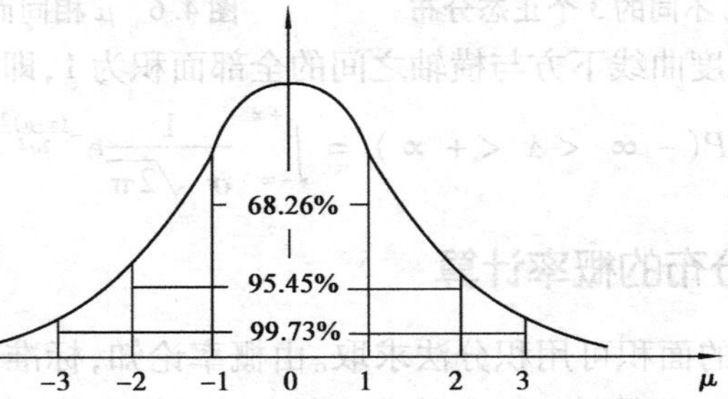

图4.7 标准正态分布的3个常用概率

μ变量在上述区间以外取值的概率分别为：

$$P(|\mu| \geqslant 1) = 2\Phi(-1) = 1 - P(-1 \leqslant \mu < 1) = 1 - 0.682\,6 = 0.317\,4$$

$$P(|\mu| \geqslant 2) = 2\Phi(-2) = 1 - P(-2 \leqslant \mu < 2) = 1 - 0.954\,5 = 0.045\,5$$

$$P(|\mu| \geqslant 3) = 1 - 0.997\,3 = 0.002\,7$$

$$P(|\mu| \geqslant 1.96) = 1 - 0.95 = 0.05$$

$$P(|\mu| \geqslant 2.58) = 1 - 0.99 = 0.01$$

例4.7 设x服从$\mu = 30, \sigma^2 = 10^2$的正态分布，试计算$x$小于26，大于40，介于26和40之间的概率。

解：(1) 令$\mu = \frac{x - 30}{10}$，则μ服从标准正态分布，故

$$\begin{aligned} P(x < 26) &= p\left(\frac{x - 30}{10} < \frac{26 - 30}{10}\right) \\ &= P(\mu < -0.4) = \Phi(-0.4) \\ &= 0.344\,6 \end{aligned}$$

(2) 同理得

$$\begin{aligned} P(x > 40) &= p\left(\frac{x - 30}{10} > \frac{40 - 30}{10}\right) \\ &= P(\mu > 1) = \Phi(1) \\ &= 0.841\,3 \end{aligned}$$

$(3)P(26 \leqslant x \leqslant 40) = P(-0.4 \leqslant \mu \leqslant 1)$

$$= \Phi(1) - \Phi(-0.4)$$

$$= 0.8413 - 0.3446$$

$$= 0.4967$$

关于一般正态分布，以下几个概率（即随机变量 x 落在 μ 加减不同倍数 σ 区间的概率）是经常用到的。

$$P(\mu - \sigma \leqslant x < \mu + \sigma) = 0.6826$$

$$P(\mu - 2\sigma \leqslant x < \mu + 2\sigma) = 0.9545$$

$$P(\mu - 3\sigma \leqslant x < \mu + 3\sigma) = 0.9973$$

$$P(\mu - 1.96\sigma \leqslant x < \mu + 1.96\sigma) = 0.95$$

$$P(\mu - 2.58\sigma \leqslant x < \mu + 2.58\sigma) = 0.99$$

在生物统计中，不仅要注意随机变量 x 在平均数加减不同倍数标准差区间 $(\mu - k\sigma, \mu + k\sigma)$ 之内的概率，而且还要注意 x 在此区间之外的概率。我们把随机变量 x 在平均数 μ 加减不同倍数标准差 σ 区间之外的概率称为双侧概率（两尾概率），记作 α。对应于双侧概率可以求得随机变量 x 小于 $\mu - k\sigma$ 或大于 $\mu + k\sigma$ 的概率，称为单侧概率（一尾概率），记作 $\alpha/2$。例如，x 落在 $(\mu - 1.96\sigma, \mu + 1.96\sigma)$ 之外的双侧概率为 0.05，而单侧概率为 0.025。即

$$P(x < \mu - 1.96\sigma) = P(x > \mu + 1.96\sigma) = 0.025$$

双侧概率或单侧概率如图 4.8 所示。x 落在 $(\mu - 2.58\sigma, \mu + 2.58\sigma)$ 之外的双侧概率为 0.01，而单侧概率

$$P(x < \mu - 2.58\sigma) = P(x > \mu + 2.58\sigma) = 0.005$$

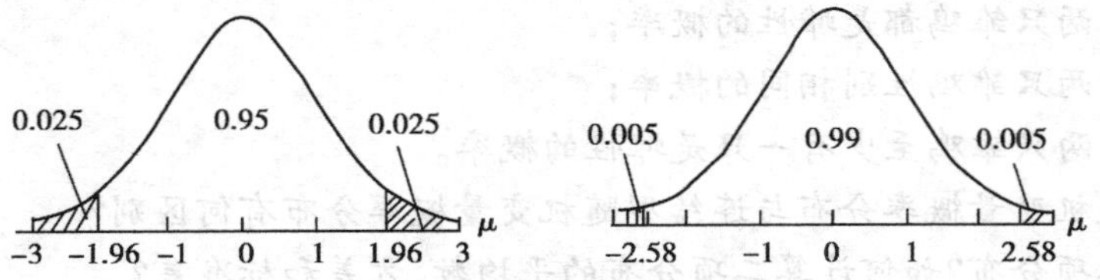

图 4.8　双侧概率与单侧概率

本章小结

在某些确定条件下，可能出现也可能不出现的现象叫随机事件，简称事件。当试验次数 n 逐渐增大时，随机事件 A 的频率越来越稳定地接近一定值 p，称 p 为随机事件 A 的概率，记为 $P(\mathrm{A})$。随机事件的概率反映它在一次试验中发生的可能性大小。小概率事件实际不可能性原理是统计学上进行假设检验（显著性检验）的基本依据，具有非常重要的实际意义。

如果表示试验结果的变量 x，其可能取值至多为有限或可数孤立的无穷个，且以各种确定的概率取这些不同的值，则称 x 为离散型随机变量；若表示试验结果的变量 x，其可能取值为某范围内的任何数值，且 x 在其取值范围内的任一区间中取值时，其概率是确定的，则称 x 为连续型随机变量。

根据大数定律，当样本容量 n 充分大时，可用样本统计数对总体参数作出估计。二项分布是一种离散型随机变量的概率分布，当 n 值较大或 p 与 q 基本接近时，二项分布趋近于正态分布。

正态分布是一种两头小、中间大、两侧对称、呈钟形的连续型随机变量分布，亦称高斯分布。在生物统计中，我们把随机变量 x 在平均数 μ 加减不同倍数标准差 σ 区间之外的概率称为双侧概率（两尾概率），记作 α。对应于双侧概率可以求得随机变量 x 小于 $\mu-k\sigma$ 或大于 $\mu+k\sigma$ 的概率，称为单侧概率（一尾概率），记作 $\alpha/2$。

复习思考题

1. 什么是随机试验？它具有哪 3 个特征？

2. 什么是必然事件、不可能事件、随机事件？

3. 什么是小概率事件实际不可能性原理？

4. 袋中有 10 只乒乓球，分别编号为 1 到 10，从中随机抽取 3 只记录其编号。

(1) 求最小的号码为 5 的概率。

(2) 求最大的号码为 5 的概率。

5. 现有 6 只雏鸡，其中 4 只是雌的，2 只是雄的，从中抽取两次，每次取一只。在放回抽样情况下求：

(1) 取到的两只雏鸡都是雌性的概率；

(2) 取到的两只雏鸡性别相同的概率；

(3) 取到的两只雏鸡至少有一只是雌性的概率。

6. 离散型随机变量概率分布与连续型随机变量概率分布有何区别？

7. 什么是二项分布？如何计算二项分布的平均数、方差和标准差？

8. 记录表明，10 头家畜已有 3 头死于某种疾病，现有 5 头病畜，试求以下情况的概率：

(1) 恰有 3 头死亡；

(2) 前面 3 头死亡，后 2 头康复；

(3) 前面 3 头死亡；

(4) 死亡 3 头以上。

9. 什么是正态分布？正态分布的密度曲线有何特点？

第5章　均数差异显著性检验——t检验

本章导读：显著性检验又叫假设检验，是在总体理论分布和小概率原理基础上，通过提出假设、确定显著水平、计算统计量、做出推断等步骤来完成的在一定概率意义上的推断，是统计学中一个很重要的内容。本章以两个平均数的差异显著性检验——t检验为例，阐明显著性检验的基本原理和方法，然后再介绍几种常见的t检验方法，最后介绍总体参数的区间估计。

5.1　显著性检验的意义和基本原理

5.1.1　统计推断与显著性检验

统计推断是根据总体理论分布，从样本的统计量对总体参数的推断，即根据样本和假定模型对总体做出的以概率形式表述的推断，它主要包括假设检验和参数估计二个方面。由一个样本平均数可以对总体平均数做出估计，但样本平均数包含有抽样误差，用包含有抽样误差的样本平均数来推断总体，其结论并不是绝对正确的。因而，它们的任务是分析误差产生的原因，确定差异的性质，排除误差干扰，从而对总体的特征做出正确的判断。

在生物试验和研究中，当进行检验一种试验方法的效果、一种饲料配方的优劣、一种新药的疗效等试验时，所得试验数据往往存在着一定差异，这种差异是由随机误差引起的，还是由试验处理的效应所造成的呢？例如，在同一饲养条件下喂养甲、乙两品种的肉猪各20头，在5月龄时测得甲品种的平均体重$\bar{x}_1 = 89$ kg，乙品种的平均体重$\bar{x}_2 = 90$ kg，甲、乙相差1 kg。这个1 kg的差值，究竟是由于甲、乙两品种来自两个不同的总体，还是由于抽样时的随机误差所致？这个问题必须进行一番分析才能得出结论。因为试验结果中往往是处理效应和随机误差混淆在一起，从表面上是不容易分开的，因此必须通过概率计算，采用假设检验的方法，才能做出正确的推断。

假设检验又叫显著性检验，就是根据总体的理论分布和小概率原理，对未知或不完全知道的总体提出两种彼此对立的假设，然后由样本的实际结果，经过一定的计算，做出在一定概率意义上应该接受的那种假设的推断。显著性检验的方法很多，常用的有t检验、F检验和χ^2

检验等。尽管这些检验方法的用途及使用条件不同,但其检验的基本原理是相同的。如果抽样结果使小概率发生,则拒绝假设,如抽样结果没有使小概率发生,则接受假设。生物统计中,一般认为等于或小于0.05或0.01的概率为小概率。通过假设检验,可以正确分析处理效应和随机误差,做出可靠的结论。

5.1.2 显著性检验的基本原理

一个试验相当于一个样本,由一个样本平均数可以对总体平均数做出估计,但样本平均数是因不同样本而变化的,即样本平均数有抽样误差。用存在误差的样本平均数来推断总体,其结论并不是绝对正确的。例如,某地区当地鸡品种的常年平均产蛋量为200枚/年(总体),若培育的一个新品种的产蛋量为220枚/年(样本),试问这一新品种是否有推广应用价值?该新品种的平均产蛋量比当地品种产蛋量看起来高,即220-200=20枚/年是试验的表面效应,造成这种差异可能有两种原因,一是新品种产蛋潜力高,另一可能是试验误差。如何权衡并判断造成这种差异是哪种原因?方法是将表面效应与误差做比较,若表面效应并不大于误差,则无充分证据说明新品种优越;相反,若表面效应大于误差,则推断表面效应不是误差,新品种确实优于当地良种。但是,这个尺度如何掌握呢?根据抽样误差出现的概率可利用抽样分布来计算,因此,只要设定一概率标准,例如,表面效应属于误差的概率不大于5%便可推论表面效应不大可能属误差所致,而是新品种优越。这里把试验的表面效应与误差大小相比较并由表面效应可能属误差的概率而做出推论的方法称为统计推断。此时计算表面效应由误差造成的概率首先必须假设表面效应是由误差造成,也就是假设新品种并不优于常规品种。有了这事先的假设,才能计算概率,这种先做处理无效的假设(无效假设),再依据该假设概率大小来判断接受或否定该假设的过程称为统计假设测验。为了便于理解,我们结合一个具体例子来说明显著性检验的目的、对象、必要性、基本思想和前提。

1)显著性检验的目的、对象

随机抽测9头内江猪和9头荣昌猪经产母猪的产仔数,得到如下数据资料:

内江猪:14,15,12,11,13,17,14,14,13

荣昌猪:12,14,13,13,12,14,10,10,10

记内江猪9头经产母猪产仔平均数为$\bar{x}_1$,荣昌猪9头经产母猪产仔平均数为$\bar{x}_2$,经计算得到:

$$\bar{x}_1 = 13.7\ 头,标准差\ s_1 = 1.73\ 头$$

$$\bar{x}_2 = 12.6\ 头,标准差\ s_2 = 1.74\ 头$$

两个样本平均数的差值为:

$$\bar{x}_1 - \bar{x}_2 = 1.1\ 头$$

能否仅凭这两个平均数的差值$\bar{x}_1 - \bar{x}_2 = 1.1$头,就立即对内江猪与荣昌猪两品种经产母猪产仔数是否相同做出结论呢?回答是否定的。

统计学认为,这样得出的结论是不可靠的。这是因为,以上获得的资料仅是有关总体的一个样本。9头内江猪和9头荣昌猪经产母猪的产仔数分别是内江猪和荣昌猪总体的一个样本。如果我们再分别随机抽测9头内江猪和9头荣昌猪经产母猪的产仔数,又可得到两个样本资料。由于抽样误差的随机性,两样本平均数就不一定是13.7头和12.6头,其差值也不一定是1.1头。

造成上述品种间产仔数这种差异可能有两种原因，一是品种造成的差异，即是内江猪与荣昌猪本质不同所致，即两个品种的产仔数本质上就有差异，另一可能是试验误差（或抽样误差）。对两个样本进行比较时，必须判断样本间差异是抽样误差造成的，还是本质不同引起的。如何区分两类性质的差异？怎样通过样本来推断总体？这正是显著性检验要解决的问题。

虽然能观察到的是样本，但试验的目的在于由样本推断总体，对总体做出合乎客观实际的结论。对于上述资料，就是要通过所获得的样本资料，对内江猪和荣昌猪产仔数总体平均数是否相同做出结论。

两个总体间的差异如何比较？一种方法是研究整个总体，即由总体中的所有个体数据计算出总体参数进行比较。这种研究整个总体的方法是很准确的，但常常是不可能进行的，因为总体往往是无限总体，或者是包含个体很多的有限总体。因此，不得不采用另一种方法，即研究样本，通过样本研究其所代表的总体。

例如，设内江猪经产母猪产仔数的总体平均数为 μ_1，荣昌猪经产母猪产仔数的总体平均数为 μ_2，试验研究的目的，就是要给 μ_1，μ_2 是否相同做出推断。由于总体平均数 μ_1，μ_2 未知，在进行显著性检验时只能以样本平均数 $\bar{x}_1$，$\bar{x}_2$ 作为检验对象，更确切地说，是以 $(\bar{x}_1 - \bar{x}_2)$ 作为检验对象。

为什么以样本平均数作为检验对象呢？这是因为样本平均数具有下述特征：

①离均差的平方和 $\sum (x - \bar{x})^2$ 最小。说明样本平均数与样本各个观测值最接近，平均数是资料的代表数。

②样本平均数是总体平均数的无偏估计值，即 $E(\bar{x}) = \mu$。

③根据统计学中心极限定理，样本平均数 $\bar{x}$ 服从或逼近正态分布。

所以，以样本平均数作为检验对象，由两个样本平均数差异的大小去推断样本所属总体平均数是否相同是有其依据的。

2）显著性检验的必要性、基本思想

在试验的进行过程中，尽管尽量排除随机误差的影响，以突出试验的处理效应，由于生物个体间无法避免的差异和诸多无法控制的随机因素作用，使得试验结果或多或少、或大或小地受到影响而包含有试验误差，表现在同一处理不同重复观察间不一致。如：黑白花奶牛在相同的饲养管理条件下，其产奶量不完全相同；同一品种猪的血浆蛋白含量在个体间存在差异；小鼠对相同剂量的某毒物的毒性反应不一致。也就是说测定的观察值是试验的表面值，它除了包括试验处理的理论值（即观察值总体的平均数）外，还包括试验误差。

由上所述，一方面我们有依据由样本平均数 $\bar{x}_1$ 和 $\bar{x}_2$ 的差异来推断总体平均数 μ_1，μ_2 相同与否，另一方面又不能仅据样本平均数表面上的差异直接做出结论，其根本原因在于试验误差（或抽样误差）的不可避免性。若对样本观测值的数据结构做一简单剖析，就可更清楚地看到这一点。通过试验测定得到的每个观测值 x_i，既由被测个体所属总体的特征决定，又受个体差异和诸多无法控制的随机因素的影响。

（1）单个样本观察值的剖析

已知某一试验有 n 次重复观察值，样本含量为 n，n 次重复观察值的数据分别为 $x_1, x_2, \cdots, x_n$。

假设该处理的理论值为 μ，第 i 次重复观察值中所包括的试验误差为 ε_i，则第 i 次重复观察值 x_i 可表示为：

$$x_i = \mu + \varepsilon_i \quad (i = 1,2,\cdots,n)$$

所以观测值 x_i 由两部分组成,即 $x_i = \mu + \varepsilon_i$。总体平均数 μ 反映了总体特征,ε_i 表示误差。该样本的平均数 $\bar{x}$ 为:

$$\bar{x} = \sum x_i / n = \sum(\mu + \varepsilon_i)/n = \mu + \bar{\varepsilon}_i$$

于是说明样本平均数并非总体平均数,它还包含试验误差的成分。

(2)两个样本观察值的剖析

对于接受不同处理的两个样本来说,则有:

$$\bar{x}_1 = \mu_1 + \bar{\varepsilon}_1$$
$$\bar{x}_2 = \mu_2 + \bar{\varepsilon}_2$$

所以:$\bar{x}_1 - \bar{x}_2 = (\mu_1 + \bar{\varepsilon}_1) - (\mu_2 + \bar{\varepsilon}_2)$

$= (\mu_1 - \mu_2) + (\bar{\varepsilon}_1 - \bar{\varepsilon}_2)$

这说明:两个样本平均数之差($\bar{x}_1 - \bar{x}_2$)也包括了两部分:一部分是两个总体平均数的差($\mu_1 - \mu_2$),叫做试验的处理效应;另一部分是试验误差($\bar{\varepsilon}_1 - \bar{\varepsilon}_2$)。也就是说样本平均数的差($\bar{x}_1 - \bar{x}_2$)包含有试验误差,要受到试验误差的干扰,它只是试验的表面效应。因此,仅凭($\bar{x}_1 - \bar{x}_2$)就对总体平均数 μ_1,μ_2 是否相同下结论是不可靠的。只有通过显著性检验才能从($\bar{x}_1 - \bar{x}_2$)中提取可靠结论。

对($\bar{x}_1 - \bar{x}_2$)进行显著性检验就是要分析:试验的表面效应($\bar{x}_1 - \bar{x}_2$)主要由处理效应($\mu_1 - \mu_2$)引起的,还是主要由试验误差所造成。虽然处理效应($\mu_1 - \mu_2$)未知,但试验的表面效应是可以计算的,借助数理统计方法可以对试验误差做出估计。所以,可从试验的表面效应与试验误差的权衡比较中,间接地推断处理效应是否存在,这就是显著性检验的基本思想。

3)显著性检验的基本前提

为了通过样本对其所在的总体做出符合实际的推断,要求合理进行试验设计,准确地进行试验与观察记载,尽量降低试验误差,避免系统误差,使样本尽可能代表总体。

只有从正确、完整而又足够的资料中才能获得可靠的结论。若资料中包含有较大的试验误差与系统误差,有许多遗漏、缺失甚至错误,再好的统计方法也无济于事。

因此,搜集到正确、完整而又足够的资料是通过显著性检验获得可靠结论的基本前提。

5.1.3 样本平均数的抽样分布与 t 分布

在具体介绍显著性检验的基本步骤之前,先介绍两个重要统计量的分布——样本平均数的抽样分布与 t 分布。

1)样本平均数的抽样分布

研究总体与从总体中抽取的样本之间的关系是统计学的中心内容。对这种关系的研究可从两方面着手,一是从总体到样本,这就是研究抽样分布的问题;二是从样本到总体,这就是统计推断问题。统计推断是以总体分布和样本抽样分布的理论关系为基础的。为了能正确地利用样本去推断总体,并能正确地理解统计推断的结论,须对样本的抽样分布有所了解。

我们知道,由总体中随机地抽取若干个体组成样本,即使每次抽取的样本含量相等,其统计量(如 $\bar{x}$,s)也将随样本的不同而有所不同,因而样本统计量也是随机变量,也有其概率分布。我们把统计量的概率分布称为抽样分布。这里仅就样本平均数的抽样分布加以讨论。

由总体随机抽样的方法可分为返置抽样和不返置抽样两种。前者指每次抽出一个个体后，这个个体应返置回原总体；后者指每次抽出的个体不返置回原总体。对于无限总体，返置与否都可保证各个体被抽到的机会相等。对于有限总体，就应该采取返置抽样，否则各个体被抽到的机会就不相等。

设有一个总体，总体平均数为 μ，方差为 σ^2，总体中各变数为 x，将此总体称为原总体。现从这个总体中随机抽取含量为 n 的样本，样本平均数记为 $\bar{x}_1$；再从这个总体中随机抽取含量为 n 的样本，第 2 个样本的平均数记为 $\bar{x}_2$；类似的，还可以从这一总体中抽取第 3 个，第 4 个，……，第 k 个样本含量为 n 的样本，其样本均数分别记为 $\bar{x}_3,\bar{x}_4,\cdots,\bar{x}_k,\cdots$。

可以设想，从原总体中可抽出很多甚至无穷多个含量为 n 的样本。由这些样本算得的平均数有大有小，不尽相同，也不恰好等于原总体平均数，与原总体平均数 μ 相比，往往表现出不同程度的差异。这种差异是由随机抽样造成的，统计上称为抽样误差。

显然，样本平均数也是一个随机变量，其概率分布叫做样本平均数的抽样分布。由样本平均数 $\bar{x}$ 构成的总体称为样本平均数的抽样总体，其平均数和标准差分别记为 $\mu_{\bar{x}}$ 和 $\sigma_{\bar{x}}$。$\sigma_{\bar{x}}$ 是样本平均数抽样总体的标准差，简称标准误，它表示平均数抽样误差的大小。统计学上已证明 $\bar{x}$ 总体的两个参数与 x 总体的两个参数有如下关系：

$$\mu_{\bar{x}} = \mu, \quad \sigma_{\bar{x}} = \frac{\sigma}{\sqrt{n}} \quad (n\text{ 为样本含量}) \tag{5.1}$$

为了验证这个结论及了解平均数抽样总体与原总体概率分布间的关系，我们进行一个模拟抽样试验。

设有一个 $N = 4$ 的有限总体，变数为 2，3，3，4。根据 $\mu = \sum x/N$ 和 $\sigma^2 = \sum (x-\mu)^2/N$ 求得该总体的 μ,σ^2,σ 分别为：

$$\mu = \frac{1}{4}(2+3+3+4) = 3$$

$$\sigma^2 = \frac{1}{4}[(2-3)^2 + (3-3)^2 + (3-3)^2 + (4-3)^2] = \frac{1}{2}$$

$$\sigma = \sqrt{1/2} = 0.707$$

从有限总体做返置随机抽样，所有可能的样本数为 N^n 个，其中 n 为样本含量，N 为有限总体所包含的个体数。

对上述总体而论，现如果进行样本含量 $n = 2$ 的独立随机返置抽样，从中抽取 $n = 2$ 的样本，则所有可能的样本含量为 2 的样本个数为 $N^n = 4^2 = 16$ 个；16 个样本及其平均数如表 5.1。如果样本含量 n 为 4，则一共可抽得 $4^4 = 256$ 个样本。分别求这些样本的平均数 $\bar{x}$，其次数分布如表 5.1 所示。

表 5.1　$N = 4, n = 2$ 时所有可能样本及其平均数

	2	3	3	4
2	2,2(2)	3,2(2.5)	2,3(2.5)	2,4(3)
3	3,2(2.5)	3,3(3)	3,3(3)	3,4(3.5)
3	3,2(2.5)	3,3(3)	3,3(3)	3,4(3.5)
4	4,2(3)	4,3(3.5)	4,3(3.5)	4,4(4)

注：括号内的数据为各样本平均数。

经整理可得平均数的频率分布表，见表5.2。

根据表5.2，在 $n=2$ 的试验中，利用加权法得到样本平均数抽样总体的平均数为：

$$\mu_{\bar{x}}=\sum f\bar{x}/N^n=48.0/16=3=\mu$$

样本平均数抽样总体方差为：

$$\sigma_{\bar{x}}^2=\frac{\sum f(\bar{x}-\mu_{\bar{x}})^2}{N^n}=\frac{\sum f\bar{x}^2-(\sum f\bar{x})^2/N^n}{N^n}=\frac{148-48^2/16}{16}$$

$$=4/16=1/4=(1/2)/2=\sigma^2/n$$

样本平均数抽样总体标准差分别为：

$$\sigma_{\bar{x}}=\sqrt{\sigma_{\bar{x}}^2}=\sqrt{1/4}=\sqrt{1/2}/\sqrt{2}=\sigma/\sqrt{n}$$

同理，可得 $n=4$ 时：

$$\mu_{\bar{x}}=768/256=3=\mu \qquad \sigma_{\bar{x}}^2=32/256=1/8=(1/2)/4=\sigma^2/n$$

$$\sigma_{\bar{x}}=\sqrt{1/8}=\sqrt{1/2}/\sqrt{4}=\sigma/\sqrt{n}$$

这就验证了 $\mu_{\bar{x}}=\mu$，$\sigma_{\bar{x}}=\sigma/\sqrt{n}$ 的正确性。

表5.2 $N=4$，$n=2$ 和 $n=4$ 时 $\bar{x}$ 的次数分布

$N^n=4^2=16$				$N^n=4^4=256$			
$\bar{x}$	f	$f\bar{x}$	$f\bar{x}^2$	$\bar{x}$	f	$f\bar{x}$	$f\bar{x}^2$
2.0	1	2.0	4.00	2.00	1	2.00	4.000 0
2.5	4	10.0	25.00	2.25	8	18.00	40.500 0
3.0	6	18.0	54.00	2.50	28	70.00	175.000 0
3.5	4	14.0	49.00	2.75	56	154.00	423.500 0
4.0	1	4.0	16.00	3.00	70	210.00	630.000 0
				3.25	56	182.00	591.500 0
				3.50	28	98.00	343.000 0
				3.75	8	30.00	112.500 0
				4.00	1	4.00	16.000 0
$\sum$	16	48.0	148.00	$\sum$	256	768.00	2 336.000 0

若将表5.2中两个样本平均数的抽样总体作次数分布图，则如图5.1所示。

由以上模拟抽样试验可以看出，虽然原总体并非正态分布，但从中随机抽取样本，即使样本含量很小（$n=2$，$n=4$），样本平均数的分布却趋向于正态分布形式。随着样本含量 n 的增大，样本平均数的分布愈来愈从不连续趋向于连续的正态分布。比较图5.1两个分布，在 n 由2增到4时，这种趋势表现得相当明显。当 $n>30$ 时，$\bar{x}$ 的分布就近似正态分布了。

由概率论的中心极限定理可知，x 变量与 $\bar{x}$ 变量概率分布间的关系是：

①若随机变量 x 服从正态分布 $N(\mu,\sigma^2)$，$x_1,x_2,\cdots,x_n$ 是由 x 总体得来的随机样本，则统计量 $\bar{x}=\sum x/n$ 的概率分布也是正态分布，且有 $\mu_{\bar{x}}=\mu$，$\sigma_{\bar{x}}=\sigma/\sqrt{n}$，即 $\bar{x}$ 服从正态分布 $N(\mu,\sigma^2/n)$。

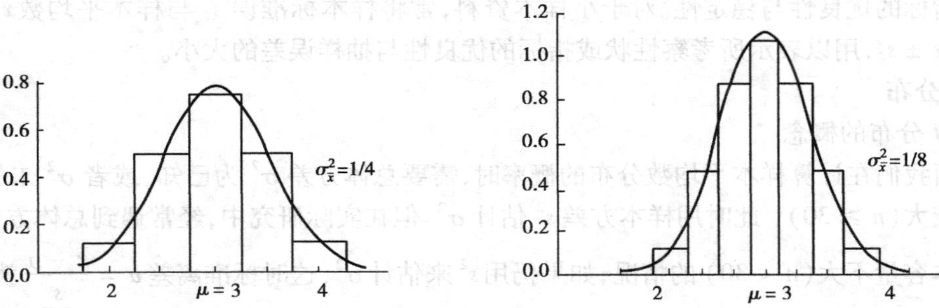

图5.1 平均数$\bar{x}$的抽样分布

② 若随机变量x服从平均数是μ,方差是σ^2的分布(不是正态分布);$x_1,x_2,\cdots,x_n$是由此总体得来的随机样本,则统计量$\bar{x}=\sum x/n$的概率分布,当n相当大时逼近正态分布$N(\mu,\sigma^2/n)$。这就是中心极限定理。

上述两个结果保证了样本平均数的抽样分布服从或者逼近正态分布。

中心极限定理告诉我们:不论x变量是连续型还是离散型,也无论x服从何种分布,一般只要$n>30$,就可认为$\bar{x}$的分布是正态的。若x的分布不很偏倚,在$n>20$时,$\bar{x}$的分布就近似于正态分布了。这就是为什么正态分布较之其他分布应用更为广泛的原因。

2)标准误

(1)标准误的计算公式

前面我们已经知道:标准误(平均数抽样总体的标准差)$\sigma_{\bar{x}}=\dfrac{\sigma}{\sqrt{n}}$的大小反映样本平均数$\bar{x}$抽样误差的大小,即精确性的高低。标准误大,说明各样本平均数$\bar{x}$间差异程度大,样本平均数的精确性低。反之,$\sigma_{\bar{x}}$小,说明$\bar{x}$间的差异程度小,样本平均数的精确性高。

$\sigma_{\bar{x}}$的大小与原总体的标准差σ成正比,与样本含量n的平方根成反比。从某特定总体抽样,因为σ是一常数,所以只有增大样本含量才能降低样本平均数$\bar{x}$的抽样误差。

在实际工作中,总体标准差σ往往是未知的,因而无法求得$\sigma_{\bar{x}}$。但样本标准差可以得到,此时,可用样本标准差s估计σ。于是,以$s/\sqrt{n}$估计$\sigma_{\bar{x}}$,记$s/\sqrt{n}$为$s_{\bar{x}}$,$s_{\bar{x}}$称作样本标准误或均数标准误。样本标准误$s_{\bar{x}}$是平均数抽样误差的估计值。

若样本中各观测值为$x_1,x_2,\cdots,x_n$,则$s_{\bar{x}}$的计算公式为:

$$s_{\bar{x}}=\frac{s}{\sqrt{n}}=\sqrt{\frac{\sum(x-\bar{x})^2}{n(n-1)}}=\sqrt{\frac{\sum x^2-(\sum x)^2/n}{n(n-1)}} \tag{5.2}$$

应当注意,前面介绍的样本标准差与样本标准误是既有联系又有区别的两个统计量,我们从上式可以看出二者的联系。

(2)样本标准误$s_{\bar{x}}$与样本标准差s的区别

二者的区别在于:样本标准差s是反映样本中各观测值$x_1,x_2,\cdots,x_n$变异程度大小的一个指标,它的大小说明了$\bar{x}$对该样本代表性的强弱。

样本标准误是样本平均数$\bar{x}_1,\bar{x}_2,\cdots,\bar{x}_k$的标准差,它是$\bar{x}$抽样误差的估计值,其大小说明了样本间变异程度的大小及$\bar{x}$精确性的高低。

对于大样本资料,常将样本标准差s与样本平均数$\bar{x}$配合使用,记为$\bar{x}\pm s$,用以说明所考察性状或指标的优良性与稳定性。对于小样本资料，常将样本标准误 $s_{\bar{x}}$ 与样本平均数 $\bar{x}$ 配合使用，记为 $\bar{x} \pm s_{\bar{x}}$，用以表示所考察性状或指标的优良性与抽样误差的大小。

3）t **分布**

(1) t 分布的概念

前面我们在计算样本平均数分布的概率时，需要总体方差 σ^2 为已知，或者 σ^2 未知，但样本容量较大（$n \geqslant 30$），此时用样本方差 s^2 估计 σ^2。但在实际研究中，经常遇到总体方差 σ^2 未知且样本容量不大（$n < 30$）的情况，如果仍用 s^2 来估计 σ^2，这时标准离差 $u = \dfrac{\bar{x} - \mu}{\frac{s}{\sqrt{n}}}$ 就不呈正态分布了，而是服从自由度为 $df = n - 1$ 的 t 分布。即：

$$t = \frac{\bar{x} - \mu}{s_{\bar{x}}} = \frac{\bar{x} - \mu}{\frac{s}{\sqrt{n}}} \tag{5.3}$$

式中，$s_{\bar{x}}$ 为 $\sigma_{\bar{x}}$ 的估计值。

t 分布是英国统计学家 W. S. Gosset 于 1908 年以“Student”的笔名发表的论文中提出的，所以 t 分布又叫学生氏 t 分布，简称 t 分布。

(2) t 分布的特点

① t 分布受自由度的制约，每一个自由度都有一条 t 分布曲线。

② t 分布曲线以纵轴为对称轴，左右对称，且在 $t = 0$ 时，分布密度函数取得最大值。

③ 与标准正态分布曲线相比，t 分布曲线顶部偏低，两尾部稍高而平。df 越小这种趋势越明显。df 越大，t 分布越趋近于标准正态分布。当 $n > 30$ 时，t 分布与标准正态分布的区别很小；$n > 100$ 时，t 分布基本与标准正态分布相同；$n \to \infty$ 时，与标准正态分布完全一致。t 分布密度曲线如图 5.2 所示。

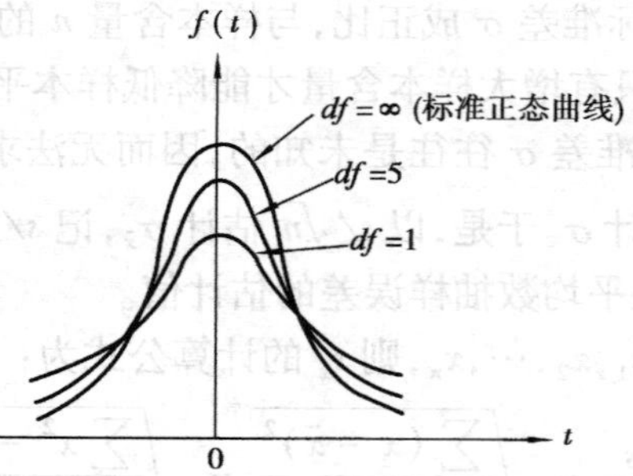

图 5.2　不同自由度的 t 分布密度曲线

t 分布常用来进行小样本显著性检验。

(3) t 分布的概率分布函数

$$F_{t(df)} = P(t < t_1) = \int_{-\infty}^{t_1} f(t)\,dt \tag{5.4}$$

因而 t 在区间 $(t_1, +\infty)$ 取值的概率——右尾概率为 $1 - F_t(df)$。

由于 t 分布左右对称，t 在区间 $(-\infty, -t_1)$ 取值的概率也为 $1 - F_t(df)$。于是 t 分布曲线下由 $-\infty$ 到 $-t_1$ 和由 t_1 到 $+\infty$ 两个相等的概率之和——两尾概率为 $2(1 - F_t(df))$。对于不同自由度下 t 分布的两尾概率及其对应的临界 t 值已编制成附表 2，即 t 分布表。该表第一列

为自由度 df，表头为两尾概率值，表中数字即为临界 t 值。

例如，当 $df = 15$ 时，查附表 2 得两尾概率等于 0.05 的临界 t 值为 $t_{0.05(15)} = 2.131$，其意义是：$P(-\infty < t < -2.131) = P(2.131 < t < +\infty) = 0.025$；$P(-\infty < t < -2.131) + P(2.131 < t < +\infty) = 0.05$。

由附表 2 可知，当 df 一定时，概率 P 越大，临界 t 值越小；概率 P 越小，临界 t 值越大。当概率 P 一定时，随着 df 的增加，临界 t 值在减小，当 $df = \infty$ 时，临界 t 值与标准正态分布的临界 μ 值相等。

按 t 分布进行的假设测验称 t 测验。后面将分述单个样本平均数和两个样本平均数比较时的 t 检验方法。

5.1.4　显著性检验的基本方法与步骤

显著性检验方法是先按研究目的提出一个假设；然后通过试验或调查，取得样本资料；最后检验这些资料结果，看看是否与无效假设所提出的有关总体参数的假设相符合。如果两者之间符合的可能性很大，则我们将接受这个无效假设；如果符合的可能性很小，则我们将否定它，从而接受其备择假设。具体地讲，通过总体的分布确定总体参数的表现应该在某一个范围内，如果超过了这个范围界限，那么就认为无效假设是错误的，应接受备择假设。

下面我们仍以前面所举的实例说明显著性检验的基本步骤。

1）首先对试验样本所在的总体作假设

（1）首先提出无效假设 $H_0: \mu_1 = \mu_2$ 或 $\mu_1 - \mu_2 = 0$

根据上面的例子即假设内江猪和荣昌猪两品种经产母猪产仔数的总体平均数相等，试验的处理效应（品种间的差异）为 0。其意义是试验的表面效应：$\bar{x}_1 - \bar{x}_2 = 1.1$ 头是试验误差，处理无效，这个假设是被检验的假设，通过检验可能被接受，也可能被否定，故称为无效假设（或称为零假设、原假设），记作 $H_0: \mu_1 = \mu_2$ 或 $\mu_1 - \mu_2 = 0$。

（2）再提出备择假设：$H_A: \mu_1 \neq \mu_2$ 或 $\mu_1 - \mu_2 \neq 0$

当提出 $H_0: \mu_1 = \mu_2$ 或 $\mu_1 - \mu_2 = 0$ 的同时，相应地提出一对应假设，称为备择假设，记作 H_A。备择假设是在无效假设被否定时准备接受的假设。

本例的备择假设是 $H_A: \mu_1 \neq \mu_2$ 或 $\mu_1 - \mu_2 \neq 0$，即假设内江猪与荣昌猪两品种经产母猪产仔数的总体平均数 μ_1 与 μ_2 不相等或 μ_1 与 μ_2 之差不等于零，亦即存在处理效应，其意义是指试验的表面效应，除包含试验误差外，还含有处理效应在内即品种不同引起的，说明内江猪与荣昌猪两品种经产母猪产仔数有着本质上的差异。

2）选定显著水平

前已述及，在显著性检验中，否定或接受无效假设的依据是“小概率事件实际不可能性原理”。用来确定否定或接受无效假设的概率标准叫显著水平，记作 α。α 为一小概率，在生物学研究中常取 $\alpha = 0.05$ 或 $\alpha = 0.01$。

显著性检验时选用的显著水平，除 $\alpha = 0.05$ 和 0.01 为常用外，也可选 $\alpha = 0.10$ 或 $\alpha = 0.001$ 等。到底选哪种显著水平，应根据试验的要求或试验结论的重要性而定。如果试验中难以控制的因素较多，试验误差可能较大，则显著水平可选低些，即 α 值取大些。反之，如试验耗费较大，对精确度的要求较高，不允许反复，或者试验结论的应用事关重大，则所选显著水平应高些，即 α 值应该小些。显著水平 α 对假设检验的结论是有直接影响的，所以它应在试验开始前即确定下来。

3)在无效假设 H_0 成立的前提下计算 t 值

在无效假设成立的前提下,构造合适的统计量,并研究试验所得统计量的抽样分布,计算 t 值和无效假设正确的概率

对于上述例子,研究在无效假设 $H_0:\mu_1=\mu_2$ 成立的前提下,统计量$(\bar{x}_1-\bar{x}_2)$的抽样分布。经统计学研究,得到一个统计量 t:

$$t=\frac{\bar{x}_1-\bar{x}_2}{s_{\bar{x}_1-\bar{x}_2}} \tag{5.5}$$

其中

$$s_{\bar{x}_1-\bar{x}_2}=\sqrt{\frac{\sum(x_1-\bar{x}_1)^2+\sum(x_2-\bar{x}_2)^2}{(n_1-1)+(n_2-1)}\times\left(\frac{1}{n_1}+\frac{1}{n_2}\right)} \tag{5.6}$$

$s_{\bar{x}_1-\bar{x}_2}$ 叫做均数差异标准误;

n_1,n_2 为两样本的含量;

$\bar{x}_1,\bar{x}_2$ 为两个样本的平均数。

所得的统计量 t 服从自由度 $df=(n_1-1)+(n_2-1)$ 的 t 分布。

根据两个样本的数据,计算得:

$$\bar{x}_1-\bar{x}_2=13.7-12.6=1.1$$

$$s_{\bar{x}_1-\bar{x}_2}=\sqrt{\frac{\sum(x_1-\bar{x}_1)^2+\sum(x_2-\bar{x}_2)^2}{(n_1-1)+(n_2-1)}\times\left(\frac{1}{n_1}+\frac{1}{n_2}\right)}$$

$$=\sqrt{\frac{(9-1)\times 3+(9-1)3.027\ 78}{(9-1)+(9-1)}\times\left(\frac{1}{9}+\frac{1}{9}\right)}=0.818\ 4$$

$$t=\frac{\bar{x}_1-\bar{x}_2}{s_{\bar{x}_1-\bar{x}_2}}=\frac{13.7-12.6}{0.818\ 4}=1.344\ 1$$

下面我们需进一步估计出 $|t|\geqslant 1.344\ 1$ 的两尾概率,即估计 $P(|t|\geqslant 1.344\ 1)$ 是多少,查附表2,在 $df=(n_1-1)+(n_2-1)=(9-1)+(9-1)=16$ 时,两尾概率为0.05的临界 t 值:$t_{0.05(16)}=2.120$,两尾概率为0.01的临界 t 值:$t_{0.01(16)}=2.921$。

即:

$P(|t|>2.120)=P(t>2.120)+P(t<-2.120)=0.05$

$P(|t|>2.921)=P(t>2.921)+P(t<-2.921)=0.01$

由于根据两样本数据计算所得的 t 值为1.344 1,小于临界 $t_{0.05(16)}$ 即:$1.344\ 1<t_{0.05}$。所以,$|t|<2.120$ 的概率 P 要大于0.05,即:$P>0.05$,说明无效假设成立的可能性。

4)根据"小概率事件实际不可能性原理"否定或接受无效假设

前面曾论及:若随机事件的概率很小,例如小于0.05,0.01,0.001,称之为小概率事件;所谓小概率事件实际不可能原理是指当事件的概率很小时,可以认为单独一次试验该事件几乎是不可能出现的。

在统计学上,把小概率事件在一次试验中看成是实际上不可能发生的事件,称为小概率事件实际不可能原理。根据这一原理,例如,当试验的表面效应是试验误差的概率小于5%时,可以认为在一次试验中试验表面效应几乎不可能只包含随机误差,还包含试验的处理效应,即认为试验表面效应是由于试验误差引起可看成实际上是不可能的,因而否定原先所作的无

效假设 $H_0:\mu_1=\mu_2$，即否定试验的表面效应是随机误差的假设。接受备择假设 $H_A:\mu_1\neq\mu_2$，即认为：试验的处理效应是存在的。

当然，如果计算得到的 t 值出现的概率大于5%，即试验的表面效应是由于试验误差引起的概率大于0.05时，则说明无效假设 $H_0:\mu_1=\mu_2$ 成立的可能性大，不能被否定，因而也就不能接受备择假设 $H_A:\mu_1\neq\mu_2$。

根据 $df=(n_1-1)+(n_2-1)$，由附表2查临界 t 值：$t_{0.05}$，$t_{0.01}$，将计算所得 t 值的绝对值与 $t_{0.05}$，$t_{0.01}$ 比较，并做出统计推断。

若 $|t|<t_{0.05}$，则 $P>0.05$，不能否定即应该接受 $H_0:\mu_1=\mu_2$，表明两个样本平均数所在的总体平均数差异不显著。可以认为内江猪与荣昌猪两品种经产母猪产仔数总体平均数 μ_1 和 μ_2 相同。

若 $t_{0.05}\leqslant|t|<t_{0.01}$，则 $0.01<P\leqslant0.05$，否定 $H_0:\mu_1=\mu_2$，接受 $H_A:\mu_1\neq\mu_2$，表明两个样本平均数所在的总体平均数差异显著，有95% 的把握认为两个样本不是取自同一总体。

若 $|t|\geqslant t_{0.01}$，则 $P\leqslant0.01$，否定 $H_0:\mu_1=\mu_2$，接受 $H_A:\mu_1\neq\mu_2$，表明两个样本平均数所在的总体平均数差异极显著，有99% 的把握认为两个样本不是取自同一总体。

本例中，按所建立的 $H_0:\mu_1=\mu_2$，试验的表面效应是试验误差的概率大于0.05，故有理由接受 $H_0:\mu_1=\mu_2$。

综上所述，显著性检验，从提出无效假设与备择假设到根据小概率事件实际不可能性原理来否定或接受无效假设，这一过程实际上是应用所谓“概率性质的反证法”，对试验样本所属总体所作的无效假设的统计推断。对于各种显著性检验的方法，除明确其应用条件，掌握有关统计运算方法外，正确的统计推断是不可忽视的。

显著性检验的步骤可总结如下：

① 对样本所属的总体提出统计假设，包括无效假设和备择假设。

② 选定检验的显著水平 α 值。

③ 在无效假设 H_0 成立的前提下，构造合适的统计量，并研究试验所得统计量的抽样分布，计算无效假设正确的概率 。

④ 根据“小概率事件实际不可能性原理” 否定或接受无效假设。

5.1.5　显著水平与显著性检验中两种类型的错误

1)显著水平

用来确定是否定或接受无效假设的概率标准叫显著水平，记作 α。在生物学研究中常取 $\alpha=0.05$ 或 $\alpha=0.01$。

2)显著水平在显著性检验(t 检验)中的应用

(1)若 $|t|<t_{0.05}$，则说明试验的表面效应属于试验误差的概率 $P>0.05$，即表面效应属于试验误差的可能性大，不能否定 $H_0:\mu_1=\mu_2$，这时称“差异不显著”，统计学上把这一检验结果表述为：“两个总体平均数 μ_1 与 μ_2 差异不显著”，在计算所得的 t 值的右上方标记“ns” 或不标记符号。

(2)若 $|t|<t_{0.05}$，则说明试验的表面效应属于试验误差的概率 P 在0.01 ~ 0.05之间，即 $0.01<P<0.05$，亦即表面效应属于试验误差的可能性较小，应否定 $H_0:\mu_1=\mu_2$，接受 $H_A:\mu_1\neq\mu_2$，这时称“差异显著”，统计学上把这一检验结果表述为：“两个总体平均数 μ_1 与

μ_2 差异显著"，在计算所得的 t 值的右上方标记"*"。

(3)若 $|t| \geqslant t_{0.01}$，则说明试验的表面效应属于试验误差的概率 P 不超过0.01，即 $P \leqslant 0.01$。亦即表面效应属于试验误差的可能性更小，否定 $H_0:\mu_1 = \mu_2$，接受 $H_A:\mu_1 \neq \mu_2$，这时称"差异极显著"，统计学上把这一检验结果表述为："两个总体平均数 μ_1 与 μ_2 差异极显著"，在计算所得的 t 值的右上方标记"**"。

这里可以看到，是否否定无效假设 $H_0:\mu_1 = \mu_2$，是用实际计算出的检验统计量 t 的绝对值与显著水平 α 对应的临界 t 值 t_α 比较。若 $|t| \geqslant t_\alpha$，则在 α 水平上否定 $H_0:\mu_1 = \mu_2$；若 $|t| < t_\alpha$，则不能在 α 水平上否定 $H_0:\mu_1 = \mu_2$。区间 $(-\infty, t_\alpha]$ 和 $[t_\alpha, +\infty)$ 称为 α 水平上的否定域，而区间 $(-t_\alpha, t_\alpha)$ 则称为 α 水平上的接受域。

因为显著性检验是根据"小概率事件实际不可能性原理"来否定或接受无效假设的，所以不论是接受还是否定无效假设，都没有100%的把握。若经 t 检验"差异显著"，对此结论有95%的把握，同时要冒5%下错结论的风险；"差异极显著"，对此结论有99%的把握，同时要冒1%下错结论的风险。而"差异不显著"是指不能否定 H_0，同样也有下错结论的可能。也就是说有得出错误结论的可能性，不能根据统计推断做出绝对肯定或绝对否定的结论。

3)显著性检验中两种类型的错误

在显著性检验中，否定或接受无效假设的依据是"小概率事件实际不可能性原理"。

所以不论是接受还是否定无效假设，都没有100%的把握，使用估计值对总体进行推断，也可能会犯错误。也就是说，在检验无效假设 H_0 时可能犯两类错误。一类是无效假设是正确的情况，可是假设检验的结果却否定了无效假设；另一类是无效假设是错误的，备择假设本来是正确的，可是检验结果却接受了无效假设。

(1)第一类错误

第一类错误是真实情况为 H_0 成立，却否定了它，犯了"弃真"错误，也叫Ⅰ型错误。Ⅰ型错误，就是把非真实差异错判为真实差异，即 $H_0:\mu_1 = \mu_2$ 为真，却接受了 $H_A:\mu_1 \neq \mu_2$。犯第一类错误的概率不会超过 α，Ⅰ型错误也叫 α 错误，在医学上还称为假阳性错误。

(2)第二类错误

第二类错误是 H_0 不成立，却接受了它，犯了"纳伪"错误，也叫Ⅱ型错误。Ⅱ型错误，就是把真实差异错判为非真实差异，即 $H_A:\mu_1 \neq \mu_2$ 为真，却未能否定 $H_0:\mu_1 = \mu_2$。犯第二类错误的概率记着 β，Ⅱ型错误也叫 β 错误，在医学上还称为假阴性错误。犯Ⅱ型错误可能性 β 的大小与 α 取值的大小等有关。

我们是基于"小概率事件实际不可能性原理"来否定 H_0，但在一次试验中小概率事件并不是绝对不会发生的。如果我们抽得一个样本，它虽然来自与 H_0 对应的抽样总体，但计算所得的统计量 t 却落入了否定域中，因而否定了 H_0，于是犯了Ⅰ型错误。但犯这类错误的概率不会超过 α。

Ⅱ型错误发生的原因可以用图5.3来说明。

图中左边曲线是 $H_0:\mu_1 = \mu_2$ 为真时，$(\bar{x}_1 - \bar{x}_2)$ 的分布密度曲线；右边曲线是 $H_A:\mu_1 \neq \mu_2$ 为真时，$(\bar{x}_1 - \bar{x}_2)$ 的分布密度曲线；右边曲线是 $H_A:\mu_1 \neq \mu_2$ 为真时，$(\bar{x}_1 - \bar{x}_2)$ 的分布密度曲线 $(\mu_1 > \mu_2)$，它们构成的抽样分布相叠加。

有时我们从 $\mu_1 - \mu_2 \neq 0$ 抽样总体抽取一个 $(\bar{x}_1 - \bar{x}_2)$ 恰恰在 H_0 成立时的接受域内(如图中横线阴影部分)，这样，实际是从 $\mu_1 - \mu_2 \neq 0$ 总体抽取的样本，经显著性检验却不能否定 H_0，

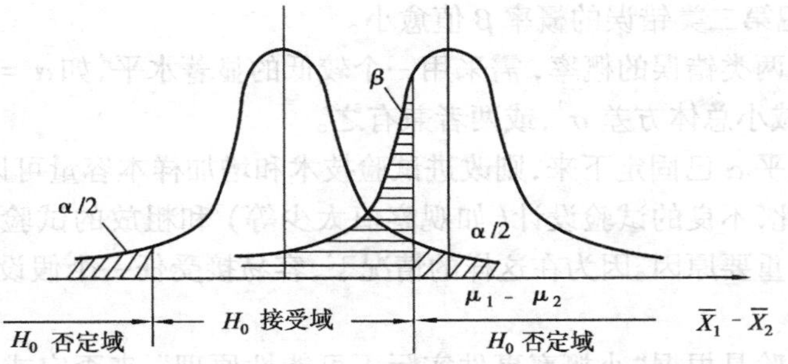

图 5.3　两类错误示意图

因而犯了Ⅱ型错误。犯Ⅱ型错误的概率用β表示。Ⅱ型错误概率β值的大小较难确切估计，它只有与特定的H_A结合起来才有意义。一般与显著水平α、原总体的标准差σ、样本含量n、以及相互比较的两样本所属总体平均数之差$\mu_1 - \mu_2$等因素有关。在其他因素确定时，α值越小，β值越大；反之，α值越大，β值越小；样本含量n及$\mu_1 - \mu_2$越大、σ越小，β值越小。

(3)α值的选取与两类错误的控制

由于β值的大小与α值的大小有关，所以在选用检验的显著水平时应考虑到犯Ⅰ、Ⅱ型错误所产生后果严重性的大小，还应考虑到试验的难易及试验结果的重要程度。若一个试验耗费大，可靠性要求高，不允许反复，那么α值应取小些；当一个试验结论的使用事关重大，容易产生严重后果，如药物的毒性试验，α值亦应取小些。对于生物方面的试验，如生化试验，由于试验条件不易控制，试验误差较大的试验，可将α值放宽到 0.1，甚至放宽到 0.25。

在提高显著水平，即减小α值时，为了减小犯Ⅱ型错误的概率，可适当增大样本含量。因为增大样本含量可使$(\bar{x}_1 - \bar{x}_2)$分布的方差$\sigma^2(1/n_1 + 1/n_2)$变小，使图5.3左右两曲线变得比较“高”、“瘦”，叠加部分减少，即β值变小。我们的愿望是α值不越过某个给定值，比如α = 0.05或0.01的前提下，β值越小越好。因为在具体问题中$\mu_1 - \mu_2$和σ相对不变，所以β值的大小主要取决于样本含量的大小。

图 5.3 中的$1-\beta$称为检验功效或检验力，也叫把握度。其意义是当两总体确有差别（即H_A成立）时，按α水平能发现它们有差别的能力。例如$1-\beta = 0.9$，意味着若两总体确有差别，则理论上平均100次抽样比较中有90次能得出有差别的结论。

(4)两类错误间的关系

两类错误的关系可归纳如下：

表 5.3　两类错误的关系

客观实际	否定 H_0	接受 H_0
H_0 成立	Ⅰ型错误(α)	推断正确($1-\alpha$)
H_0 不成立	推断正确($1-\beta$)	Ⅱ型错误(β)

(5)两类错误的讨论

综合上述，关于两类错误的讨论可总结如下：

①在样本容量n固定的条件下，提高显著水平α（取较小的α值），如从5%变为1%则将增大第二类错误的概率β值。

②在n和显著水平α相同的条件下，真总体平均数μ和假设平均数μ_0的相差（以标准误

为单位）愈大，则犯第二类错误的概率β值愈小。

③为了降低犯两类错误的概率，需采用一个较低的显著水平，如$\alpha = 0.05$；同时适当增加样本容量，或适当减小总体方差σ^2，或两者兼有之。

④如果显著水平α已固定下来，则改进试验技术和增加样本容量可以有效地降低犯第二类错误的概率。因此，不良的试验设计（如观察值太少等）和粗放的试验技术，是使试验不能获得正确结论的极重要原因。因为在这样的情况下，容易接受任一个假设，而不论这假设是正确的或错误的。

因为显著性检验是根据"小概率事件实际不可能性原理"来否定或接受无效假设的，所以不论是接受还是否定无效假设，都没有100%的把握。

若经t检验"差异显著"，对此结论有95%的把握，同时要冒5%下错结论的风险；"差异极显著"，对此结论有99%的把握，同时要冒1%下错结论的风险；"差异不显著"，是指在本次试验条件下，无效假设未被否定。"差异不显著"并非一定是"没有差异"。这有两种可能：

一是或者这两个样本所在的总体确实没有差异；二是或者这两个样本所在总体平均数有差异而因为试验误差大被掩盖了。

因而不能仅凭统计推断就作出绝对肯定或绝对否定的结论。"有很大的可靠性，但有一定的错误率"，这是统计推断的基本特点。

5.1.6 双侧检验与单侧检验

在提出一个统计假设时，必有一个相对应的备择假设。备择假设为否定无效假设时必然要接受的假设。

例如单个平均数检验，若$H_0:\mu = \mu_0$，则备择假设$H_A:\mu \neq \mu_0$。在上述显著性检验中，如两个平均数检验，无效假设$H_0:\mu_1 = \mu_2$与备择假设$H_A:\mu_1 \neq \mu_2$。此时，备择假设中包括了$\mu_1 > \mu_2$或$\mu_1 < \mu_2$两种可能。这个假设的目的在于判断μ_1与μ_2有无差异，而不考虑谁大谁小。如比较内江猪与荣昌猪两品种猪经产母猪的产仔数，内江猪可能高于荣昌猪，也可能低于荣昌猪。

①双侧检验

在α水平上，H_0否定域为$(-\infty, t_\alpha]$和$[t_\alpha, +\infty)$，否定域对称地分配在t分布曲线的两侧尾部，每侧的概率为$\alpha/2$，如图5.4所示。这种利用两尾概率进行的检验叫双侧检验，也叫双尾检验，t_α为双侧检验的临界t值。

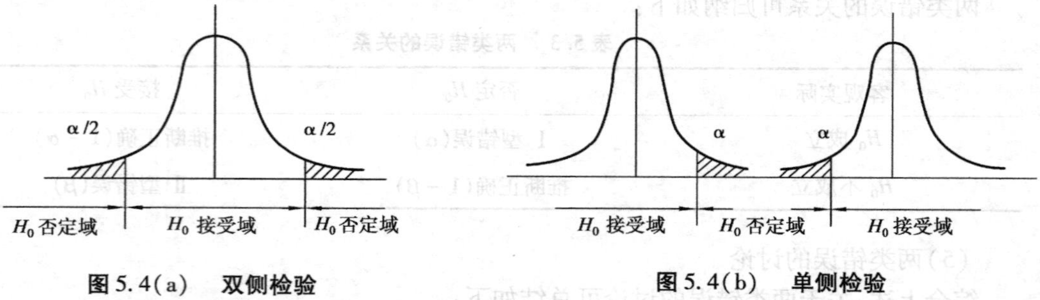

图5.4(a) 双侧检验

图5.4(b) 单侧检验

(A) 右侧检验 $H_0:\mu_1 = \mu_2$ $H_A:\mu_1 > \mu_2$

(B) 左侧检验 $H_0:\mu_1 = \mu_2$ $H_A:\mu_1 < \mu_2$

②单侧检验

在有些情况下，双侧检验不一定符合实际情况。如采用某种新的配套技术措施以期提高鸡的产蛋量，已知此种配套技术的实施不会降低产蛋量。此时，若进行新技术与常规技术的比较试验，则无效假设应为 $H_0:\mu_1 = \mu_2$，即假设新技术与常规技术产蛋量是相同的，备择假设应为 $H_A:\mu_1 > \mu_2$，即新配套技术的实施使产蛋量有所提高。检验的目的在于推断实施新技术是否提高了产蛋量，这时 H_0 的否定域在 t 分布曲线的右尾。在 α 水平上否定域为 $[t_\alpha, +\infty)$，右侧的概率为 α，如图5.4(a)所示。若无效假设 H_0 为 $\mu_1 = \mu_2$，备择假设 H_A 为 $\mu_1 < \mu_2$，此时 H_0 的否定域在 t 分布曲线的左尾。在 α 水平上，H_0 的否定域为 $(-\infty, -t_\alpha]$，左侧的概率为 α，如图5.4(b)所示。这种利用一尾概率进行的检验叫单侧检验也叫单尾检验。此时 t_α 为单侧检验的临界 t 值。

由上可以看出，若对同一资料进行双侧检验也进行单侧检验，此时，双侧检验显著水平相当于单侧检验的两倍，临界 t 值的关系是：单侧检验的 t_α = 双侧检验的 $t_{2\alpha}$。

那么在 α 水平上单侧检验显著，只相当于双侧检验在 2α 水平上显著。如经单侧检验在5%水平上显著，只相当于双侧检验在10%水平上显著，所以，同一资料双侧检验与单侧检验所得的结论不一定相同。双侧检验显著，单侧检验一定显著；但单侧检验显著，双侧检验未必显著。

③应用

选用单侧检验还是双侧检验应根据专业知识及问题的要求在试验设计时就确定。一般若事先不知道所比较的两个处理效果谁好谁坏，分析的目的在于推断两个处理效果有无差别，则选用双侧检验；若根据理论知识或实践经验判断甲处理的效果不会比乙处理的效果差（或相反），分析的目的在于推断甲处理是否比乙处理好（或差），则用单侧检验。

一般情况下，如不做特殊说明均指双侧检验。

5.1.7　显著性检验中应注意的问题

上面我们已详细了解了显著性检验的意义、原理及方法步骤。进行显著性检验还应注意以下几个问题：

1）进行严密合理的试验或抽样设计

为了保证试验结果的可靠及正确，要有严密合理的试验或抽样设计，保证各样本是从相应同质总体中随机抽取的。并且处理间要有可比性，即除比较的处理外，其他影响因素应尽可能控制相同或基本相近。否则，任何显著性检验的方法都不能保证结果的正确。

2）选用的显著性检验方法应符合其应用条件。

上面我们所举的例子属于"非配对设计两样本平均数差异显著性检验"。由于研究变量的类型、问题的性质、条件、试验设计方法、样本大小等的不同，所用的显著性检验方法也不同，因而在选用检验方法时，应认真考虑其适用条件，不能滥用。

3）要正确理解差异显著或极显著的统计意义。

显著性检验结论中的"差异显著"或"差异极显著"不应该误解为相差很大或非常大，也不能认为在专业上一定就有重要或很重要的价值。"显著"或"极显著"是指表面上如此差别的不同样本来自同一总体的可能性小于0.05或0.01，已达到了可以认为它们有实质性差异的显著水平。有些试验结果虽然差别大，但由于试验误差大，也许还不能得出"差异显著"的结论,而有些试验的结果间的差异虽小,但由于试验误差小,反而可能推断为“差异显著”。

显著水平的高低只表示下结论的可靠程度的高低,即在 0.01 水平下否定无效假设的可靠程度为 99%,而在 0.05 水平下否定无效假设的可靠程度为 95%。“差异不显著”是指表面上的这种差异在同一总体中出现的可能性大于统计上公认的概率水平 0.05,不能理解为试验结果间没有差异。下“差异不显著”的结论时,客观上存在两种可能:一是本质上有差异,但被试验误差所掩盖,表现不出差异的显著性来。如果减小试验误差或增大样本含量,则可能表现出差异显著性;二是可能确无本质上差异。显著性检验只是用来确定无效假设能否被推翻,而不能证明无效假设是正确的。

4)合理建立统计假设,正确计算检验统计量。

就两个样本平均数差异显著性检验来说,无效假设 H_0 与备择假设 H_A 的建立,一般如前所述,但也有时也例外。如经收益与成本的综合经济分析知道,饲喂畜禽以高质量的Ⅰ号饲料比饲喂Ⅱ号饲料提高的成本需用畜禽生产性能提高 d 个单位获得的收益来相抵,那么在检验喂Ⅰ号饲料与Ⅱ号饲料在收益上是否有差异时,无效假设应为 $H_0:\mu_1-\mu_2=d$,备择假设为 $H_A:\mu_1-\mu_2\neq d$(双侧检验);或 $H_A:\mu_1-\mu_2>d$(单侧检验);t 检验计算公式为:

$$t=\frac{(\bar{x}_1-\bar{x}_2)-d}{s_{\bar{x}_1-\bar{x}_2}} \tag{5.7}$$

如果不能否定无效假设,可以认为喂高质量的 Ⅰ 号饲料得失相抵,只有当$(\bar{x}_1-\bar{x}_2)>d$ 达到一定程度而否定了 H_0,才能认为喂 Ⅰ 号饲料可获得更多的收益。

5)结论不能绝对化。

经过显著性检验最终是否否定无效假设则由被研究事物有无本质差异、试验误差的大小及选用显著水平的高低决定的。同样一种试验,试验本身差异程度的不同,样本含量大小的不同,显著水平高低的不同,统计推断的结论可能不同。否定 H_0 时可能犯 Ⅰ 型错误,接受 H_0 时可能犯 Ⅱ 型错误。尤其在 P 接近 α 时,下结论应慎重,有时应用重复试验来证明。总之,具有实用意义的结论要从多方面综合考虑,不能单纯依靠统计结论。

此外,报告结论时应列出,由样本算得的检验统计量值(如 t 值),注明是单侧检验还是双侧检验,并写出 P 值的确切范围,如 $0.01<P<0.05$,以便读者结合有关资料进行对比分析。

5.2 样本平均数与总体平均数差异显著性检验

简单地说,对单个样本总体均数的检验要解决的问题是对某个未知的总体平均数 μ 与某个特定的已知的值 μ_0 进行比较,检验它们是否相等。也就是检验某一样本 $\bar{x}$ 所属总体平均数是否和某一指定的总体平均数 μ_0 相同。

在实践中我们往往需要检验一个样本平均数与已知的总体平均数是否有显著差异,即检验该样本是否来自某一总体。已知的总体平均数一般为一些公认的理论数值、经验数值或期望数值。如畜禽正常生理指标、怀孕期、家禽出雏日龄以及生产性能指标,或是经过大量调查所得到的平均值,或是按过去长期观测取得的经验数等,都可以用样本平均数与之比较,检验差异显著性。

5.2.1　检验的基本步骤

1）提出无效假设与备择假设

无效假设 $H_0: \mu = \mu_0$

备择假设 $H_A: \mu \neq \mu_0$

其中 μ 为样本所在总体平均数，μ_0 为已知总体平均数。

2）选定显著水平 α

在生物学研究中常取 $\alpha = 0.05$ 或 0.01。

3）在 H_0 下计算 t 值

计算 t 值的公式为：

$$t = \frac{\bar{x}_1 - \mu_0}{s_{\bar{x}}} \qquad df = n - 1$$

$$s_{\bar{x}} = \frac{s}{\sqrt{n}}$$

式中，$\bar{x}$ 为样本平均数；n 为样本含量；$s_{\bar{x}}$ 为样本标准误；s 为样本标准差。

4）从附表中查临界 t 值，做出统计推断

由 $df = n - 1$ 查附表2得到临界 t 值：$t_{0.05}$，$t_{0.01}$。将计算所得 t 值的绝对值与临界 t 值比较，并做出统计推断。

若 $|t| < t_{0.05}$，则 $P > 0.05$，不能否定即应该接受无效假设 $H_0: \mu = \mu_0$，而否定接受备择假设 $H_A: \mu \neq \mu_0$，表明样本平均数 $\bar{x}$ 与总体平均数 μ_0 差异不显著，可以认为样本是取自该总体。

若 $t_{0.05} \leqslant |t| < t_{0.01}$，则 $0.01 < P \leqslant 0.05$，则否定无效假设 $H_0: \mu = \mu_0$，而接受备择假设 $H_A: \mu \neq \mu_0$，表明样本平均数 $\bar{x}$ 与总体平均数 μ_0 差异显著，有95% 的把握认为样本不是取自该总体。

若 $|t| \geqslant t_{0.01}$，则 $P \leqslant 0.01$，则否定无效假设 $H_0: \mu = \mu_0$，而接受备择假设 $H_A: \mu \neq \mu_0$，表明样本平均数 $\bar{x}$ 与总体平均数 μ_0 差异极显著，有99% 的把握认为样本不是取自该总体。

若在0.05水平上进行单侧检验，只要将计算所得 t 值的绝对值 $|t|$ 与由附表2查得的 $\alpha = 0.10$ 的临界 t 值 $t_{0.10}$ 比较，即可做出统计推断。

若在0.01水平上进行单侧检验，只要将计算所得 t 值的绝对值 $|t|$ 与由附表2查得的 $\alpha = 0.02$ 的临界 t 值 $t_{0.02}$ 比较，即可做出统计推断。

5.2.2　检验方法举例

例5.1　母猪的怀孕期为114 d，现抽测12头大白猪母猪的怀孕期分别为115，113，114，112，116，115，114，118，113，115，114，113（d），试检验所得样本的平均数与总体平均数114 d有无显著差异？

根据题意，本例应进行双侧 t 检验，检验的步骤为：

（1）提出无效假设与备择假设

无效假设 $H_0: \mu = \mu_0 = 114$ d，则本次抽测的大白猪母猪的妊娠期与总体平均数114 d无显著差异。

备择假设 $H_A: \mu \neq 114$ d

(2)选定显著水平 α

$\alpha = 0.05$ 或 $\alpha = 0.01$。

(3)在 H_0 下计算 t 值

经计算得：$\bar{x} = 114.333\,3$，$s = 1.614\,3$

$$t = \frac{\bar{x}_1 - \mu_0}{s_{\bar{x}}} \qquad s_{\bar{x}} = \frac{s}{\sqrt{n}}$$

所以 $$t = \frac{\bar{x}_1 - \mu_0}{s_{\bar{x}}} = \frac{114.333\,3 - 114}{1.614\,3/\sqrt{12}} = \frac{0.333\,3}{0.466\,0} = 0.715\,2$$

$$df = n - 1 = 12 - 1 = 11$$

(4) 查临界 t 值，做出统计推断

由 $df = 11$，查 t 值表(附表2)，得 $t_{0.05(11)} = 2.201$。

因为 $|t| = 0.715\,2 < t_{0.05(11)} = 2.201$，所以 $P > 0.05$，故不能否定 H_0，应该接受无效假设 $H_0: \mu = \mu_0 = 114$ d，表明样本平均数与总体平均数差异不显著，可以认为该样本取自母猪怀孕期为 114 d 的总体。

例5.2 已知成年羊血液中白细胞总数 $\mu_0 = 8\,000$ 个/mm^3，今随机抽测了10头羊的白细胞总数分别为7 100，10 800，7 500，7 800，9 200，9 400，8 500，8 900，7 600，8 400 个/mm^3。试检验该样本的平均数与总体平均数 8 000 个/mm^3 有无显著差异？

根据题意，本例应进行双侧 t 检验。

(1)提出无效假设与备择假设

无效假设 $H_0: \mu = \mu_0 = 8\,000$ 个/mm^3

备择假设 $H_A: \mu \neq 8\,000$ 个/mm^3

(2)选定显著水平 α

$\alpha = 0.05$ 或 $\alpha = 0.01$。

(3)在 H_0 下计算 t 值

经计算得：$\bar{x} = 8\,520$，$s = 1\,100$

$$t = \frac{\bar{x} - \mu_0}{s_{\bar{x}}} \qquad s_{\bar{x}} = \frac{s}{\sqrt{n}}$$

所以 $$t = \frac{\bar{x} - \mu_0}{s_{\bar{x}}} = \frac{8\,520 - 8\,000}{1\,100/\sqrt{10}} = \frac{0.745}{0.5} = 1.49$$

$$df = n - 1 = 10 - 1 = 9$$

(4)查临界 t 值，做出统计推断

由 $df = 9$，查 t 值表(附表2)，得 $t_{0.05(9)} = 2.262$。

因为 $|t| = 1.49 < t_{0.05(9)} = 2.262$，所以 $P > 0.05$，故不能否定无效假设 $H_0: \mu = 8\,000$ 个/mm^3，应接受无效假设 $H_0: \mu = \mu_0 = 8\,000$ 个/mm^3，表明样本平均数与总体平均数差异不显著，可以认为该样本取自均数为 $\mu_0 = 8\,000$ 个/mm^3 总体。

5.3　两个样本平均数的差异显著性检验

在实际工作中也经常会遇到推断两个样本平均数差异是否显著的问题，其目的在于了解两样本所属总体的平均数是否相同。例如在畜牧生产中，我们常常会碰到这样的问题：某两个不同品种的猪在相同饲养条件下的生长速度有无差异？我们可以将不同品种的猪的生长速度看成是不同的随机变量，于是这个问题就变成了这两个随机变量所代表的总体的平均数有无差异。由于不可能对这两个品种的所有猪只进行生长速度的测定，只能分别从两个品种中随机抽取一定数量的个体进行生长速度的测定，从而获得两个独立的样本，然后通过对样本数据的分析来对两个总体平均数有无差异进行检验。这是由两个样本平均数的相差来检验这两个样本所属的总体平均数有无显著差异。

对于两样本平均数差异显著性检验，因条件或试验设计不同，一般可分为两种情况：一是非配对设计（成组设计）两样本平均数的差异显著性检验；二是配对设计（成对设计）两样本平均数的差异显著性检验。下面分别进行介绍。

5.3.1　非配对试验设计两样本平均数的差异显著性检验

非配对试验设计或成组设计是指当进行只有两个处理的试验时，将试验单位完全随机地分成两个组，然后再随机地对两组各施加一个处理，它是完全随机设计中当处理数 $k=2$ 的情况。在这种设计方式中，两组的试验单位相互独立，所得的两个样本也相互独立，两个样本含量不一定相等，所得数据为成组数据。

1）非配对试验设计资料数据的一般形式见表 5.4

表 5.4　非配对试验设计资料的一般形式

处理	观测值 x_{ij}	样本含量 n_i	平均数 $\bar{x}$	总体平均数
1	x_{11}　x_{12}　$\cdots$　x_{1n_1}	n_1	$\bar{x}_1=\sum x_{1j}/n_1$	μ_1
2	x_{21}　x_{22}　$\cdots$　x_{2n_2}	n_2	$\bar{x}_2=\sum x_{2j}/n_2$	μ_2

2）非配对试验设计两样本平均数的差异显著性检验

如果两个处理为完全随机设计的两个处理，各供试单位彼此独立，不论两个处理的样本容量是否相同，所得数据皆称为成组数据，以组（处理）平均数作为相互比较的标准。成组数据的平均数比较又依两个样本所属的总体方差（σ_1^2 和 σ_2^2）是否已知、是否相等而采用不同的测验方法，兹分述于下。

（1）在两个样本的总体方差 σ_1^2 和 σ_2^2 为已知时，用 u 检验

所谓 u 检验是在总体方差 σ_1^2 和 σ_2^2 已知条件下采用统计量 u 对平均数进行显著性检验的方法。由抽样分布的公式知，两样本平均数 $\bar{x}_1$ 和 $\bar{x}_2$ 的差数标准误 $\sigma_{\bar{x}_1-\bar{x}_2}$，在 σ_1^2 和 σ_2^2 已知时为：

$$\sigma_{\bar{x}_1-\bar{x}_2}=\sqrt{\frac{\sigma_1^2}{n_1}+\frac{\sigma_2^2}{n_2}} \tag{5.8}$$

并有：

$$u = \frac{(\bar{x}_1 - \bar{x}_2) - (\mu_1 - \mu_2)}{\sigma_{\bar{x}_1 - \bar{x}_2}} \tag{5.9}$$

在假设 $H_0: \mu_1 - \mu_2 = 0$ 下，正态离差 u 值为 $u = \frac{(\bar{x}_1 - \bar{x}_2)}{\sigma_{\bar{x}_1 - \bar{x}_2}}$，故可对两样本平均数的差异做出假设测验。

当两样本含量较大时，比如均大于 50 或 100，两总体标准差 σ_1 和 σ_2 可用两样本标准差 s_1 和 s_2 代替，于是有平均数差数的样本标准误差，

$$s_{\bar{x}_1 - \bar{x}_2} = \sqrt{\frac{s_1^2}{n_1} + \frac{s_2^2}{n_2}} \tag{5.10}$$

当样本含量较大时，不论原总体是否正态总体，但样本平均数的分布是近似正态分布。因此 u 检验可用于大样本的均数显著性检验。

(2)在两个样本的总体方差 σ_1^2 和 σ_2^2 为未知，但可假定 $\sigma_1^2 = \sigma_2^2 = \sigma^2$，而两个样本又为小样本($n \leqslant 30$) 时，则用 t 检验。

首先，从样本变异中算出平均数差数的均方 s_e^2，作为对 σ^2 的估计。由于可假定 $\sigma_1^2 = \sigma_2^2 = \sigma^2$，故 s_e^2 应为两样本均方的加权平均值，即有：

$$s_e^2 = \frac{SS_1 + SS_2}{df_1 + df_2} = \frac{\sum(x_1 - \bar{x}_1)^2 + \sum(x_2 - \bar{x}_2)^2}{(n_1 - 1) + (n_2 - 1)} \tag{5.11}$$

上式的 s_e^2 又称合并均方，式中 $df_1 = n_1 - 1$，$df_2 = n_2 - 1$，分别为两样本的自由度，$SS_1 = \sum(x_1 - \bar{x}_1)^2$、$SS_2 = \sum(x_2 - \bar{x}_2)^2$ 分别为两样本的平方和。

求得 s_e^2 后，其两样本平均数的差数标准误为：

$$s_{\bar{x}_1 - \bar{x}_2} = \sqrt{\frac{s_e^2}{n_1} + \frac{s_e^2}{n_2}} \tag{5.12}$$

当 $n_1 = n_2 = n$ 时，则上式变为：

$$s_{\bar{x}_1 - \bar{x}_2} = \sqrt{\frac{2s_e^2}{n}} \tag{5.13}$$

于是有：

$$t = \frac{(\bar{x}_1 - \bar{x}_2) - (\mu_1 - \mu_2)}{s_{\bar{x}_1 - \bar{x}_2}} \tag{5.14}$$

由于假设 $H_0: \mu_1 = \mu_2$，故上式成为：

$$t = \frac{\bar{x}_1 - \bar{x}_2}{s_{\bar{x}_1 - \bar{x}_2}} \tag{5.15}$$

它具有自由度 $df = (n_1 - 1) + (n_2 - 1)$，服从 t 分布。

3)非配对试验设计两样本平均数差异显著性检验的基本步骤

非配对试验设计两样本平均数差异显著性检验的基本步骤主要包括 4 个基本步骤，具体介绍如下：

(1)提出无效假设与备择假设

无效假设 $H_0: \mu_1 = \mu_2$

备择假设 $H_A: \mu_1 \neq \mu_2$

(2)选定显著水平

$\alpha = 0.05$ 或 $\alpha = 0.01$。

(3)在 H_0 下计算 t 值

$$t = \frac{\bar{x}_1 - \bar{x}_2}{s_{\bar{x}_1 - \bar{x}_2}} \qquad (df = n_1 - 1 + n_2 - 1 = n_1 + n_2 - 2)$$

其中：
$$s_{\bar{x}_1-\bar{x}_2} = \sqrt{\frac{\sum (x_1 - \bar{x}_1)^2 + \sum (x_2 - \bar{x}_2)^2}{(n_1 - 1) + (n_2 - 1)} \times \left(\frac{1}{n_1} + \frac{1}{n_2}\right)}$$
$$= \sqrt{\frac{\left[\sum x_1^2 - \frac{(\sum x_1)^2}{n_1}\right] + \left[\sum x_2^2 - \frac{(\sum x_2)^2}{n_2}\right]}{(n_1 - 1) + (n_2 - 1)} \times \left(\frac{1}{n_1} + \frac{1}{n_2}\right)}$$
$$= \sqrt{\frac{(n_1 - 1)s_1^2 + (n_2 - 1)s_2^2}{(n_1 - 1) + (n_2 - 1)} \times \left(\frac{1}{n_1} + \frac{1}{n_2}\right)} \qquad (5.16)$$

当 $n_1 = n_2 = n$ 时，

$$s_{\bar{x}_1-\bar{x}_2} = \sqrt{\frac{\sum (x_1 - \bar{x}_1)^2 + \sum (x_2 - \bar{x}_2)^2}{n(n - 1)}} = \sqrt{\frac{s_1^2}{n} + \frac{s_2^2}{n}} = \sqrt{s_{\bar{x}_1}^2 + s_{\bar{x}_2}^2} \qquad (5.17)$$

$s_{\bar{x}_1-\bar{x}_2}$ 为均数差异标准误，n_1, n_2；$\bar{x}_1, \bar{x}_2$；s_1^2, s_2^2 分别为两样本含量、平均数、均方。

(4)查临界 t 值，做出统计推断

根据 $df = (n_1 - 1) + (n_2 - 1)$，由附表 2 查临界 t 值：$t_{0.05}$，$t_{0.01}$，将计算所得 t 值的绝对值与临界 t 值 $t_{0.05}$，$t_{0.01}$ 比较，并做出统计推断。

若 $|t| < t_{0.05}$，则 $P > 0.05$，不能否定即应该接受 $H_0: \mu_1 = \mu_2$，表明两个样本平均数所在的总体平均数差异不显著。

若 $t_{0.05} \leqslant |t| < t_{0.01}$，则 $0.01 < P \leqslant 0.05$，否定 $H_0: \mu_1 = \mu_2$，接受 $H_A: \mu_1 \neq \mu_2$，表明两个样本平均数所在的总体平均数差异显著，有 95% 的把握认为两个样本不是取自同一总体。

若 $|t| \geqslant t_{0.01}$，则 $P \leqslant 0.01$，否定 $H_0: \mu_1 = \mu_2$，接受 $H_A: \mu_1 \neq \mu_2$，表明两个样本平均数所在的总体平均数差异极显著，有 99% 的把握认为两个样本不是取自同一总体。

若在 0.05 水平上进行单侧检验，只要将计算所得 t 值的绝对值 $|t|$ 与由附表 2 查得的 $\alpha = 0.10$ 的临界 t 值 $t_{0.10}$ 比较，即可做出统计推断。

若在 0.01 水平上进行单侧检验，只要将计算所得 t 值的绝对值 $|t|$ 与由附表 2 查得的 $\alpha = 0.02$ 的临界 t 值 $t_{0.02}$ 比较，即可做出统计推断。

4)非配对试验设计两样本平均数差异显著性检验举例

例 5.3　某种猪场分别测定大白后备种猪和湘白后备种猪 90 kg 时的背膘厚度，测定结果如表 5.5 所示。设两品种后备种猪 90 kg 时的背膘厚度值服从正态分布，且方差相等，问该两品种后备种猪 90 kg 时的背膘厚度有无显著差异？

表 5.5　大白与湘白后备种猪背膘厚度

猪品种	头数	背膘厚度/cm
大白	12	1.28 1.32 1.10 1.20 1.35 1.08 1.18 1.25 1.30 1.12 1.19 1.05
湘 白	11	2.00 1.85 1.60 1.78 1.96 1.88 1.82 1.70 1.68 1.92 1.80

①提出无效假设与备择假设

无效假设 $H_0:\mu_1 = \mu_2$

备择假设 $H_A:\mu_1 \neq \mu_2$

②选定显著水平

$\alpha = 0.05$ 或 $\alpha = 0.01$。

③在 H_0 下计算 t 值

此例 $n_1 = 12, n_2 = 11$，经计算得 $\bar{x}_1 = 1.202, s_1 = 0.0998, SS_1 = 0.1096$

$\bar{x}_2 = 1.817, s_2 = 0.123, SS_2 = 0.1508$

SS_1, SS_2 分别为两样本离均差平方和。

$$s_{\bar{x}_1-\bar{x}_2} = \sqrt{\frac{\sum(x_1-\bar{x}_1)^2+\sum(x_2-\bar{x}_2)^2}{(n_1-1)+(n_2-1)}\times\left(\frac{1}{n_1}+\frac{1}{n_2}\right)}$$

$$= \sqrt{\frac{0.1096+0.1508}{(12-1)+(11-1)}\times\left(\frac{1}{12}+\frac{1}{11}\right)}$$

$$= \sqrt{0.00216}$$

$$= 0.0465$$

$$t = \frac{\bar{x}_1-\bar{x}_2}{s_{\bar{x}_1-\bar{x}_2}} = \frac{1.202-1.817}{0.0465} = -13.226^{**}$$

$$df = (n_1-1)+(n_2-1) = (12-1)+(11-1) = 21$$

④查临界 t 值，做出统计推断

当 $df = 21$ 时，由附表 2 查得临界 t 值为：$t_{0.01(21)} = 2.831$

$|t| = 13.226 > t_{0.01(21)} = 2.831, P < 0.01$

否定 $H_0:\mu_1 = \mu_2$，接受 $H_A:\mu_1 \neq \mu_2$

表明大白后备种猪与湘白后备种猪 90 kg 背膘厚度差异极显著，这里表现为大白后备种猪的背膘厚度极显著地低于湘白后备种猪的背膘厚度。

例5.4 某研究所对三黄鸡进行饲养对比试验，试验时间为60 d，增重结果如表5.6，问甲乙两种饲料对三黄鸡的增重效果有无显著影响？

表 5.6 三黄鸡饲养试验增重

饲料	n_i	增重/g							
甲饲料	8	720	710	735	680	690	705	700	705
乙饲料	8	680	695	700	715	708	685	698	688

此例 $n_1 = n_2 = 8$，经计算得 $\bar{x}_1 = 705.625, s_1^2 = 288.839$

$\bar{x}_2 = 696.125, s_2^2 = 138.125$

①提出无效假设与备择假设

无效假设 $H_0:\mu_1 = \mu_2$

备择假设 $H_A:\mu_1 \neq \mu_2$

②选定显著水平

$\alpha = 0.05$ 或 $\alpha = 0.01$。

③在 H_0 下计算 t 值

因为 $s_{\bar{x}_1-\bar{x}_2}=\sqrt{\dfrac{s_1^2+s_2^2}{n}}=\sqrt{\dfrac{288.839+138.125}{8}}=7.306$

于是 $t=\dfrac{\bar{x}_1-\bar{x}_2}{s_{\bar{x}_1-\bar{x}_2}}=\dfrac{705.625-696.125}{7.306}=1.300$

$df=(n_1-1)+(n_2-1)=(8-1)+(8-1)=14$

④查临界 t 值，做出统计推断

当 $df=14$ 时，由附表2查得临界 t 值为：$t_{0.05(14)}=2.145$

$|t|=1.300<t_{0.05(14)}=2.145, P>0.05$

故不能否定而应接受无效假设 $H_0:\mu_1=\mu_2$

表明甲乙两种饲料饲喂三黄鸡的增重效果差异不显著，可以认为两种饲料的质量是相同的。

例5.5　用乙基柯柯碱做利尿试验。试验犬分为两组，一组注射乙基柯柯碱10 mg/(kg·w)，一组注射生理盐水作对照，以给药后90 min内排尿量(ml)作为药物作用指标，测得观察值如表5.7，试检验两种处理对试验犬90 min内排尿量有无显著影响？

表5.7　试验犬90 min内排尿量/ml

组别	n_i	排尿量/g					
对照组(x_1)	6	85.3	41.0	82.5	52.0	88.0	26.5
试验组(x_2)	5	86.0	143.0	111.5	171.0	100.0	

此例 $n_1=6, n_2=8$，经计算得　$\bar{x}_1=62.6, s_1^2=687.7$

$\bar{x}_2=122.3, s_2^2=1\,182.95$

①提出无效假设与备择假设

无效假设 $H_0:\mu_1=\mu_2$

备择假设 $H_A:\mu_1\neq\mu_2$

②选定显著水平

$\alpha=0.05$ 或 $\alpha=0.01$。

③在 H_0 下计算 t 值

因为

$$s_{\bar{x}_1-\bar{x}_2}=\sqrt{\frac{(n_1-1)s_1^2+(n_2-1)s_2^2}{(n_1-1)+(n_2-1)}\times\left(\frac{1}{n_1}+\frac{1}{n_2}\right)}$$

$$=\sqrt{\frac{5\times 687.7+4\times 1\,182.95}{(6-1)+(5-1)}\times\left(\frac{1}{6}+\frac{1}{5}\right)}$$

$$=18.24$$

于是

$$t=\frac{\bar{x}_1-\bar{x}_2}{s_{\bar{x}_1-\bar{x}_2}}=\frac{62.6-122.3}{18.24}=-3.273$$

$$df=(n_1-1)+(n_2-1)=(6-1)+(5-1)=9$$

④查临界 t 值，做出统计推断

当 $df = 9$ 时,由附表 2 查得临界 t 值为: $t_{0.05(9)} = 2.262$, $t_{0.01(9)} = 3.25$

$|t| = 3.273 > t_{0.01(9)} = 3.25, P < 0.01$

故在 1% 水平上否定无效假设 $H_0:\mu_1 = \mu_2$,接受 $H_A:\mu_1 \neq \mu_2$。

可以认为用药组与对照组排尿量有极显著差异,这里表现为用药组的平均排尿量极显著高于对照组。

在非配对设计两样本平均数的差异显著性检验中,若总的试验单位数($n_1 + n_2$)不变,则两样本含量相等比两样本含量不等有较高检验效率,因为此时使 $s_{\bar{x}_1-\bar{x}_2}$ 最小,从而使 t 的绝对值最大。所以在进行非配对设计时,两样本含量以相同为好。

例 5.6 分别测定了 11 只大耳白家兔、10 只青紫蓝家兔在停食 18 h 后正常血糖值如表 5.8,问该两个品种家兔的正常血糖值是否有显著差异?

表 5.8 家兔停食 18 h 后的正常血糖值 /(mg · dL^{-1})

大耳白	57	120	101	137	119	117	104	73	53	68	118
青紫蓝	89	36	82	50	39	32	57	82	96	31	

此例 $n_1 = 11, n_2 = 10$

①提出无效假设与备择假设

无效假设 $H_0:\mu_1 = \mu_2$

备择假设 $H_A:\mu_1 \neq \mu_2$

②选定显著水平

$\alpha = 0.05$ 或 $\alpha = 0.01$。

③在 H_0 下计算 t 值

经计算得 $\bar{x} = 97.0, s_1^2 = 847.2$

$\bar{x}_2 = 59.4, s_2^2 = 650.3$

因为

$$s_{\bar{x}_1-\bar{x}_2} = \sqrt{\frac{(n_1-1)s_1^2 + (n_2-1)s_2^2}{(n_1-1)+(n_2-1)} \times \left(\frac{1}{n_1} + \frac{1}{n_2}\right)}$$

$$= \sqrt{\frac{10 \times 847.2 + 9 \times 650.3}{(11-1)+(10-1)} \times \left(\frac{1}{11} + \frac{1}{10}\right)}$$

$$= 12.00$$

于是

$$t = \frac{\bar{x}_1 - \bar{x}_2}{s_{\bar{x}_1-\bar{x}_2}} = \frac{97.0 - 59.4}{12.0} = 3.13$$

$$df = (n_1 - 1) + (n_2 - 1) = (11-1) + (10-1) = 19$$

④查临界 t 值,做出统计推断

当 $df = 19$ 时,由附表 2 查得临界 t 值为: $t_{0.01(19)} = 2.861$

因为 $|t| = 3.13 > t_{0.01(19)} = 2.861$,则 $P < 0.01$

故否定无效假设 $H_0:\mu_1 = \mu_2$,接受备择假设 $H_A:\mu_1 \neq \mu_2$

表明两个品种家兔的正常血糖值是有极显著差异,这里表现为大耳白家兔正常血糖值极显著差异高于青紫蓝家兔的正常血糖值。

例 5.7 某试验站用两种饲料对湘东黑山羊进行了为期 4 周的饲养试验,其增重结果见

表5.9,问两种饲料饲喂湘东黑山羊的增重效果有无显著差异?

表5.9　湘东黑山羊4周饲养试验增重

饲料	n_i	增重/kg					
甲饲料	6	6.65	6.35	7.05	7.9	8.04	4.45
乙饲料	6	5.34	7.00	7.89	7.05	6.74	7.28

此例 $n_1 = n_2 = 6$,经计算得 $\bar{x}_1 = 6.74, s_1^2 = 1.71$

$\bar{x}_2 = 6.88, s_2^2 = 0.72$

①提出无效假设与备择假设

无效假设 $H_0:\mu_1 = \mu_2$

备择假设 $H_A:\mu_1 \neq \mu_2$

②选定显著水平

$\alpha = 0.05$ 或 $\alpha = 0.01$。

③ 在 H_0 下计算 t 值

因为 $$s_{\bar{x}_1-\bar{x}_2} = \sqrt{\frac{s_1^2 + s_2^2}{n}} = \sqrt{\frac{1.71 + 0.72}{6}} = 0.64$$

于是 $$t = \frac{\bar{x}_1 - \bar{x}_2}{s_{\bar{x}_1-\bar{x}_2}} = \frac{6.74 - 6.88}{0.64} = -2.19$$

$$df = (n_1 - 1) + (n_2 - 1) = (6 - 1) + (6 - 1) = 10$$

④查临界 t 值,做出统计推断

当 $df = 10$ 时,由附表2查得临界 t 值为:$t_{0.05(10)} = 2.228$

$|t| = 2.19 < t_{0.05(10)} = 2.228, P > 0.05$

故不能否定无效假设 $H_0:\mu_1 = \mu_2$

表明两种饲料饲喂湘东黑山羊的增重效果差异不显著,可以认为两种饲料的质量是相同的。

5.3.2　配对试验设计两样本平均数的差异显著性检验

非配对试验设计仅适用于试验单位较为一致,不需要或不能配对的情况,在设计时要求试验单位尽可能一致。如果试验单位变异较大,如试验动物的年龄、体重相差较大,若采用上述方法就有可能使处理效应受到系统误差的影响而降低试验的准确性与精确性。为了消除试验单位不一致对试验结果的影响,正确地估计处理效应,减少系统误差,降低试验误差,提高试验的准确性与精确性,可以利用局部控制的原则,采用配对设计,配对设计可视为随机区组设计当处理数 $k = 2$ 时的特例。

1)配对设计试验资料的一般形式

在配对设计中,由于各对试验单位间存在系统误差,对子内两个试验单位存在相似性,其资料的显著性检验不同于非配对设计。

配对设计试验资料的一般形式见表5.10。

表 5.10　配对设计试验资料的一般形式

处理	观测值 x_{ij}	样本含量	样本平均数	总体平均数
1	x_{11} x_{12} $\cdots$ x_{1n}	n	$\bar{x}_1 = \sum x_{1j}/n$	μ_1
2	x_{21} x_{22} $\cdots$ x_{2n}	n	$\bar{x}_2 = \sum x_{2j}/n$	μ_2
$d_j = x_{1j} - x_{2j}$	d_1 d_2 $\cdots$ d_n	n	$\bar{d} = \bar{x}_1 - \bar{x}_2$	$\mu_d = \mu_1 - \mu_2$

配对试验的数据，由于同一配对内两个供试单位的试验条件很是接近，而不同配对间的条件差异又可通过同一配对的差数予以消除，因而可以控制试验误差，具有较高的精确度。在分析试验结果时，只要假设两样本的总体差数的平均数 $\mu_d = \mu_1 - \mu_2 = 0$，而不必假定两样本的总体方差 $\sigma_1{}^2$ 和 $\sigma_2{}^2$ 相同。

设两个样本的观察值分别为 x_1 和 x_2，共配成 n 对，各个对的差数为 $d = x_1 - x_2$，差数的平均数为 $\bar{d} = \bar{x}_1 - \bar{x}_2$，则差数平均数的标准误 $s_{\bar{d}}$ 为：

$$s_{\bar{d}} = \frac{s_d}{\sqrt{n}} = \sqrt{\frac{\sum (d - \bar{d})^2}{n(n-1)}} = \sqrt{\frac{\sum d^2 - (\sum d)^2/n}{n(n-1)}} \tag{5.18}$$

因而

$$t = \frac{\bar{d} - \mu_d}{s_{\bar{d}}} \tag{5.19}$$

它服从 t 分布（$df = n - 1$）。若假设 $H_0: \mu_d = 0$，则上式改为：

$$t = \frac{\bar{d}}{s_{\bar{d}}} \tag{5.20}$$

即可检验 $H_0: \mu_d = 0$

2）配对设计两样本平均数差异显著性检验的基本步骤

配对设计两样本平均数差异显著性检验的基本步骤与非配对设计两样本平均数差异显著性检验的步骤基本相同，但也有不同之处，下面分别介绍如下。

（1）提出无效假设与备择假设

无效假设 $H_0: \mu_d = 0$

备择假设 $H_A: \mu_d \neq 0$

其中 μ_d 为两样本配对数据差值 d 总体平均数，它等于两样本所属总体平均数 μ_1 与 μ_2 之差，即 $\mu_d = \mu_1 - \mu_2$。

所设无效假设、备择假设相当于 $H_0: \mu_1 = \mu_2$，$H_A: \mu_1 \neq \mu_2$。

（2）选定显著水平 α

$\alpha = 0.05$ 或 $\alpha = 0.01$。

（3）在 H_0 下计算 t 值

计算公式为：

$$t = \frac{\bar{d}}{s_{\bar{d}}}, df = n - 1$$

式中，$s_{\bar{d}}$ 为差异标准误，计算公式为：

$$s_{\bar{d}} = \frac{s_d}{\sqrt{n}} = \sqrt{\frac{\sum (d - \bar{d})^2}{n(n-1)}} = \sqrt{\frac{\sum d^2 - (\sum d)^2/n}{n(n-1)}}$$

d 为两样本各对数据之差：$d_j = x_{1j} - x_{2j}, (j = 1, 2, \cdots, n)$

$$\bar{d} = \sum d_j / n$$

s_d 为 d 的标准差；

n 为配对的对子数，即试验的重复数。

(4)查临界 t 值，做出统计推断

根据 $df = n - 1$ 查临界 t 值：$t_{0.05(n-1)}$ 和 $t_{0.05(n-1)}$，将计算所得 t 值的绝对值与其比较，做出推断。

若 $|t| < t_{0.05}$，则 $P > 0.05$，不能否定即应该接受 $H_0: \mu_d = 0$，表明两个样本平均数差异不显著。

若 $t_{0.05} \leqslant |t| < t_{0.01}$，则 $0.01 < P \leqslant 0.05$，否定 H_0，接受 H_A，表明两个样本平均数差异显著。

若 $|t| \geqslant t_{0.01}$，则 $P \leqslant 0.01$，否定 H_0，接受 H_A，表明两个样本平均数差异极显著。

3)配对试验设计两样本平均数差异显著性检验举例

例 5.8　用 10 只家鹅试验某批注射液对体温的影响，测定每只家鹅注射前后的体温，见表 5.11。设体温服从正态分布，问注射前后体温有无显著差异？

表 5.11　10 只家鹅注射前后的体温/℃

鹅号	1	2	3	4	5	6	7	8	9	10
注射前体温	37.8	38.2	38.0	37.6	37.9	38.1	38.2	37.5	38.5	37.9
注射后体温	37.9	39.0	38.9	38.4	37.9	39.0	39.5	38.6	38.8	39.0
$d = x_1 - x_2$	-0.1	-0.8	-0.9	-0.8	0	-0.9	-1.3	-1.1	-0.3	-1.1

(1)提出无效假设与备择假设

无效假设 $H_0: \mu_d = 0$，即假定注射前后体温无差异

备择假设 $H_A: \mu_d \neq 0$，即假定注射前后体温有差异

(2)选定显著水平 α

$\alpha = 0.05$ 或 $\alpha = 0.01$。

(3)在 H_0 下计算 t 值

计算得
$$\bar{d} = -0.73$$

$$s_{\bar{d}} = s_d / \sqrt{n} = 0.445 / \sqrt{10} = 0.141$$

故
$$t = \frac{\bar{d}}{s_{\bar{d}}} = \frac{-0.73}{0.141} = 5.177$$

且
$$df = n - 1 = 10 - 1 = 9$$

(4)查临界 t 值，做出统计推断

由 $df = 9$，查 t 值表(附表 2)得临界 t 值：$t_{0.01(9)} = 3.250$

$|t| = 5.177 > t_{0.01(9)} = 3.250, P < 0.01$

否定 $H_0: \mu_d = 0$，接受 $H_A: \mu_d \neq 0$

表明家鹅注射该批注射液前后体温差异极显著，注射该批注射液可使体温极显著升高。

例 5.9　现从 8 窝仔猪中每窝选出性别相同、体重接近的仔猪两头进行饲料对比试验，将

每窝两头仔猪随机分配到两个饲料组中，时间为 30 d，试验结果见表 5.12。问两种品牌饲料喂饲仔猪增重有无显著差异？

表 5.12 仔猪饲料对比试验 /kg

窝号	1	2	3	4	5	6	7	8
甲饲料(x_1)	10.0	11.2	11.0	12.1	10.5	9.8	11.5	10.8
乙饲料(x_2)	9.8	10.6	9.0	10.5	9.6	9.0	10.8	9.8
$d=x_1-x_2$	0.2	0.6	2.0	1.6	0.9	0.8	0.7	1.0

(1)提出无效假设与备择假设

无效假设 $H_0:\mu_d=0$，即假定两种饲料喂饲仔猪平均增重无差异

备择假设 $H_A:\mu_d\neq0$，即假定两种饲料喂饲仔猪平均增重有差异

(2)选定显著水平 α

$\alpha=0.05$ 或 $\alpha=0.01$。

(3)在 H_0 下计算 t 值

计算得 $\bar{d}=0.975$，

$$s_{\bar{d}}=s_d/\sqrt{n}=0.572\ 6/\sqrt{8}=0.202\ 5$$

故
$$t=\frac{\bar{d}}{s_{\bar{d}}}=\frac{-0.975}{0.202\ 5}=4.815$$

且
$$df=n-1=8-1=7$$

(4)查临界 t 值，做出统计推断

由 $df=7$，查 t 值表(附表 2)得临界 t 值：$t_{0.01(7)}=3.499$

$|t|>3.499, P<0.01$

否定 $H_0:\mu_d=0$，接受 $H_A:\mu_d\neq0$

表明甲种饲料与乙种饲料喂饲仔猪平均增重差异极显著，这里表现为甲种饲料喂饲仔猪的平均增重极显著高于乙种饲料喂饲的仔猪平均增重，说明甲种饲料喂饲仔猪的增重效果更好。

例 5.10 利用尾容积法与颈动脉直接测压法测得大鼠的血压(mmHg)如表 5.13，试检验两种方法的测定结果是否有差异？

表 5.13 尾容积法与颈动脉直接测压法测得大鼠的血压/mmHg

测定方法	1	2	3	4	5	6	7	8	9	10
尾容积法(x_1)	117	127	141	107	110	114	115	138	127	122
颈动脉法(x_2)	128	135	140	138	142	144	130	136	155	140
$d=x_1-x_2$	-11	-8	1	-31	-32	-30	-15	2	-28	-18

(1)提出无效假设与备择假设

无效假设 $H_0:\mu_d=0$，即假定两种方法测定结果无差异

备择假设 $H_A:\mu_d\neq0$，即假定两种方法测定结果有差异

(2)选定显著水平 α

$\alpha=0.05$ 或 $\alpha=0.01$。

(3)在 H_0 下计算 t 值

计算得
$$\bar{d}=-17$$
$$s_{\bar{d}}=s_d/\sqrt{n}=-4.11$$

故
$$t=\frac{\bar{d}}{s_{\bar{d}}}=\frac{-17}{-4.11}=4.14$$

且
$$df=n-1=10-1=9$$

(4)查临界 t 值,做出统计推断

由 $df=9$, 查 t 值表(附表2)得临界 t 值:$t_{0.01(9)}=3.250$

$|t|=4.14>3.25=t_{0.01(9)}$,$P<0.01$

否定 $H_0:\mu_d=0$,接受 $H_A:\mu_d\neq0$

表明两种方法测定的血压结果差异极显著,说明不同的方法测得血压是有区别的。

例5.11　对某品种8头仔猪作初生未哺乳与哺乳24 h后血液蛋白含量(g/%)的对比测定,结果列于表5.14,问哺乳后仔猪血液蛋白含量是否显著提高?

表5.14　8头仔猪初生未哺乳与哺乳24 h后血液蛋白含量/g/%

仔猪号	未哺乳	哺乳24 h后	d	d^2
1	34.28	38.93	4.65	21.622 5
2	42.18	42.38	0.20	0.04
3	35.36	41.43	6.07	36.844 9
4	38.27	40.34	2.07	4.284 9
5	37.85	40.04	2.19	4.796 1
6	35.52	41.87	6.35	40.322 5
7	34.68	41.20	6.52	42.510 4
8	38.49	40.33	1.84	3.385 6
合计			29.89	153.806 0

这是同一个体不同时段测得的资料,属于理想的配对资料。

(1)提出无效假设与备择假设

$H_0:\mu_d=0$,$H_A:\mu_d\neq0$

即假设哺乳前后仔猪血液中蛋白含量相同则差数的总体均数为0,即 $H_0:\mu_d=0$

(2)选定显著水平 α

$\alpha=0.05$ 或 $\alpha=0.01$。

(3)在 H_0 下计算 t 值

计算公式为:
$$s_{\bar{d}}=s_d/\sqrt{n},\ df=n-1$$

计算得　$\bar{d}=\frac{29.89}{8}=3.736\ 3$　　$s_d=2.453\ 3$

$$s_{\bar{d}} = s_d/\sqrt{n} = 2.4533/\sqrt{8} = 0.8674$$

故
$$t = \frac{\bar{d}}{s_{\bar{d}}} = \frac{3.7363}{0.8674} = 4.344$$

且
$$df = n-1 = 8-1 = 7$$

(4)查临界 t 值，做出统计推断

由 $df=7$，查 t 值表得：$t_{0.01(7)} = 3.499$

$|t| = 4.344 > 3.499$，$P<0.01$，差异极显著

否定 $H_0:\mu_d=0$，接受 $H_A:\mu_d \neq 0$

即可认可仔猪哺乳后血液蛋白含量极显著提高。

4）非配对设计与配对设计方法的比较

一般说来，相对于非配对设计，配对设计能够提高试验的精确性。两种方法估计误差的公式为：

非配对设计($n_1=n_2=n$)

$$s_{\bar{x}_1-\bar{x}_2} = \sqrt{\frac{\sum(x_1-\bar{x}_1)^2 + \sum(x_2-\bar{x}_2)^2}{n(n-1)}}$$

配对设计

$$s_{\bar{d}} = \sqrt{\frac{\sum(d-\bar{d})^2}{n(n-1)}}$$

两式中被开方表达式的分母相同。

$$\text{因为} \sum((d_j-\bar{d})^2 = \sum[(x_{1j}-x_{2j})-(\bar{x}_1-\bar{x}_2)]^2 = \sum[(x_{1j}-\bar{x}_1)-(x_{2j}-\bar{x}_2)]^2$$
$$= \sum(x_{1j}-\bar{x}_1)^2 + \sum(x_{2j}-\bar{x}_2)^2 - 2\sum(x_{1j}-\bar{x}_1)(x_{2j}-\bar{x}_2)$$

在配对设计中，$(x_{1j}-\bar{x}_1)$和$(x_{2j}-\bar{x}_2)$有同时为正和同时为负的倾向，故$\sum(x_{1j}-\bar{x}_1)(x_{2j}-\bar{x}_2)$常大于0，$\sum(d_j-\bar{d})^2$常小于$[\sum(x_{1j}-\bar{x}_1)^2+\sum(x_{2j}-\bar{x}_2)^2]$，这样$s_{\bar{d}}$常小于$s_{\bar{x}_1-\bar{x}_2}$。

但并非所有$\sum(x_{1j}-\bar{x}_1)(x_{2j}-\bar{x}_2)$恒大于零，故有时$s_{\bar{d}}$大于$s_{\bar{x}_1-\bar{x}_2}$，也就是说并非所有的配对设计的试验误差都小于非配对设计的试验误差。这就要求我们在进行配对设计时，配成对子的两个试验单位必须真正符合配对条件，若试验单位不具备配对条件，不要勉强采用配对设计。

此外，还须指出，因为配对设计误差自由度为非配对设计($n_1=n_2=n$)误差自由度的一半，使得配对设计的临界 t 值大于非配对设计的临界 t 值，于是配对设计只有因 $s_{\bar{d}}$ 的减小而使计算的 t 的绝对值增大的程度超过因自由度减小而使临界 t 值增大的程度，才能比非配对设计更有效地发现两样本间的真实差异。

在进行两样本平均数差异显著性检验时，亦有双侧与单侧检验之分。关于单侧检验，只要注意问题的性质、备择假设 H_A 的建立和临界 t 值的查取就行了，具体计算与双侧检验相同。

成对数据和成组数据平均数比较所依据的条件是不相同的。前者是假定各个配对的差数来自差数的分布为正态的总体，具有 $N(0,\sigma_{\bar{d}}^2)$；而每一配对的两个供试单位是彼此相关的。后者则是假定两个样本皆来自具有共同(或不同)方差的正态总体，而两个样本的各个供试单位都是彼此独立的。在实践上，如将成对数据按成组数据的方法比较，容易使统计推断发生第

二类错误，即不能鉴别应属显著的差异。故在应用时需严格区别。

5.4　二项性质的百分数资料差异显著性检验

在计数资料中，一类具有二项性质的百分数资料，在生产部门科研中经常见到。例如，成活率、死亡率、孵化率、感染率、阳性率等都是具有二项性质的百分率资料。在理论上，这类百分数的假设检验应按二项分布进行，即从二项式 $(p+q)^n$ 的展开式中求出某项属性个体百分数 $\hat{p}$ 的概率。

但是，当样本含量 n 较大，p 不过小，且 np 和 nq 均大于5时，二项分布 $(p+q)^n$ 接近于正态分布。因而可以将百分数资料作正态分布处理，从而做出近似的检验。所以，对于服从二项分布的百分数资料，当 n 足够大时，可以近似地用 u 检验法，即自由度为无穷大时 $(df=\infty)$ 的 t 检验法，进行差异显著性检验。

适用于近似地采用 u 检验所需的二项分布百分数资料的样本含量 n 见表5.15。

表5.15　适用于近似地采用 u 检验所需要的二项分布百分数资料的样本含量 n

$\hat{p}$（样本百分数）	$n\hat{p}$（较小百分数的次数）	n（样本含量）
0.5	15	30
0.4	20	50
0.3	24	80
0.2	40	200
0.1	60	600
0.05	70	1 400

与平均数差异显著性检验类似，百分数差异显著性检验分为样本百分数与总体百分数差异显著性检验及两样本百分数差异显著性检验两种。

5.4.1　样本百分数与总体百分数差异显著性检验

这是测验某一样本百分数 $\hat{p}$ 所属总体百分数 p 与某一理论值或期望值 p_0 的差异显著性。由于样本百分数的标准误 $\sigma_{\hat{p}}$ 为：

$$\sigma_{\hat{p}} = \sqrt{\frac{p_0(1-p_0)}{n}} \tag{5.21}$$

故由

$$u = \frac{\hat{p}-p_0}{\sigma_{\hat{p}}} \tag{5.22}$$

即可测验 $H_0: p = p_0$。

在实际工作中，有时需要检验一个服从二项分布的样本百分数与已知的二项总体百分数差异是否显著，其目的在于检验一个样本百分数 $\hat{p}$ 所在二项总体百分数 p 是否与已知二项总体百分数 p_0 相同，换句话说，检验该样本百分数 $\hat{p}$ 是否来自总体百分数为 p_0 的二项总体。

这里所讨论的百分数是服从二项分布的，但 n 足够大，p 不过小，np 和 nq 均大于5，可近似地采用 u 检验法来进行显著性检验；若 np 或 nq 小于或等于30时，应对 u 进行连续性矫正。

1)样本百分数与总体百分数差异显著性检验的基本步骤

(1)提出无效假设与备择假设

无效假设 $H_0:p=p_0$

备择假设 $H_A:p\neq p_0$

(2)计算 u 值或 u_c 值

u 值的计算公式为:

$$u=\frac{\hat{p}-p_0}{s_{\hat{p}}}$$

矫正 u 值 u_c 的计算公式为:

$$u_c=\frac{|\hat{p}-p_0|-0.5/n}{s_{\hat{p}}} \tag{5.23}$$

其中 $\hat{p}$ 为样本百分数;p_0 为总体百分数;$s_{\hat{p}}$ 为样本百分数标准误,计算公式为:

$$s_{\hat{p}}=\sqrt{\frac{\hat{p}_0(1-p_0)}{n}} \tag{5.24}$$

(3)将计算所得的 u 或 u_c 的绝对值与 1.96,2.58 比较,做出统计推断

若$|u|$(或$|u_c|$)<1.96,则 $P>0.05$,不能否定而应该接受无效假设 $H_0:p=p_0$,表明样本百分数 $\hat{p}$ 与总体百分数 p_0 差异不显著。

若 $1.96\leqslant|u|$($|$或 $u_c|$)<2.58,则 $0.01<P\leqslant0.05$,应否定无效假设 $H_0:p=p_0$,而接受备择假设 $H_A:p\neq p_0$,表明样本百分数 $\hat{p}$ 与总体百分数 p_0 差异显著。

若$|u|$($|$或 $u_c|$)$\geqslant2.58$,$P\leqslant0.01$,应否定无效假设 $H_0:p=p_0$,而接受备择假设$H_A:p\neq p_0$,表明样本百分数 $\hat{p}$ 与总体百分数 p_0 差异极显著。

2)样本百分数与总体百分数差异显著性检验方法举例

例 5.12 据往年调查,某地区的雏鸡白痢病的发病率一般为 30%,现对某鸡场 500 只雏鸡进行检测,结果有 175 只凝集反应呈阳性,问该鸡场的白痢病是否比往年严重?

此例总体百分数 $p_0=30\%$,样本百分数 $\hat{p}=175/500=35\%$

因为 $np_0=500\times30\%=150>30$,不需进行连续性矫正。

(1)提出无效假设与备择假设

无效假设 $H_0:p=p_0=30\%$

备择假设 $H_A:p\neq30\%$

(2)计算 u 值

因为 $s_{\hat{p}}=\sqrt{\frac{p_0(1-p_0)}{n}}=\sqrt{\frac{0.3\times(1-0.3)}{500}}=0.020\ 5$

于是 $u=\frac{\hat{p}-p_0}{s_{\hat{p}}}=\frac{0.35-0.30}{0.020\ 5}=2.439$

(3)做出统计推断

因为 $1.96<u=2.439<2.58$,$0.01<P<0.05$

表明样本百分数 $\hat{p}=35\%$ 与总体百分数 $p_0=30\%$ 差异显著,故该鸡场的雏鸡白痢病比往年严重。

5.4.2 两个样本百分数差异显著性检验

这是测验两个样本百分数 $\hat{p}_1$ 和 $\hat{p}_2$ 所属总体百分数 p_1 和 p_2 的差异显著性，一般假定两个样本的总体方差是相等的，即 $\sigma^2_{\hat{p}_1}=\sigma^2_{\hat{p}_2}$。设两个样本某种属性个体的观察百分数分别为 $\hat{p}_1=x_1/n_1$ 和 $\hat{p}_2=x_2/n_2$，而两样本总体该种属性的个体百分数分别为 p_1 和 p_2，则两样本百分数的差数标准误为：

$$\sigma_{\hat{p}_1-\hat{p}_2}=\sqrt{\frac{p_1q_1}{n_1}+\frac{p_2q_2}{n_2}} \tag{5.25}$$

上式中的 $q_1=(1-p_1)$，$q_2=(1-p_2)$。这是两总体百分数为已知时的差数标准误公式。如果假定两总体的百分数相同，即 $p_1=p_2=p$，$q_1=q_2=q$，则：

$$\sigma_{\hat{p}_1-\hat{p}_2}=\sqrt{pq\left(\frac{1}{n_1}+\frac{1}{n_2}\right)} \tag{5.26}$$

在两总体的百分数 p_1 和 p_2 未知时，则在两总体方差 $\sigma^2_{\hat{p}1}=\sigma^2_{\hat{p}2}$ 的假定下，可用两样本百分数的加权平均值 $\bar{p}$ 作为 p_1 和 p_2 的估计。

$$\bar{p}=\frac{x_1+x_2}{n_1+n_2} \tag{5.27}$$

$$\bar{q}=1-\bar{p}$$

因而两样本百分数的差数标准误为：

$$\sigma_{\hat{p}_1-\hat{p}_2}=\sqrt{\bar{p}\,\bar{q}\left(\frac{1}{n_1}+\frac{1}{n_2}\right)} \tag{5.28}$$

故由

$$u=\frac{\hat{p}_1-\hat{p}_2}{\sigma_{\hat{p}_1-\hat{p}_2}} \tag{5.29}$$

即可对 $H_0:p_1=p_2$ 做出假设测验。

在实际工作中，有时需要检验服从二项分布的两个样本百分数差异是否显著。其目的在于检验两个样本百分数 $\hat{p}_1$，$\hat{p}_2$ 所在的两个二项总体百分数 p_1，p_2 是否相同。当两样本的 np，nq 均大于5时，可以近似地采用 u 检验法进行检验，但在 np 和(或) nq 小于或等于30时，需做连续性矫正。

1)两个样本百分数差异显著性检验的基本步骤

(1)提出无效假设与备择假设

无效假设 $H_0:p_1=p_2$

备择假设 $H_A:p_1\neq p_2$

(2)计算 u 值或 u_c 值

$$u=\frac{\hat{p}_1-\hat{p}_2}{s_{\hat{p}_1-\hat{p}_2}} \tag{5.30}$$

连续性矫正：二项总体的百分数是由某一属性的个体数计算来的，在性质上属间断性变异，其分布是间断性的二项分布。把它当作连续性的正态分布或 t 分布处理，结果会有些出入，一般容易发生第一类错误。补救的办法是在假设测验时进行连续性矫正。这种矫正在 $n<30$，而 $nq<5$ 时是必须的；如果样本大，试验结果符合当两样本的 np，nq 均大于5时的条件，

则可以不做矫正，用 u 检验。

$$u_c = \frac{|\hat{p}_1 - \hat{p}_2| - 0.5/n_1 - 0.5/n_2}{s_{\hat{p}_1-\hat{p}_2}} \tag{5.31}$$

其中，$\hat{p}_1 = x_1/n_1$，$\hat{p}_2 = x_2/n_2$ 为两个样本百分数；

$s_{\hat{p}_1-\hat{p}_2}$ 为样本百分数差异标准误，

计算公式为：

$$s_{\hat{p}_1-\hat{p}_2} = \sqrt{\bar{p}(1-\bar{p})\left(\frac{1}{n_1}+\frac{1}{n_2}\right)} \tag{5.32}$$

$\bar{p}$ 为合并样本百分数：

$$\bar{p} = \frac{n_1\hat{p}_1 + n_2\hat{p}_2}{n_1+n_2} = \frac{x_1+x_2}{n_1+n_2} \tag{5.33}$$

(3)将 u 或 u_c 的绝对值与 1.96，2.58 比较，做出统计推断

若 $|u|$（或 $|u_c|$）<1.96，$P>0.05$，不能否定 $H_0:p_1=p_2$，表明两个样本百分数 $\hat{p}_1$，$\hat{p}_2$ 差异不显著。

若 $1.96 \leqslant |u|$（或 $|u_c|$）<2.58，$0.01<P\leqslant 0.05$，否定 $H_0:p_1=p_2$，接受 $H_A:p_1\neq p_2$，表明两本样本百分数 $\hat{p}_1$，$\hat{p}_2$ 差异显著。

若 $|u|$（或 $|u_c|$）$\geqslant 2.58$，$P\leqslant 0.01$，否定 $H_0:p_1=p_2$，接受 $H_A:p_1\neq p_2$，表明两个样本百分数 $\hat{p}_1$，$\hat{p}_2$ 差异极显著。

2)两个样本百分数差异显著性检验的基本步骤

例 5.13 某养猪场第一年饲养 PIC 品种商品仔猪 10 000 头，死亡 980 头；第二年饲养 PIC 品种商品仔猪 10 000 头，死亡 950 头，试检验第一年仔猪死亡率与第二年仔猪死亡率是否有显著差异？

此例，两样本死亡率分别为：

$$\hat{p}_1 = \frac{x_1}{n_1} = \frac{980}{10\ 000} = 9.8\% \qquad \hat{p}_2 = \frac{x_2}{n_2} = \frac{950}{10\ 000} = 9.5\%$$

合并的样本死亡率为：

$$\bar{p} = \frac{x_1+x_2}{n_1+n_2} = \frac{980+950}{10\ 000+10\ 000} = 9.65\%$$

因为 $n_1\bar{p} = 10\ 000 \times 9.65\% = 965$

$n_1\bar{q} = n_1(1-\bar{p}) = 10\ 000 \times (1-9.65\%) = 9\ 035$

$n_2\bar{p} = 10\ 000 \times 9.65\% = 965$

$n_2\bar{q} = n_2(1-\bar{p}) = 10\ 000 \times (1-9.65\%) = 9\ 035$

即 $n_1\bar{p}$，$n_1\bar{q}$，$n_2\bar{p}$，$n_2\bar{q}$ 均大于 5，并且都大于 30，可利用 u 检验法，不需做连续矫正。

检验基本步骤是：

(1)提出无效假设与备择假设

无效假设 $H_0:p_1=p_2$

备择假设 $H_A:p_1\neq p_2$

(2)计算 u 值

因为 $s_{\hat{p}_1-\hat{p}_2} = \sqrt{\bar{p}(1-\bar{p})\left(\frac{1}{n_1}+\frac{1}{n_2}\right)}$

$$= \sqrt{9.65\% \times (1-9.65\%) \times \left(\frac{1}{10\,000}+\frac{1}{10\,000}\right)}$$

$$=0.004\,18$$

于是　$u = \frac{\hat{p}_1 - \hat{p}_2}{s_{\hat{p}_1-\hat{p}_2}} = \frac{9.8\% - 9.5\%}{0.004\,18} = 0.717\,7$

(3)做出统计推断

由于 $u<1.96$，$P>0.05$，不能否定 $H_0: p_1 = p_2$

表明第一年仔猪死亡率与第二年仔猪死亡率差异不显著。

5.5　总体参数的区间估计

如前所述，统计学的任务之一就是要用样本来推断总体，以便对样本所属总体做出符合客观实际的结论。统计推断包括两个方面的重要内容，即假设检验和参数估计。假设检验已在前面学习过，这里主要介绍参数估计。

5.5.1　参数估计概述

参数是描述总体特征的量，要了解总体的特征就必须知道与该总体有关的参数。由于总体往往非常庞大，甚至是无限的，所以不可能直接由总体的每个个体去计算参数，而只能通过样本去估计，这就是所谓参数估计问题。

参数估计是统计推断的另一重要内容。所谓参数估计就是用样本统计量来估计总体参数，如用样本平均数 $\bar{x}$ 估计总体平均数 μ，用均方 s^2 估计总体方差 σ^2，用样本百分数 $\hat{p}$ 估计总体百分数 p 等。

参数估计有点估计和区间估计之分。将样本统计量直接作为总体相应参数的估计值叫点估计。点估计只给出了未知参数估计值的大小，没有考虑试验误差的影响，也没有指出估计的可靠程度。由样本计算统计数的目的在于对总体参数做出估计，例如以 $\bar{x}$ 估计 μ，这种估计称为点估计。

但 $\bar{x}$ 来自样本，由于抽样误差，不同样本将有不同的 $\bar{x}$ 值，那么哪一个 $\bar{x}$ 值最能代表 μ 呢？这是难以判断的。因此，有必要在一定的概率保证之下，估计出一个范围或区间以能够覆盖参数 μ。这个区间称置信区间，区间的上、下限称为置信限，区间的长度称为置信距。保证该区间能覆盖参数的概率以 $P=(1-\alpha)$ 表示，称为置信系数或置信度。以上这种估计就称为参数的区间估计。

区间估计是在一定概率保证下指出总体参数的可能范围，所给出的可能范围叫置信区间，给出的概率保证称为置信度或置信概率。本节介绍正态总体平均数 μ 和二项总体百分数 P 的区间估计。

5.5.2 总体平均数 μ 的区间估计

1)总体平均数 μ 的区间估计公式的推导

设有一来自正态总体的样本,包含 n 个观测值 $x_1, x_2, \cdots, x_n$,样本平均数 $\bar{x} = \sum x/n$,标准误 $s_{\bar{x}} = s/\sqrt{n}$。

假设总体平均数为 μ,现根据 t 分布的特点,对总体均数 μ 做出区间估计。

因为 $t = (\bar{x} - \mu)/s_{\bar{x}}$ 服从自由度为 $n-1$ 的分布,

双侧概率为 α 时,有:

$P(-t_\alpha \leqslant t \leqslant t_\alpha) = 1-\alpha$,也就是说 t 在区间 $[-t_\alpha, t_\alpha]$ 内取值的可能性为 $1-\alpha$,即:

$$P\left(-t_\alpha \leqslant \frac{\bar{x}-\mu}{s_{\bar{x}}} \leqslant t_\alpha\right) = 1-\alpha \tag{5.34}$$

对 $-t_\alpha \leqslant \dfrac{\bar{x}-\mu}{s_{\bar{x}}} \leqslant t_\alpha$ 变形得:

$$\bar{x} - t_\alpha s_{\bar{x}} \leqslant \mu \leqslant \bar{x} + t_\alpha s_{\bar{x}} \tag{5.35}$$

即
$$P(\bar{x} - t_\alpha s_{\bar{x}} \leqslant \mu \leqslant \bar{x} + t_\alpha s_{\bar{x}}) = 1-\alpha$$

把 $P(\bar{x} - t_\alpha s_{\bar{x}} \leqslant \mu \leqslant \bar{x} + t_\alpha s_{\bar{x}}) = 1-\alpha$ 称为总体平均数 μ 置信度为 $1-\alpha$ 的置信区间。其中:

$t_\alpha s_{\bar{x}}$ 称为置信半径;$\bar{x} - t_\alpha s_{\bar{x}}$ 和 $\bar{x} + t_\alpha s_{\bar{x}}$ 分别称为置信下限与置信上限。

置信上、下限之差称为置信距,置信距越小,估计的精确度就越高。

常用的置信度为95%和99%,故由 $P(\bar{x} - t_\alpha s_{\bar{x}} \leqslant \mu \leqslant \bar{x} + t_\alpha s_{\bar{x}}) = 1-\alpha$ 式可得总体平均数 μ 的95%和99%的置信区间如下:

$$\bar{x} - t_{0.05} s_{\bar{x}} \leqslant \mu \leqslant \bar{x} + t_{0.05} s_{\bar{x}} \tag{5.36}$$

$$\bar{x} - t_{0.01} s_{\bar{x}} \leqslant \mu \leqslant \bar{x} + t_{0.01} s_{\bar{x}} \tag{5.37}$$

2)总体平均数 μ 的区间估计举例

例5.14 调查了长白猪10头仔猪的初生重为1.1,1.3,1.4,1.1,0.9,1.5,1.7,1.0,1.1,1.8(kg),求长白猪仔猪初生重总体平均数 μ 的置信区间。

经计算得 $\bar{x} = 1.29$, $s_{\bar{x}} = 0.096$

由 $df = n-1 = 10-1 = 9$,查 t 值表得 $t_{0.05(9)} = 2.262$, $t_{0.01(9)} = 3.250$

因此:

95%置信半径为 $t_{0.05(df)} s_{\bar{x}} = 2.262 \times 0.096 = 0.22$

95%置信下限为 $\bar{x} - t_{0.05(df)} s_{\bar{x}} = 1.29 - 0.22 = 1.07$

95%置信上限为 $\bar{x} + t_{0.05(df)} s_{\bar{x}} = 1.29 + 0.22 = 1.51$

所以长白猪初生重总体平均数 μ 的95%置信区间为

$$1.07(\text{kg}) \leqslant \mu \leqslant 1.51(\text{kg})$$

又因为:

99%置信半径为 $t_{0.01(df)} s_{\bar{x}} = 3.25 \times 0.096 = 0.312$

99%置信下限为 $\bar{x} - t_{0.01(df)} s_{\bar{x}} = 1.29 - 0.312 = 0.978$

99%置信上限为 $\bar{x} + t_{0.01(df)} s_{\bar{x}} = 1.29 + 0.312 = 1.602$

所以长白猪初生重总体平均数 μ 的99%置信区间为

$$0.978(\text{kg}) \leqslant \mu \leqslant 1.612(\text{kg})$$

例 5.15　现测得 10 头某品种牛的血红蛋白含量平均数为$\bar{x}=11.56(\text{g}/100\ \text{ml})$，标准差 $s=1.35\ \text{g}/100\ \text{ml}$，求该品种牛血红蛋白含量总体平均数 μ 的 95% 置信区间。

经计算得，$s_{\bar{x}}=\dfrac{1.35}{\sqrt{10}}=\dfrac{1.35}{3.1623}=0.427$

由 $df=n-1=10-1=9$，查 t 值表得 $t_{0.05(9)}=2.262$，$t_{0.01(9)}=3.250$

因此：

95% 置信下限为 $\bar{x}-t_{0.05(df)}s_{\bar{x}}=11.56-2.262\times0.427=10.59$

95% 置信上限为 $\bar{x}+t_{0.05(df)}s_{\bar{x}}=11.56+2.262\times0.427=12.53$

所以该品种牛血红蛋白含量总体平均数的 95% 置信区间为：

$$10.59\ \text{g}/100\ \text{ml} \leqslant \mu \leqslant 12.53\ \text{g}/100\ \text{ml}$$

由于对应于$(1-\alpha)$置信度的临界值 μ_α 或 t_α 皆随置信度的增大而增大，因而用上述方法以$(1-\alpha)$估计总体参数的置信区间时，取大的置信度，必然置信区间较大，而其估计的准确度也就较小。如欲使置信度大，同时也使估计准确度较大，则必须减小试验误差或增大样本容量。

5.5.3　二项总体百分数 P 的区间估计

1）二项总体百分数 P 的区间估计公式

样本百分数 $\hat{p}$ 只是总体百分数 p 的点估计值。二项总体百分数 p 的置信区间，可按二项分布或正态分布来估计。前者所得结果较为精确，可以根据样本容量 n 和某一属性的个体数 n，在已经制好的统计表上直接查得对总体的上、下限，甚为方便。但表只包括小部分 n，在不敷应用时，可由正态分布来估计。由正态分布所得的结果只是一近似值，在置信度 $P=1-\alpha$ 下，对总体 p 置信区间的近似估计为：

$$p \pm \mu_\alpha \sigma_{\hat{p}} \tag{5.38}$$

百分数的置信区间则是在一定置信度下对总体百分数做出区间估计。求总体百分数的置信区间有两种方法：正态近似法和查表法，这里重点介绍正态近似法。

当 $n>1\,000$，$P\geqslant1\%$ 时，总体百分数 p 的 95%，99% 置信区间为：

$$\hat{p}-1.96s_{\hat{p}} \leqslant p \leqslant \hat{p}+1.96s_{\hat{p}} \tag{5.39}$$

$$\hat{p}-2.58s_{\hat{p}} \leqslant p \leqslant \hat{p}+2.58s_{\hat{p}} \tag{5.40}$$

其中，$\hat{p}$ 为样本百分数，$s_{\hat{p}}$ 为样本百分数标准误，$s_{\hat{p}}$ 的计算公式为：

$$s_{\hat{p}}=\sqrt{\frac{\hat{p}(1-\hat{p})}{n}} \tag{5.41}$$

2）二项总体百分数 P 的区间估计举例

例 5.16　调查某地 3 000 头奶牛，患结核病的有 150 头，求该地区奶牛结核病患病率的 95%，99% 置信区间。

由于 $n=3\,000>1\,000$，$\hat{p}=150/3\,000=5\%>1\%$，采用正态分布近似法求置信区间。

因为

$$s_{\hat{p}}=\sqrt{\frac{\hat{p}(1-\hat{p})}{n}}=\sqrt{\frac{0.05\times(1-0.05)}{3\,000}}=0.004$$

所以该地区奶牛结核病患病率 P 的 95%，99% 置信区间为：

$$0.05-1.96\times0.004\leqslant p\leqslant0.05+1.96\times0.004$$

$$0.05-2.58\times0.004\leqslant p\leqslant0.05+2.58\times0.004$$

即

$$4.22\%\leqslant p\leqslant5.78\%$$

$$3.97\%\leqslant p\leqslant6.03\%$$

5.5.4 区间估计与假设检验

区间估计亦可用于假设检验。因为置信区间是一定置信度下总体参数的所在范围，故对参数所做假设若恰落在该范围内，则这个假设与参数就没有真实的不同，因而接受 H_0；反之，如果对参数所作的假设落在置信区间之外，则说明假设与参数不同，所以应否定 H_0，接受 H_A。

以上各例皆说明：置信区间不仅提供一定概率保证的总体参数范围，而且可以获得假设检验的信息。其间关系可总结为以下几点：

1）若在 $1-\alpha$ 的置信度下，两个置信限同为正号或同为负号，则否定无效假设，而接受备择假设。

2）若在 $1-\alpha$ 置信度下，两个置信限为异号（一正一负），即其区间包括零值，则无效假设皆被接受。

本章小结

显著性检验又叫假设检验，是统计学中一个很重要的内容。显著性检验的方法很多，常用的有 t 检验、F 检验和 χ^2 检验等。本章主要以两个平均数的差异显著性检验——t 检验为例，重点阐明了显著性检验的基本原理和方法、步骤，以及几种常见的 t 检验方法包括样本平均数与总体平均数差异显著性检验、非配对试验设计两样本平均数的差异显著性检验、配对试验设计两个样本平均数的差异显著性检验。还介绍了总体参数的区间估计。

显著性检验是通过样本观察值对总体做推断。即推断该样本是否从零假设所提出的总体中得来的。如果确信样本是从假设的总体中得来的，那么假设的总体为真，它是可靠的，因此接受零假设。但是，若从零假设所提出的总体中，得到该样本的概率很小的话，则认为假设的总体是靠不住的，则拒绝零假设而接受某个备择假设。

为了通过样本对其所在的总体做出符合实际的推断，要求合理进行试验设计，准确地进行试验与观察记载，尽量降低试验误差，避免系统误差，使样本尽可能代表总体。只有从正确、完整而又足够的资料中才能获得可靠的结论。若资料中包含有较大的试验误差与系统误差，有许多遗漏、缺失甚至错误，再好的统计方法也无济于事。因此，搜集到正确、完整而又足够的资料是通过显著性检验获得可靠结论的基本前提。

复习思考题

1. 为什么在分析试验结果时需要进行显著性检验？检验的目的是什么？

2. 显著性检验的基本步骤是什么？什么是显著水平？根据什么确定显著水平？显著性检验中有哪两类错误？如何降低这两类错误？

3. 什么是双侧检验、单侧检验？各在什么条件下应用？二者有何关系？

4. 什么是配对试验设计、非配对试验设计？两种设计有何区别？

5. 随机抽测了 10 头猪的直肠温度，其数据为：38.7，39.0，38.9，39.6，39.1，39.8，38.5，39.7，39.2，38.4(℃)，已知该品种猪直肠温度的总体平均数 $\mu_0=39.5$(℃)，试检验该样本平均温度与 μ_0 是否存在显著差异？

6. 某猪场从 10 窝长白猪的仔猪中，每窝抽出性别相同、体重接近的仔猪 2 头，将每窝两头仔猪随机地分配到两个饲料组，进行饲料对比试验，试验时间 30 天，增重结果见下表。试检验两种饲料喂饲的仔猪平均增重差异是否显著？

窝号	1	2	3	4	5	6	7	8	9	10
饲料Ⅰ	10.0	11.2	12.1	10.5	11.1	9.8	10.8	12.5	12.0	9.9
饲料Ⅱ	9.5	10.5	11.8	9.5	12.0	8.8	9.7	11.2	11.0	9.0

7. 有人曾对公雏鸡做了性激素效应试验。将 22 只公雏鸡完全随机地分为两组，每组 11 只。一组接受性激素 A(睾丸激素)处理；另一组接受激素 C(雄甾烯醇酮)处理。在第 15 d 取它们的鸡冠个别称重，所得数据如下：

激素	鸡冠重量/mg										
A	57	120	101	137	119	117	104	73	53	68	118
C	89	30	82	50	39	22	57	32	96	31	88

问激素 A 与激素 C 对公雏鸡鸡冠重量的影响差异是否显著。并分别求出接受激素 A 与激素 C 的公雏鸡鸡冠重总体平均数的 95%，99% 置信区间。

8. 某鸡场种蛋常年孵化率为 85%，现有 100 枚种蛋进行孵化，得小鸡 89 只，问该批种蛋的孵化结果与常年孵化率有无显著差异？

第 6 章 方差分析

本章导读：主要阐述多样本平均数差异显著性检验方法，即方差分析。内容包括方差分析的意义、基本原理、基本步骤；单因素试验资料方差分析，包括重复数相等和重复数不等资料的方差分析；两因素试验资料方差分析，包括交叉分组资料（处理有重复观测值和处理无重复观测值资料）与系统分组资料方差分析。方差分析的基本步骤包括平方和与自由度的分解、F 检验和多重比较。通过本章学习，要求理解和掌握方差分析的基本原理和基本步骤，能对常见的单因素试验资料、两因素试验资料应用方差分析法进行统计分析，了解两因素系统分组资料的方差分析。

第 5 章介绍了两个总体平均数差异显著性比较的方法，即 t 检验，在畜牧业生产和科学研究中经常会遇到比较多个处理（$k \geqslant 3$）优劣的问题，即需进行多个平均数间的差异显著性比较，这时，t 检验法就有了局限性，因当 $k \geqslant 3$ 时，要使用 t 检验需进行 $k(k-1)/2$ 次，例如，对一个包含 5 个处理的试验，需要进行 $C_5^2 = 10$ 次 t 检验，这样不仅分析太繁琐，且推断的可靠性低，试验误差大。因此，对多个样本平均数的差异显著性检验，需采用一种更为合理的统计方法 —— 方差分析法。本章在讨论方差分析基本原理的基础上，重点介绍单因素试验资料及两因素试验资料的方差分析方法。

6.1 方差分析的基本原理与步骤

方差分析有很多类型，无论简单与否，其基本原理与步骤是相同的。本节以单向分组资料为例介绍方差分析的基本原理与步骤。

6.1.1 方差分析的意义

方差是度量数据变异程度的重要统计量，且对数据的变异程度反应敏感。方差分析是对试验数据的总变异分解为来源于不同因素的相应变异，并做出数量估计，以检验各处理差异显著性的统计分析方法。如下面要讲的例 6.1 猪的育肥试验，研究 4 种饲料对猪的育肥效果，试验设计时选择品种、性别、日龄相同的若干仔猪，随机分成 4 组，每组分别饲喂不同的饲料，试验结束时，不同组间即饲喂不同饲料的仔猪增重不同，而同组内即饲喂相同饲料的仔猪增重也不同，这里组即处理。同组的个体由于来自同一处理，因而组内变异是由于个体间的随机误差造成的；不同的组来自不同的处理，因而不同组个体间的差异除了有个体间的随机差异外，主要是不同处理所造成的差异。即资料的总变异分解为组间变异和组内变异，计算组间方差和组内方差，如果组间方差大于组内方差，并达到一定程度，就可推断 4 种饲料对仔猪的增重有明显的差异；反之，则说明 4 种饲料对仔猪的增重效果差异不显著。方差分析实质上是对多样本(处理) 观测值变异原因的数量分析，以检验多样本平均数间差异的显著性，它在畜牧业生产和科学研究中应用十分广泛，是一个十分重要的分析工具。

6.1.2　平方和与自由度的剖分

第 3 章已学过，方差是平方和除以自由度，即 $s^2 = \frac{SS}{df}$。有一个变异因素，通过适当的设计，就能分析该因素所引起的变异大小。要进行方差分析首先需分析引起资料变异的因素，并将总变异的平方和与自由度分解为各个变异因素的平方和与自由度，以求各变异的方差。因此，平方和与自由度的分解是方差分析的第一步，本节以单向分组资料为例说明。

1) 单向分组资料的数据结构

单向分组资料是指试验观测值仅按一个方向分组的资料。每个组即通常所说的处理，同组的试验单元接受相同的处理，不同的组接受不同的处理。试验研究的目的是比较不同处理对试验指标的影响有无显著差异。设试验有 k 个组(处理)，每组有 n 个观测值，也就是有 n 次重复，则试验共有 nk 个观测值，全部观测值的数据结构如表 6.1。

表中，i 代表任一处理($i = 1,2,\cdots,k$)，j 代表任一观测值($j = 1,2,\cdots,n$)，x_{ij} 表示第 i 个处理的第 j 个观测值；T_i，$\bar{x}_i$ 分别表示第 i 个处理 n 个观测值的和及平均数；T，$\bar{x}$ 分别为全部观测值的总和及总平均数。

表 6.1　单向分组资料的数据结构

处理	观测值						合计	平均
A_1	x_{11}	x_{11}	$\cdots$	x_{1j}	$\cdots$	x_{1n}	T_1	$\bar{x}_1$
A_2	x_{21}	x_{22}	$\cdots$	x_{2j}	$\cdots$	x_{2n}	T_2	$\bar{x}_2$
$\vdots$	$\vdots$	$\vdots$	$\cdots$	$\vdots$	$\cdots$	$\vdots$	$\vdots$	$\vdots$
A_i	x_{i1}	x_{i2}	$\cdots$	x_{ij}	$\cdots$	x_{in}	T_i	$\bar{x}_i$
$\vdots$	$\vdots$	$\vdots$	$\cdots$	$\vdots$	$\cdots$	$\vdots$	$\vdots$	$\vdots$
A_k	x_{k1}	x_{k2}	$\cdots$	x_{kj}	$\cdots$	x_{kn}	T_k	$\bar{x}_k$
							总和：T	总平均数：$\bar{x}$

表中 x_{ij} 表示第 i 个处理的第 j 个观测值($i = 1,2,\cdots,k; j = 1,2,\cdots,n$)；$T_i = \sum_{j=1}^{n} x_{ij}$ 表示第 i 个处理 n 个观测值的和；$T = \sum_{i=1}^{k}\sum_{j=1}^{n} x_{ij} = \sum_{i=1}^{k} T_i$ 表示全部观测值的总和；$\bar{x}_i = \sum_{j=1}^{n} x_{ij}/n = T_i/n$ 表示第 i 个处理的平均数；$\bar{x} = \sum_{i=1}^{k}\sum_{j=1}^{n} x_{ij}/kn = T/kn$ 表示全部观测值的总平均数。

2)平方和与自由度的分解

对表6.1的资料,总变异是 nk 个观测值的变异,故总变异平方和(SS_T)与自由度(df_T)分别为:

$$SS_T = \sum_{i=1}^{k}\sum_{j=1}^{n}(x_{ij} - \bar{x})^2 \tag{6.1}$$

$$df_T = kn - 1 \tag{6.2}$$

产生总变异的原因可从两方面分析:一是同组内不同观测值的差异,即组内差异,由于同组内个体接受相同的处理,这种差异只能是个体间随机差异造成的,因此又称为随机误差;二是不同组平均数之间的差异,即组间差异,由于不同组接受不同处理,所以,这种差异除个体间随机差异影响外,主要是因处理效应不同造成的,因此又称为处理间变异,即总变异可分解为处理间差异和随机误差。

例如,为了比较A,B,C,D 4种猪饲料的育肥效果,选择品种、性别、日龄相同,且体重相近的仔猪20头,分成4组,每组5头,各组分别饲喂A,B,C,D饲料,其他饲养条件相似,经一段时间后,其增重结果如下表(单位:kg)。

饲料(处理)	增重(x_{ij})					$\bar{x}_i$
A	26.8	29.4	25.9	29.0	28.9	28.0
B	31.2	31.8	29.3	23.0	35.9	30.2
C	30.3	31.9	32.5	33.6	32.8	32.2
D	27.6	23.4	25.2	24.6	25.3	25.2

从上表可以看出,这是一个按饲料不同来分组的单向分组资料,全试验共4×5 = 20个观测值,这些观测值的差异构成整个试验的总变异。该资料产生变异的原因有二个方面,一是处理内差异,同品种、同性别、体重相似、同一饲料饲喂和相似的饲喂条件,在同一时段内仔猪增重效果不同,这种差异只能是饲养过程中随机因素的影响造成,即随机误差;二是处理间差异,由于处理间饲喂不同的饲料,每种饲料的育肥效果不可能完全相同,所以处理间差异除个体间随机误差影响外,主要是因不同饲料效果不同造成的。

因此,单向分组资料的总变异可分解为组间(处理间)变异和组内变异(误差)两部分,需分别计算组间方差和组内方差,为此应先分别计算各变异的平方和与自由度。

根据有关运算总变异平方和可分解为:

$$\sum_{i=1}^{k}\sum_{j=1}^{n}(x_{ij} - \bar{x})^2 = n\sum_{i=1}^{k}(\bar{x}_i - \bar{x})^2 + \sum_{i=1}^{k}\sum_{j=1}^{n}(x_{ij} - \bar{x}_i)^2 \tag{6.3}$$

式(6.3)中,等式右边的第一项 $n\sum_{i=1}^{k}(\bar{x}_i - \bar{x})^2$ 为各处理平均数 $\bar{x}_i$ 与总平均数 $\bar{x}$ 的离均差平方和与重复数 n 的乘积,反映了 n 次重复的处理间变异,为处理间平方和,记为 SS_t;等式右边的第二项 $\sum_{i=1}^{k}\sum_{j=1}^{n}(x_{ij} - \bar{x}_i)^2$ 为各处理内离均差平方和,反映了各处理内的变异,它是由于个体间的随机误差造成的,所以称误差平方和,记为 SS_e,则有

$$SS_t = n\sum_{i=1}^{k}(\bar{x}_i - \bar{x})^2 \tag{6.4}$$

$$SS_e = \sum_{i=1}^{k}\sum_{j=1}^{n}(x_{ij} - \bar{x}_i)^2 \tag{6.5}$$

即
$$SS_T = SS_t + SS_e \tag{6.6}$$

上述3种平方和的简便计算公式为：

$$SS_T = \sum_{i=1}^{k}\sum_{j=1}^{n}x_{ij}^2 - C \tag{6.7}$$

$$SS_t = \frac{1}{n}\sum_{i=1}^{k}T_i^2 - C \tag{6.8}$$

$$SS_e = SS_T - SS_t \tag{6.9}$$

式中， $C = \frac{T^2}{nk}$

与总平方和的分解相对应，总变异自由度也分解为组间（处理间）自由度和组内（误差）自由度，即总自由度 = 处理自由度（组间自由度）+ 误差自由度（组内自由度），用公式表示为：

$$df_T = df_t + df_e \tag{6.10}$$

处理间自由度等于处理数减1，即

$$df_t = k - 1 \tag{6.11}$$

则误差自由度 df_e 为

$$df_e = df_T - df_t = k(n - 1) \tag{6.12}$$

3）计算各变异的均方

根据方差的计算公式，将各变异平方和除以对应的自由度即为各变异的方差（亦称均方），即

总均方（MS_T 或 s_T^2） $$MS_T = \frac{SS_T}{df_T} \tag{6.13}$$

处理间均方（MS_t 或 s_t^2） $$MS_t = \frac{SS_t}{df_t} \tag{6.14}$$

误差均方（MS_e 或 s_e^2） $$MS_e = \frac{SS_e}{df_e} \tag{6.15}$$

总均方的数值在后面的计算中用不到，因此不必计算。值得注意的是：总均方一般不等于处理间均方与处理内均方的和，即 $MS_T \neq MS_t + MS_e$。

例6.1 为比较A,B,C,D 4种猪饲料的育肥效果，选择品种、性别、日龄相同，且体重相近的仔猪20头，分成4组，每组5头，各组分别饲喂A,B,C,D饲料，其他饲养条件相似，经一段时间后，其增重结果如表6.2，试分析4种饲料育肥效果的差异显著性。

表6.2 4种猪饲料的增重结果/kg

饲料（处理）	增重（x_{ij}）					T_i	$\bar{x}_i$
A	26.8	29.4	25.9	29.0	28.9	140.0	28.0
B	31.2	31.8	29.3	23.0	35.9	151.2	30.2
C	30.3	31.9	32.5	33.6	32.8	161.1	32.2
D	27.6	23.4	25.2	24.6	25.3	126.1	25.2
合计						T = 578.4	$\bar{x}$ = 28.9

该资料是仅按不同饲料来分组的单向分组资料，处理个数$k=4$，重复次数$n=5$，共有$nk=5\times4=20$个观测值。这些观测值变异的原因有两个，一是同一饲料内仔猪增重的差异，即随机误差；二是不同饲料间仔猪增重的差异，即处理间差异。方差分析的步骤如下：

(1)平方和与自由度的计算

矫正数 $$C=\frac{T^2}{nk}=\frac{578.4^2}{5\times4}=16\ 727.3$$

总平方和 $$SS_T=\sum_{i=1}^{4}\sum_{j=1}^{5}x_{ij}^2-C=26.8^2+29.4^2+\cdots+25.3^2-16\ 727.3=249.6$$

处理间平方和

$$SS_t=\frac{1}{n}\sum T_i^2-C=\frac{1}{5}(140.0^2+151.2^2+161.1^2+126.1^2)-16\ 727.3=135.8$$

误差平方和 $SS_e=SS_T-SS_t=249.6-135.8=113.8$

总变异自由度 $df_T=nk-1=5\times4-1=19$

处理间自由度 $df_t=k-1=4-1=3$

误差自由度 $df_e=df_T-df_t=19-3=16$

(2)计算各变异均方

将各项平方和除以相对应的自由度得到相应变异的均方。

处理间均方 $$MS_t=\frac{SS_t}{df_t}=\frac{135.8}{3}=45.3$$

误差均方 $$MS_e=\frac{SS_e}{df_e}=\frac{113.8}{16}=7.1$$

$MS_t=45.3$表示4种饲料间仔猪增重的变异大小为45.3，$MS_e=7.1$表示试验的误差为7.1。

计算出均方后，为检验饲料效应是否真实存在，即处理平均数间差异是否显著，需利用F分布进行F检验。

6.1.3 F分布与F检验

1)F值的含义及F分布

在一个平均数为μ，方差为σ^2的正态总体中随机抽取两个独立样本，分别计算两个样本的均方MS_1和MS_2，统计学上把两个均方的比值定义为F值。即

$$F=\frac{MS_1}{MS_2}$$

方差分析中F检验目的是为了检验处理效应是否真实存在，即试验资料的差异是由处理效应造成或是由误差造成的，因此在计算F值时应以误差均方作分母，以处理均方作分子，即

$$F=\frac{MS_t}{MS_e} \tag{6.16}$$

公式6.16的F值具有两个自由度：处理间均方(MS_t)的自由度df_t和误差均方(MS_e)的自由度df_e。在一般情况下，$MS_t>MS_e$，因此，通常将MS_t即处理间自由度称为大方差自由度，将MS_e即误差自由度称为小方差自由度。

F值可作为判断处理效应是否真实存在的依据。在例6.1中，如果不同饲料对仔猪增重无

差异,即处理效应不存在的情况下,处理间的差异仅表现为试验误差,这时理论上 $MS_t = MS_e$,则 $F = 1$。但由于抽样误差的影响 MS_t 和 MS_e 不可能正好相等,其 F 值可能小于 1,也可能大于 1;在处理效应真实存在的情况下,处理间的差异除了由试验误差引起外还有处理效应产生的差异,此时处理间均方一定大于误差均方,则 F 值一定大于 1。综合上述分析,在 F 值小于 1 时,处理效应一定不存在,在 F 值大于 1 时,处理效应可能存在也可能不存在,不能做出具体的结论,要解决这个问题,需要利用 F 分布曲线进行 F 检验。

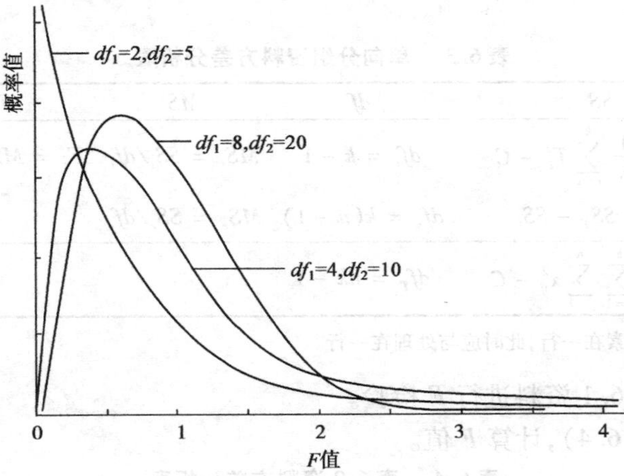

图 6.1 不同自由度的 F 分布曲线

由于 $F = MS_t/MS_e$,F 值由分子自由度(df_1)和分母自由度(df_2)制约,在给定 df_1,df_2 的情况下,对一总体进行一系列独立随机抽样,则可获得一系列的 F 值,这些 F 值各具有一定的概率,由于 F 值很多,用分组的方法作成次数分布图成为一条光滑的曲线,即为 F 分布曲线,如图 6.1 所示。F 分布曲线是由自由度 df_1,df_2 所决定的一系列曲线,它因分子自由度和分母自由度的不同而不同,除 $df_1 = 1$ 或 2 时 F 分布呈倒 J 型分布外,其余自由度下的 F 分布均呈倾向于一方的偏态分布。F 值的取值范围是$(0, +\infty)$,其平均值 $\mu_F = 1$。

与利用 t 分布进行 t 检验相似,在 F 曲线下大于平均数的一端占全部面积 5% 和 1% 的区间划分为显著区间,开始进入显著区间的 F 值称为显著标准值,记作 $F_{0.05}$ 和 $F_{0.01}$,附录 F 值表已列出了不同自由度下的 F 值的显著标准值,可供查用。如 $df_1 = 3$,$df_2 = 16$ 时,查 F 值表,得 $F_{0.05} = 3.24$,$F_{0.01} = 5.29$。

2)F 检验

F 检验的原理与第 5 章中的 t 检验原理相同,即小概率实际不可能性原理,F 检验的步骤也分为 4 步。

(1) 提出假设:无效假设 H_0:各处理平均数均相等,即 $\mu_1 = \mu_2 = \cdots = \mu_k$;备择假设 H_A:各处理平均数 μ_i 间不全相等。或 $H_0: \sigma_t^2 = \sigma_e^2$,$H_A: \sigma_t^2 \neq \sigma_e^2$。

(2) 确定显著水平:$\alpha = 0.05$ 或 $\alpha = 0.01$。

(3) 计算 F 值:为使计算结果清晰,通常将变异来源、平方和、自由度、均方和 F 值归纳成表即方差分析表,然后计算 F 值,方差分析表的格式见表 6.3。

(4) 做出推断:将所算得的 F 值与根据 df_t,df_e 查 F 值表所得的显著标准值 $F_{0.05}$,$F_{0.01}$ 相比较,做出处理平均数间差异是否显著的结论。

当 $F < F_{0.05}$ 时，$P > 0.05$，接受 H_0，表明各处理平均数间差异不显著，在 F 值的右上角不做标记；当 $F_{0.05} \leqslant F < F_{0.01}$ 时，$0.01 < P \leqslant 0.05$，否定 H_0，表明各处理平均数间至少有两个差异显著，此时在 F 值的右上角标记一个“＊”；当 $F \geqslant F_{0.01}$ 时，$P \geqslant 0.01$，否定 H_0，表明各处理平均数间至少有两个差异极显著，此时在 F 值的右上角标记两个“＊”。如果 $F \leqslant 1$，不用查表即可判断处理间差异不显著。在实际的 F 检验中，为简便测验过程，一般省去“提出假设”这一步，将所算得的 F 值与根据 df_t，df_e 查 F 值表所得的显著标准值 $F_{0.05}$，$F_{0.01}$ 相比较做出统计推断。

表 6.3　单向分组资料方差分析表

变异来源	SS	df	MS	F	F_α
处理间	$SS_t = \frac{1}{n}\sum_{i=1}^{k} T_i^2 - C$	$df_t = k - 1$	$MS_t = SS_t/df_t$	$F_t = MS_t/MS_e$	
误差	$SS_e = SS_T - SS_t$	$df_e = k(n-1)$	$MS_e = SS_e/df_e$		
总变异	$SS_T = \sum_{k=1}^{k}\sum_{j=1}^{n} x_{ij}^2 - C$	$df_T = nk - 1$			

注：表中的 F 值应与被检验因素在一行，此时应与处理在一行。

例 6.1 续　对例 6.1 资料进行 F 检验。

列方差分析表（表 6.4），计算 F 值。

表 6.4　表 6.2 资料方差分析表

变异来源	SS	df	MS	F	$F_{0.05}$	$F_{0.01}$
处理间	135.8	3	45.3	6.37**	3.24	5.29
误差	113.8	16	7.1			
总变异	249.6	19				

根据 F 检验验的意义，检验饲料间仔猪增重的差异显著性，即对饲料间均方与饲料内均方进行 F 测验。

因饲料间均方 $MS_t = 45.3$，饲料内均方 $MS_e = 7.1$

所以，$F = \frac{MS_t}{MS_e} = \frac{45.3}{7.1} = 6.37$；根据 $df_t = 3$，$df_e = 16$ 查 F 值表，得显著标准值 $F_{0.05} = 3.24$，$F_{0.01} = 5.29$，因实得 $F > F_{0.01} = 5.29$，$P < 0.01$，在 F 值 6.37 右上角标记两个“＊”，表明 4 种饲料对仔猪的增重效果差异极显著，即 4 种饲料中至少有两种对仔猪的增重效果差异极显著。要具体比较处理平均数间的差异显著性关系，需进一步进行多重比较。

6.1.4　多重比较

F 检验是整体检验，只能表明处理平均数间差异显著与否，不能具体比较每对处理平均数间差异的显著性。即当 F 测验结果差异显著或极显著时，只表明各处理平均数间不全相等，即至少有两个处理平均数间存在显著或极显著差异，而并不能具体说明是哪些处理平均数间差异显著或极显著。如例 6.1，F 检验结果 4 种饲料间差异极显著，只表明 4 种饲料间至少有两种饲料差异极显著，至于说具体有几种饲料间差异极显著，是 A 与 B 还是 A 与 C 等，并不能得出具体信息。因此，要具体比较各处理平均数间的差异显著性关系，需将各个处理平均数两两进行比较。这种在 F 测验差异显著或极显著时，各处理平均数间的相互比较，称为多重比较。当然，当 F 测验结果差异不显著时，表明各处理平均数间相等，此时已明确各处理间的相互关系，方差分析到此结束，即不需再进行多重比较。

多重比较常用的方法有最小显著差数法（LSD 法）和最小显著极差法（LSR 法）。

1）最小显著差数法（LSD 法）

最小显著差数法，简称 LSD 法，这种方法的实质是两个平均数相比较的 t 检验。在两个平均数的 t 检验中，已知 $t=\dfrac{\bar{x}_1-\bar{x}_2}{s_{\bar{x}_1-\bar{x}_2}}$，则平均数差数 $\bar{x}_1-\bar{x}_2=t_\alpha s_{\bar{x}_1-\bar{x}_2}$，当 t 值定为显著标准值 t_α 时，则 $t_\alpha s_{\bar{x}_1-\bar{x}_2}$ 便是差数达到差异显著的最小差数，即最小显著差数标准值，用 LSD_α 表示，则有：

$$LSD_\alpha = t_\alpha s_{\bar{x}_i-\bar{x}_j} \tag{6.17}$$

$$s_{\bar{x}_i-\bar{x}_j} = \sqrt{\frac{2MS_e}{n}} \tag{6.18}$$

式6.17，6.18中 t_α 为误差自由度下的 t_α，MS_e 为误差均方，n 为各处理的重复次数。

LSD 法多重比较的步骤如下：

（1）计算平均数差数标准误 $s_{\bar{x}_i-\bar{x}_j}$。

（2）根据误差自由度 df_e 查 t 值表，查出 $t_{0.05}$，$t_{0.01}$。

（3）计算最小显著差数标准值 LSD_α。

$$LSD_{0.05}=t_{0.05}s_{\bar{x}_i-\bar{x}_j}$$
$$LSD_{0.01}=t_{0.05}s_{\bar{x}_i-\bar{x}_j}$$

（4）列表比较各平均数间差异的显著性。首先将各处理平均数按由大到小的顺序排成一列，然后依次求出各平均数间的差数，将其差数分别与最小显著标准值 LSD_α 进行比较，做出各处理平均数间差异显著与否的结论。

当 $\bar{x}_i-\bar{x}_j<LSD_{0.05}$ 时，表明 $\bar{x}_i$ 与 $\bar{x}_j$ 与差异不显著，在差数的右上角不做标记。

当 $LSD_{0.05}\leqslant\bar{x}_i-\bar{x}_j<LSD_{0.01}$ 时，表明 $\bar{x}_i$ 与 $\bar{x}_j$ 差异显著，在差数的右上角标一个"*"。

当 $\bar{x}_i-\bar{x}_j\geqslant LSD_{0.01}$ 时，表明 $\bar{x}_i$ 与 $\bar{x}_j$ 差异极显著，在差数的右上角标二个"*"。

（5）多重比较的结果表示。多重比较的结果表示常用的有两种方法，一是梯形表表示法，二是标记字母法。

①梯形表表示法。将全部平均数按由大到小的顺序排列，然后依次计算：各平均数与最小平均数的差数、与次小平均数的差数、……、直到计算到最大平均数与次大平均数的差数。将各差数与 LSD_α 相比较，凡差数小于 $\alpha=0.05$ 显著水平时，不做标记；凡差数大于 $\alpha=0.05$ 显著水平而小于 $\alpha=0.01$ 显著水平时，在差数右上角标记一个"*"；凡差数大于 $\alpha=0.01$ 显著水平时，在差数右上角标记二个"*"。

②标记字母法。先标记 $\alpha=0.05$ 显著水平：将各处理平均数由大到小排成一列，然后在最大平均数后标记字母 a，并将该平均数与以下各平均数依次相比，凡差异不显著者标记同一字母 a，直到某一个与其差异显著的平均数标记字母 b 为止；再以标有字母 b 的平均数为标准，与上方比它大的各个平均数比较，凡差异不显著者一律再加标字母 b，直到差异显著的平均数不加标字母 b 为止；再以标记有字母 b 的最大平均数为标准，与下面各未标记字母的平均数相比，凡差异不显著者，继续标记字母 b，直到某一个与其差异显著的平均数标记 c 为止；如此重复下去，直到最小一个平均数有标记字母并与上方平均数进行了比较为止。各平均数间凡有一个相同字母的即为差异不显著，凡无相同字母的即为差异显著。对 $\alpha=0.01$ 显著水

平的标记方法与 $\alpha=0.05$ 时的相同,只是以大写拉丁字母表示,这里不再叙述。

例 6.1 续 对例 6.1 用 *LSD* 法进行平均数间的多重比较。

例 6.1 资料的 *F* 测验结果表明,处理平均数间差异极显著,故需进行多重比较。*LSD* 法多重比较的步骤如下:

(1)计算平均数差数标准误 $s_{\bar{x}_i-\bar{x}_j}$

$$s_{\bar{x}_i-\bar{x}_j}=\sqrt{\frac{2MS_e}{n}}=\sqrt{\frac{2\times 7.1}{5}}=1.685$$

(2)根据误差自由度 $df_e=16$ 查 t 值表得:$t_{0.05}=2.120$,$t_{0.01}=2.921$

(3)计算最小显著差数标准值 LSD_α

$$LSD_{0.05}=t_{0.05}\cdot s_{\bar{x}_i-\bar{x}_j}=2.120\times 1.685=3.57$$

$$LSD_{0.01}=t_{0.01}\cdot s_{\bar{x}_i-\bar{x}_j}=2.921\times 1.685=4.92$$

(4)多重比较的结果表示

①梯形表表示法。将全部平均数按由大到小的顺序排列,然后依次计算各平均数间的差数,如表 6.5。

C 与 D 比:差数 $32.2-25.2=7.0>LSD_{0.01}$,表明 C 与 D 差异极显著,在 7.0 的右上角标二个“*”;

C 与 A 比:差数 $32.2-28.0=4.2>LSD_{0.05}$,表明 C 与 A 差异显著,在 4.2 的右上角标一个“*”;

C 与 B 比:差数 $32.2-30.2=2.0<LSD_{0.05}$,表明 C 与 B 差异不显著。

B 与 D 比:差数 $30.2-25.2=5.0>LSD_{0.01}$,表明 B 与 D 差异极显著,在 5.0 的右上角标二个“*”;

B 与 A 比:差数 $30.2-28.0=2.2<LSD_{0.05}$,表明 B 与 A 差异不显著;

A 与 D 比:差数 $28.0-25.2=2.8<LSD_{0.05}$,表明 A 与 D 差异不显著。

表 6.5 4 种猪饲料增重均数多重比较表(梯形表表示法)

处理	平均数 $\bar{x}_i$	$\bar{x}_i-25.2$	$\bar{x}_i-28.0$	$\bar{x}_i-30.2$
C	32.2	7.0**	4.2*	2.0
B	30.2	5.0**	2.2	
A	28.0	2.8		
D	25.2			

多重比较结果见表 6.5。表 6.5 表明,饲料 C,B 对仔猪的增重效果极显著高于 D,饲料 C 对仔猪的增重效果显著高于 A;其他饲料间差异不显著。以饲料 C 的增重效果最好。

梯形表表示法直观、清晰,但占篇幅较大,在科技论文写作时不常应用。

②标记字母法。多重比较表如表 6.6。

表 6.6 4 种猪饲料增重均数差异显著性比较表(标记字母法)

处理	平均数 $\bar{x}_i$	$\alpha=0.05$	$\alpha=0.01$
C	32.2	*a*	*A*
B	30.2	*ab*	*A*
A	28.0	*bc*	*AB*
D	25.2	*c*	*B*

先对 $\alpha=0.05$ 显著水平进行标记,即各平均数的差数与 $LSD_{0.05}$ 比较:

在 $\alpha=0.05$ 栏内的饲料 C 处标以字母 a;

以饲料 C 的平均数为标准依次与下方的平均数进行比较,即向下比:

C 与 B 比:差数为 $32.2-30.2=2.0<LSD_{0.05}$,差异不显著,在 B 栏仍标以字母 a;

C 与 A 比:差数为 $32.2-28.0=4.2>LSD_{0.05}$,差异显著,在 A 栏标以字母 b;

再以 A 的平均数为标准依次与上方未与 A 比较的平均数进行比较,即向上比:

A 与 B 比:差数为 $30.2+28.0=2.2<LSD_{0.05}$,差异不显著,在 B 栏加标字母 b,向上比的过程结束。

再以 B 的平均数为标准与下方未标记字母的平均数相比:

B 与 D 比:差数为 $30.2-25.2=5.0>LSD_{0.05}$,差异显著,在 D 栏标以字母 c;

再以 D 的平均数为标准依次与上方未与 D 比较的平均数进行比较,即向上比:

D 与 A 比:差数为 $28.0-25.2=2.8<LSD_{0.05}$,差异不显著,在 A 栏加标字母 c,至此 $\alpha=0.05$,显著水平的标记过程结束。

对 $\alpha=0.01$ 显著水平的标记过程与对 $\alpha=0.05$ 显著水平标记过程完全一样,只是各平均数差数与 $LSD_{0.01}=4.92$ 相比,同时用大写字母表示,其标记结果见表 6.6。

字母标记法的优点是占篇幅小,在科技论文中常用。

需要提到的一点是:有些统计理论提出,因 LSD 法的实质是 t 检验,即两均数间差异显著性的比较,所以此法适用于各处理与对照比较而处理间不进行比较的试验资料,即在进行试验设计时就确定各处理只与对照相比。如例 6.1 中共有 4 个处理,若设计时已经确定 A 是对照,则 B,C,D 只与 A 相比,而 B,C,D 之间不再比较。

用 LSD 法进行多重比较时,在每个显著水平上差异显著性标准只有一个,所以此法比较简单,但对多个样本平均数的差异显著性比较,推断的可靠性低。为提高对多个样本平均数差异性推断的可靠性,统计学家提出了最小显著极差法。

2)最小显著极差法(简称 *LSR* 法)

最小显著极差法又称 LSR 法,是目前应用比较广泛的一种测验方法。该法是把相比较的两个平均数的差数,看作该两个数之间全部平均数的极差(R),极差所包含的平均数个数 k 不同时,采用不同的检验标准,因此该法克服了 LSR 法的不足,但检验的工作量增加。

常用的 LSR 法有两种,一是新复极差法(又称 SSR 法),二是 q 法。

(1)SSR 法

极差(R)相当于平均数标准误($s_{\bar{x}}$)的倍数叫做 SSR 值,即

$\frac{R}{s_{\bar{x}}}=SSR$,则 $R=SSR\cdot s_{\bar{x}}$。

与 $LSD_\alpha=t_\alpha\cdot s_{\bar{x}_i-\bar{x}_j}$ 一样,若 SSR 定为显著标准值 SSR_α,则 $SSR_\alpha\cdot s_{\bar{x}}$ 便是差异达到显著标准的极差,叫做最小显著极差,用 LSR_α 表示,则有

$$LSR_\alpha=SSR_\alpha\cdot s_{\bar{x}} \tag{6.19}$$

$$s_{\bar{x}}=\sqrt{\frac{Ms_e}{n}} \tag{6.20}$$

式中 MS_e 为误差均方,n 为各处理的重复数,$s_{\bar{x}}$ 为平均数标准误。SSR_α 不仅决定于误差自由度 df_e,而且还依赖于极差所包括的平均数个数(或称秩次距)(k),见附表 4,因此 LSR_α

的值也依极差所包含的处理个数 k 的不同而不同,即极差所包含的处理个数 k 不同时,采用不同的检验标准。

SSR 法多重比较的步骤如下:

①计算平均数标准误 $s_{\bar{x}}$。

②根据误差自由度 df_e 和极差包含的平均数个数 k 查 $SSR_{\alpha(k,df_e)}$ 值表。

③计算最小显著极差 LSR_α。

$$LSR_{0.05} = SSR_{0.05} s_{\bar{x}}$$
$$LSR_{0.01} = SSR_{0.01} s_{\bar{x}}$$

④列表比较两均数差异的显著性。各处理平均数按由大到小的顺序排成一列,求出各平均数的极差,然后将其极差分别与对应的 LSR_α 进行比较,做出统计推断。

当 $R < LSR_{0.05}$ 时,表明 $\bar{x}_i$ 与 $\bar{x}_j$ 差异不显著。

当 $LSR_{0.05} \leqslant R < LSR_{0.01}$ 时,表明 $\bar{x}_i$ 与 $\bar{x}_j$ 差异显著。

当 $R \geqslant LSR_{0.01}$ 时,表明 $\bar{x}_i$ 与 $\bar{x}_j$ 差异极显著。

(2) q 测验法

q 检验法与 SSR 法的检验原理及步骤相同,唯一不同的是计算最小显著极差时需查 q 值表(附表5),q 值表的结构与 SSR 值表一样,但其数值除 $k=2$ 时 q 值与 SSR 值相同外,$k>2$ 的 q 值均高于 SSR 值。q 测验法的最小显著极差计算公式为

$$LSR_\alpha = q_{\alpha(df_e,k)} s_{\bar{x}} \tag{6.21}$$

例 6.1 续 对例 6.1 资料用 SSR 法、q 法进行多重比较。

SSR 法多重比较的步骤如下:

①计算均数标准误 $s_{\bar{x}}$

$$s_{\bar{x}} = \sqrt{\frac{MS_e}{n}} = \sqrt{\frac{7.1}{5}} = 1.19$$

②查 SSR_α 值。根据 $df_e = 16, k = 2,3,4$ 查 $SSR_{0.05}, SSR_{0.01}$ 的值,列于表 6.7。

表 6.7 SSR 值及 LSR 值表

df_e	k	$SSR_{0.05}$	$SSR_{0.01}$	$LSR_{0.05}$	$LSR_{0.01}$
	2	3.00	4.13	3.57	4.91
16	3	3.15	4.34	3.75	5.16
	4	3.23	4.45	3.84	5.30

③计算 $LSR_{0.05}$ 和 $LSR_{0.01}$

$k=2$ 时:
$$LSR_{0.05} = SSR_{0.05} s_{\bar{x}} = 3.00 \times 1.19 = 3.57$$
$$LSR_{0.01} = SSR_{0.01} s_{\bar{x}} = 4.13 \times 1.19 = 4.91$$

$k=3$ 时:
$$LSR_{0.05} = SSR_{0.05} s_{\bar{x}} = 3.15 \times 1.19 = 3.75$$
$$LSR_{0.01} = SSR_{0.01} s_{\bar{x}} = 4.34 \times 1.19 = 5.16$$

$k=4$ 时:
$$LSR_{0.05} = SSR_{0.05} s_{\bar{x}} = 3.23 \times 1.19 = 3.84$$
$$LSR_{0.01} = SSR_{0.01} s_{\bar{x}} = 4.45 \times 1.19 = 5.30$$

将 $LSR_{0.05}, LSR_{0.01}$ 计算结果列于表 6.7 与 $SSR_{0.05}, SSR_{0.01}$ 相对应的位置。当熟练掌握计算

过程后,可不写过程,直接填写在表里。

④用标记字母法表示多重比较结果,并做出结论。

列多重比较表,如表6.8。

对 $\alpha=0.05$ 显著水平的标记过程如下:

先在C栏内标以字母 a;

C与B比:$k=2$,差数为:$32.2-30.2=2.0<3.57$,差异不显著,在B栏内仍标以字母 a;

C与A比:$k=3$,差数为:$32.2-28.0=4.2>3.57$,差异显著,在A栏内换字母 b;

以A为标准依次与上方未与A比较的平均数进行比较,即向上比:

A与B比:$k=2$,差数为:$30.2-28.0=2.2<3.57$,差异不显著,在B栏内再加标字母 b,向上比的过程结束。

再以B的平均数为标准与下方未标记字母的平均数相比:

B与D比:$k=3$,差数为:$30.2-25.2=5.0>3.57$,差异显著,在D栏标记字母 c;

再以D的平均数为标准依次与上方未与D比较的平均数进行比较,即向上比:

D与A比:$k=2$,差数为:$28.0-25.2=2.8<3.57$,差异不显著,在A处加标字母 c,至此 $\alpha=0.05$ 显著水平的标记过程结束。

对 $\alpha=0.01$ 显著水平的标记过程与对 $\alpha=0.05$ 显著水平标记过程完全一样,只是各平均数差数与 $LSR_{0.01}$ 相比,同时用大写字母表示,其标记结果见表6.8。

结论:由表6.8可以看出,饲料C对仔猪的增重效果极显著高于饲料D,显著高于A,与B差异不显著;B对仔猪的增重效果显著高于D,与A差异不显著;A与D间差异不显著;以饲料C的增重效果最好。

表6.8 表6.2资料的差异显著性表(*SSR* 法)

饲料	平均数 $\bar{x}_i$	差异显著性	
		$\alpha=0.05$	$\alpha=0.01$
C	32.2	a	A
B	30.2	ab	AB
A	28.0	bc	AB
D	25.2	c	B

用 q 法多重比较的步骤如下:

利用 *SSR* 法的结果,$s_{\bar{x}}=1.19$。

当 $df_e=16$,$k=2,3,4$ 查 $q_{0.05}$,$q_{0.01}$ 的值,并根据公式6.22计算出 $LSR_{0.05}$,$LSR_{0.01}$ 的值,列表6.9。

表6.9 q 值及 *LSR* 值表

df_e	k	$q_{0.05}$	$q_{0.01}$	$LSR_{0.05}$	$LSR_{0.01}$
	2	3.00	4.13	3.57	4.91
16	3	3.65	4.78	4.34	5.69
	4	4.05	5.19	4.82	6.18

列表进行平均数间的多重比较。比较过程与 *SSR* 法相同,多重比较结果见表 6.10。

表 6.10 表 6.2 资料的差异显著性表(*q* 法)

饲料	平均数 $\bar{x}_i$	差异显著性	
		$\alpha=0.05$	$\alpha=0.01$
C	32.2	*a*	*A*
B	30.2	*a*	*AB*
A	28.0	*ab*	*AB*
D	25.2	*b*	*B*

结论:由表 6.10 可以看出,饲料 C 对仔猪的增重效果极显著高于饲料 D,与 A,B 差异不显著;饲料 B 对仔猪的增重效果显著高于饲料 D,与 A 差异不显著;A 与 D 差异不显著;以饲料 C 的增重效果最好。

由例 6.1 可以看出,*LSD* 法、*SSR* 法和 *q* 法 3 种多重比较方法的结果不完全相同,主要是因为 3 种方法的显著性标准不同。当平均数的极差个数 $k=2$ 时,3 种方法的显著标准相同;当 $k\geqslant3$ 时,3 种方法的显著性标准不同,以 *LSD* 法显著性标准最低,*SSR* 法次之,*q* 法最高。因此,在具体应用时,应根据资料的精确性要求选择适宜的多重比较方法。

6.1.5 方差分析的基本步骤

本节结合单向分组资料方差分析的实例,详细地介绍了方差分析的步骤,其基本步骤可归纳为 4 步:

1)计算各变异的平方和与自由度。

2)计算各变异的均方。

3)列方差分析表,进行 *F* 检验。

4)若 *F* 检验显著,需进行多重比较。多重比较的方法有最小显著差数法(*LSD* 法)和最小显著极差法(*SSR* 法和 *q* 检验法)。多重比较结果的表示方法有梯形表表示法和标记字母法。

6.2 单因素试验资料的方差分析

根据试验资料所研究试验因素的多少,方差分析分为单因素、多因素试验资料的方差分析。单因素试验资料的方差分析用于分析一个试验因素不同水平的数据资料,是方差分析中最简单的一种,从试验设计上来说,它适用于单因素完全随机设计数据资料。单因素试验资料方差分析,根据各处理重复数是否相等,又分为处理重复数相等和各处理重复数不等资料的方差分析两种情况,本节对这两种情况分别介绍方差分析的方法。

6.2.1 各处理重复数相等试验资料的方差分析

设试验有 *k* 个处理,每个处理有 *n* 个观测值,则资料共有 *nk* 个观测值,其资料结构及数据整理形式见表6.1,方差分析见表6.3。

例6.2 为比较新育成的3个品种猪(A_1,A_2,A_3)的育肥效果,以当地普遍饲养的品种(A_4)为对照,每品种选择年龄、性别相同,始重相近的仔猪各6头,在同样管理条件下饲养,一段时间后,每头仔猪的增重结果如表6.11,试分析4个品种仔猪育肥的差异显著性。

表6.11 4个品种仔猪增重的数据资料

品种号	增重 x_{ij}/kg						T_i	$\bar{x}_i$
A_1	15	14	18	17	13	11	88	14.7
A_2	12	7	13	8	7	11	58	9.7
A_3	8	13	11	9	16	15	72	12.0
A_4	8	11	7	8	6	10	50	8.3
							$T=268$	$\bar{x}=11.2$

这是各处理重复数相等的单因素试验资料,$k=4$,$n=6$,共$nk=6\times4=24$个观测值,这些观测值的总变异是由品种间变异和随机误差引起的,对此试验资料方差分析的步骤如下。

1)计算平方和与自由度

$$C=\frac{T^2}{kn}=\frac{268^2}{4\times6}=2\,992.7$$

$$SS_T=\sum\chi_{ij}^2-C=(15^2+14^2+\cdots+6^2+10^2)-2\,992.7=277.3$$

$$SS_t=\frac{1}{n}\sum T_i^2-C=\frac{1}{6}(88^2+72^2+58^2+50^2)-2\,992.7=139.3$$

$$SS_e=SS_T-SS_t=277.3-139.3=138.0$$

$$df_T=kn-1=4\times6-1=23$$

$$df_t=k-1=4-1=3$$

$$df_e=df_T-df_t=23-3=20$$

2)计算各变异的均方

$$MS_t=\frac{SS_t}{df_t}=\frac{139.3}{3}=46.4$$

$$MS_e=\frac{SS_e}{df_e}=\frac{138.0}{20}=6.9$$

3)列出方差分析表,计算F值,并进行F检验

将上面计算的各项平方和、自由度、均方填入表6.12。

表6.12 不同品种仔猪增重的方差分析表

变异来源	平方和	自由度	均方	F值	$F_{0.05}$	$F_{0.01}$
品种间	139.3	3	46.4	6.72**	3.10	4.94
误差	138.0	20	6.9			
总变异	277.3	23				

$$F = \frac{MS_t}{MS_e} = \frac{46.4}{6.9} = 6.72$$

根据 $df_t = 3, df_e = 20$ 查 F 值表得：$F_{0.05} = 3.10, F_{0.01} = 4.94$，因为实得 $F > F_{0.01}, P < 0.01$，表明不同品种仔猪增重差异极显著，需进行平均数间的多重比较。

4）**多重比较**

(1) 新品种与对照品种(A_4)增重的差异性比较(*LSD* 法)

计算平均数差数标准误 $s_{\bar{x}_i-\bar{x}_j}$

$$s_{\bar{x}_i-\bar{x}_j} = \sqrt{\frac{2MS_e}{n}} = \sqrt{\frac{2 \times 6.9}{6}} = 1.52$$

根据 $df_e = 20$，查 t 值表，$t_{0.05} = 2.086, t_{0.01} = 2.845$

计算显著水平 $\alpha = 0.05, \alpha = 0.01$ 的最小显著差数 $LSD_{0.05}, LSD_{0.01}$

$$LSD_{0.05} = t_{0.05}s_{\bar{x}_i-\bar{x}_j} = 2.086 \times 1.52 = 3.17$$

$$LSD_{0.01} = t_{0.01}s_{\bar{x}_i-\bar{x}_j} = 2.845 \times 1.52 = 4.32$$

A_1 与 A_4 比较：差数 $14.7 - 8.3 = 6.4 > LSD_{0.01}$，$A_1$ 与 A_4 差异极显著；

A_3 与 A_4 比较：差数 $12.0 - 8.3 = 3.7 > LSD_{0.05}$，$A_3$ 与 A_4 差异显著；

A_2 与 A_4 比较：差数 $9.7 - 8.3 = 1.4 < LSD_{0.05}$，$A_2$ 与 A_4 差异不显著。

多重比较结果见表6.13。表6.13 表明：新品种 A_1 的增重效果极显著高于对照，新品种 A_3 的增重效果显著高于对照，新品种 A_2 的增重效果与对照差异不显著，以新品种 A_1 的育肥效果最好。

表 6.13 新品种与对照品种差异性比较表

处理	A_1	A_3	A_2	A_4
$\bar{x}_i$	14.7	12.0	9.7	8.3
$\bar{x}_i - 8.3$	6.4**	3.7*	1.4	—

(2)各品种间差异显著性比较(*SSR* 法)

计算平均数标准误 $s_{\bar{x}}$

$$s_{\bar{x}} = \sqrt{\frac{MS_e}{n}} = \sqrt{\frac{6.9}{6}} = 1.07$$

根据 $df_e = 20, k = 2,3,4$，查 *SSR* 值表，查出 $SSR_{0.05}, SSR_{0.01}$ 列于表 6.14。

计算最小显著极差 $LSR_{0.05}, LSR_{0.01}$：

$k=2$ 时：
$$LSR_{0.05} = SSR_{0.05} \cdot s_{\bar{x}} = 2.95 \times 1.07 = 3.16$$
$$LSR_{0.01} = SSR_{0.01} \cdot s_{\bar{x}} = 4.02 \times 1.07 = 4.31$$

$k=3$ 时：
$$LSR_{0.05} = SSR_{0.05} \cdot s_{\bar{x}} = 3.10 \times 1.07 = 3.32$$
$$LSR_{0.01} = SSR_{0.01} \cdot s_{\bar{x}} = 4.22 \times 1.07 = 4.52$$

$k=4$ 时：
$$LSR_{0.05} = SSR_{0.05} \cdot s_{\bar{x}} = 3.18 \times 1.07 = 3.41$$
$$LSR_{0.01} = SSR_{0.01} \cdot s_{\bar{x}} = 4.33 \times 1.07 = 4.64$$

将各 LSR_α 的值也列于表 6.14。

表6.14　SSR_α 值及 LSR_α 值

df_e	k	$SSR_{0.05}$	$SSR_{0.01}$	$LSR_{0.05}$	$LSR_{0.01}$
	2	2.95	4.02	3.16	4.30
20	3	3.10	4.22	3.32	4.52
	4	3.18	4.33	3.40	4.63

根据 LSR_α 值,列表表示多重比较结果。将表6.15中的差数与表6.14中相对应的最小显著极差($LSR_{0.05}$,$LSR_{0.01}$)比较,并标记检验结果,多重比较结果见表6.15和表6.16。

表6.15　不同品种仔猪增重效果的多重比较表(梯形表表示法)

品种	平均数 $\bar{x}_i$	$\bar{x}_i-8.3$	$\bar{x}_i-9.7$	$\bar{x}_i-12.0$
A_1	14.7	6.4**	5.0**	2.7
A_3	12.0	3.7*	2.3	
A_2	9.7	1.4		
A_4	8.3			

表6.16　不同品种仔猪增重效果的多重比较表(标记字母法)

品种	平均数 $\bar{x}_i$	差异显著性	
		$\alpha=0.05$	$\alpha=0.01$
A_1	14.7	a	A
A_3	12.0	ab	AB
A_2	9.7	bc	B
A_4	8.3	c	B

多重比较结果表明:A_1 品种增重效果极显著高于 A_2,A_4 品种,与 A_3 品种差异不显著;A_3 品种的增重效果显著高于 A_4 品种,与 A_2 品种差异不显著;A_2 品种与 A_4 品种差异不显著。以 A_1 品种增重最快,A_3 品种次之,A_2,A_4 品种增重较慢。

6.2.2　各处理重复数不等资料的方差分析

各处理重复数不等资料方差分析的原理、步骤与各处理重复数相等时相同,只是与 n_i 有关的计算公式应作相应的改变。设试验处理数为 k,以 n_i 表示任一处理的重复数,则试验资料共有 $\sum_{i=1}^{K} n_i$ 个观测值。方差分析时有关的计算公式为:

1)平方和与自由度

总变异平方和
$$SS_T = \sum x^2 - C$$
$$C = \frac{T^2}{\sum n_i} \tag{6.22}$$

处理间平方和
$$SS_t = \sum \frac{T_t^2}{n_i} - C \tag{6.23}$$

误差平方和
$$SS_e = SS_T - SS_t$$

总变异自由度 $$df_T = \sum n_i - 1 \tag{6.24}$$

处理间自由度 $$df_t = k - 1$$

误差自由度 $$df_e = df_T - df_t = \sum n_i - k \tag{6.25}$$

2)**多重比较**

$$s_{\bar{x}_i - \bar{x}_j} = \sqrt{\frac{2MS_e}{n_0}} \tag{6.26}$$

$$s_{\bar{x}} = \sqrt{\frac{MS_e}{n_0}} \tag{6.27}$$

式中 n_0 是各 n_i 的平均数,其计算公式为: $$n_0 = \frac{(\sum n_i)^2 - \sum n_i^2}{(k-1)(\sum n_i)} \tag{6.28}$$

例 6.3 某科研站用 5 种配合饲料进行肉鸡饲养试验,得 45 日龄重量资料如表 6.17,试分析 5 种饲料对肉鸡饲养效果的差异显著性。

表 6.17 5 种配合饲料饲养肉鸡 45 日龄体重资料 /kg

饲料	观测值								总和	平均
A	2.3	2.4	2.1	2.7	2.5	2.4			14.4	2.40
B	2.7	2.6	2.3	2.8	2.6	2.4	2.5	2.7	20.6	2.58
C	2.1	2.3	2.4	2.2	2.5	2.1			13.6	2.27
D	2.7	2.6	2.2	2.4	2.5	2.3			14.7	2.45
E	2.1	2.3	2.4	2.1	2.0				10.9	2.18
合计									$T = 74.2$	

该资料为处理数 $k = 5$,各处理重复数不等的单向分组资料,方差分析如下:

(1)计算平方和与自由度

$$C = \frac{T^2}{\sum n_i} = \frac{74.2^2}{31} = 177.6$$

总变异平方和 $$SS_T = \sum x^2 - C = 2.3^2 + 2.4^2 + \cdots 2.0^2 - 177.6 = 1.42$$

处理间平方和 $$SS_t = \sum \frac{T_t^2}{n_i} - C = \frac{14.4^2}{6} + \frac{20.6^2}{8} + \cdots + \frac{10.9^2}{5} - 177.6 = 0.607$$

误差平方和 $$SS_e = SS_T - SS_t = 1.42 - 0.607 = 0.813$$

总变异自由度 $$df_T = \sum n_i - 1 = 31 - 1 = 30$$

处理间自由度 $$df_t = k - 1 = 5 - 1 = 4$$

误差自由度 $$df_e = \sum n_i - k = 31 - 5 = 26$$

(2)计算各变异均方

$$MS_t = \frac{SS_t}{df_t} = \frac{0.607}{4} = 0.151\,8$$

$$MS_e = \frac{SS_e}{df_e} = \frac{0.813}{26} = 0.031\,3$$

(3)列方差分析表如表6.18,计算F值,并进行F检验。

表6.18 不同配合饲料肉鸡体重资料的方差分析表

变异来源	平方和	自由度	均方	F值	$F_{0.05}$	$F_{0.01}$
饲料间	0.607	4	0.151 8	4.85**	2.74	4.14
误差	0.813	26	0.031 3			
总变异	1.42	30				

$$F = \frac{MS_t}{MS_e} = \frac{0.151\ 8}{0.031\ 3} = 4.85$$

根据 $df_t = 4, df_e = 26$ 查 F 值表得:$F_{0.05} = 2.74, F_{0.01} = 4.14$,因为饲料间的 $F > F_{0.01}$,$P < 0.01$,表明饲料间增重效果差异极显著,需进行多重比较。

(4)多重比较 。采用SSR法进行多重比较。

因为各处理重复数不等,应先由公式(6.28)计算平均重复次数 n_0

$$\sum n_i = 6 + 8 + 6 + 6 + 5 = 31$$

$$\sum n_i^2 = 6^2 + 8^2 + 6^2 + 6^2 + 5^2 = 197$$

$$n_0 = \frac{(\sum n_i)^2 - \sum n_i^2}{(k-1)(\sum n_i)} = \frac{31^2 - 197}{4 \times 31} = 6.16$$

则平均数标准误 $s_{\bar{x}}$ 为:

$$s_{\bar{x}} = \sqrt{\frac{MSe}{n_0}} = \sqrt{\frac{0.031\ 3}{6.16}} = 0.071$$

根据 $df_e = 26, k = 2,3,4,5$,查 SSR 值表,得 $SSR_{0.05}$,$SSR_{0.01}$,其值列于表6.19。

根据公式 $LSR_{0.05} = SSR_{0.05} \cdot s_{\bar{x}}$,$LSR_{0.01} = SSR_{0.01} \cdot s_{\bar{x}}$ 计算最小显著极差 $LSR_{0.05}$,$LSR_{0.01}$,其值也列于表6.19。

表6.19 *SSR*值及*LSR*值表

df_e	秩次距,k	$SSR_{0.05}$	$SSR_{0.01}$	$LSR_{0.05}$	$LSR_{0.01}$
26	2	2.91	3.93	0.210	0.283
	3	3.06	4.11	0.221	0.296
	4	3.14	4.21	0.226	0.304
	5	3.21	4.30	0.231	0.310

各处理平均数多重比较结果见表6.20和表6.21。

表6.20 5种配合饲料肉鸡增重多重比较表(梯形表表示)

品种	平均数 $\bar{x}_i$	$\bar{x}_i - 2.18$	$\bar{x}_i - 2.27$	$\bar{x}_i - 2.40$	$\bar{x}_i - 2.45$
B	2.58	0.40**	0.31**	0.18	0.13
D	2.45	0.27*	0.18	0.05	
A	2.40	0.22	0.13		
C	2.27	0.09			
E	2.18				

表 6.21 5 种配合饲料肉鸡增重多重比较表(字母标记)

品种	平均数 $\bar{x}_i$	显著性水平	
		α = 0.05	α = 0.01
B	2.58	*a*	*A*
D	2.45	*ab*	*AB*
A	2.40	*abc*	*AB*
C	2.27	*bc*	*B*
E	2.18	*c*	*B*

多重比较结果表明,B 饲料的饲养效果极显著高于 C,E 饲料,D 饲料显著高于 E 饲料,A,C,E 饲料间差异不显著。即 B 饲料饲喂肉鸡生长最快,D 饲料次之,A,C,E 饲喂效果较差。

6.3 两因素试验资料的方差分析

两因素试验资料是指试验指标(观测值)同时受到两个因素的作用而得到的资料。如选用高温持续不同时间和维生素 A 不同添加量饲养肉鸡,研究其对蛋鸡血糖影响的资料,每一观测值都是某一高温持续时间和某一维生素 A 添加量共同作用的结果,因此又称交叉分组资料。从试验设计上说,两因素完全随机设计或单因素随机单位组设计的资料都属于交叉分组资料。两因素试验资料不仅能同时分析二个因素各水平之间的差异性,有时还能分析因素间的互作,因此其分析结果更具有实用价值,但分析过程较复杂。

两因素试验资料按水平组合的方式不同,分为交叉分组资料和系统分组资料两类,本节分别讨论这两类资料方差分析的方法。

6.3.1 交叉分组资料的方差分析

设试验研究 A,B 两个试验因素,A 因素分为 a 个水平,B 因素分为 b 个水平,A 因素每个水平与 B 因素的每个水平两者交叉组合,形成 ab 个水平组合即处理,试验因素 A,B 在试验中处于平等地位。

交叉分组资料按处理有无重复观测值又分为处理无重复观测值资料和处理有重复观测值资料两种类型。

1)两因素处理无重复观测值试验资料的方差分析

在 A,B 两个试验因素的 ab 个处理中,每个处理只有一个观测值,全试验共有 ab 个观测值,这种资料方差分析的数据模式如表 6.22 所示。

表中 T_A,$\bar{x}_A$ 分别代表 A 因素各个水平的总和及平均数,T_B,$\bar{x}_B$ 分别代表 B 因素各个水平的总和及平均数;T,$\bar{x}$ 分别代表全部数据的总和及平均数。

两因素交叉分组处理无重复观测值的资料中,A 因素的每个水平有 b 次重复,B 因素的每个水平有 a 次重复,每个观测值同时受到 A,B 两因素及随机误差的作用,因此 ab 个观测值的总变异分解为 A 因素水平间变异、B 因素水平间变异及试验误差 3 部分。所以,这类资料的平方和与自由度的剖分如下:

表 6.22 两因素无重复观测值试验数据模式

A 因素	B 因素				合计 T_A	平均 $\bar{x}_A$
	B_1	B_2	…	B_b		
A_1	x_{11}	x_{12}	…	x_{1b}	T_{A1}	$\bar{x}_{A1}$
A_2	x_{21}	x_{22}	…	x_{2b}	T_{A2}	$\bar{x}_{A2}$
⋮	⋮	⋮	…	⋮	⋮	⋮
A_a	x_{a1}	x_{a2}	…	x_{ab}	T_{Aa}	$\bar{x}_{Aa}$
合计 T_B	T_{B1}	T_{B2}	…	T_{Bb}	T	
平均 $\bar{x}_B$	$\bar{x}_{B1}$	$\bar{x}_{B2}$	…	$\bar{x}_{Bb}$		$\bar{x}$

$$SS_T = SS_A + SS_B + SS_e$$
$$df_T = df_A + df_B + df_e \tag{6.29}$$

各项平方和与自由度的计算公式为：

矫正数 $$C = \frac{T^2}{ab}$$

总平方和 $$SS_T = \sum x^2 - C$$

A 因素平方和 $$SS_A = \frac{\sum_{i=1}^{a} T_{A_i}^2}{b} - C \tag{6.30}$$

B 因素平方和 $$SS_B = \frac{\sum_{j=1}^{b} T_{B_j}^2}{a} - C \tag{6.31}$$

误差平方和 $$SS_e = SS_T - SS_A - SS_B \tag{6.32}$$

总自由度 $$df_T = ab - 1 \tag{6.33}$$

A 因素自由度 $$df_A = a - 1 \tag{6.34}$$

B 因素自由度 $$df_B = b - 1 \tag{6.35}$$

误差自由度 $$df_e = df_T - df_A - df_B = (a-1)(b-1) \tag{6.36}$$

A 因素均方 $$MS_A = \frac{SS_A}{df_A} \tag{6.37}$$

B 因素均方 $$MS_B = \frac{SS_B}{df_B} \tag{6.38}$$

误差均方 $$MS_e = \frac{SS_e}{df_e} \tag{6.39}$$

两因素无重复观测值试验资料方差分析表如表6.23。

表6.23 两因素无重复观测值试验资料方差分析表

变异来源	SS	df	MS	F	SE
A因素	$\sum T_A^2/b - C$	$a-1$	SS_A/df_A	MS_A/MS_e	$\sqrt{MS_e/b}$
B因素	$\sum T_B^2/a - C$	$b-1$	SS_B/df_B	MS_B/MS_e	$\sqrt{MS_e/a}$
误差	$SS_T - SS_A - SS_B$	$(a-1)(b-1)$	SS_e/df_e		
总变异	$\sum x^2 - C$	$ab-1$			

例6.4 为分析高温(32 ℃)持续时间和维生素A(V_A)用量对蛋鸡血糖的影响,高温持续时间设置为1,7,14,21(d) 4个时间段(在自动控温室进行),分别用A_1,A_2,A_3,A_4表示,V_A在饲料中的添加量设置高、中、低3个水平,分别用B_1,B_2,B_3表示,试验结果列于表6.24,试检验高温不同持续时间和V_A使用量对蛋鸡血糖浓度的影响有无显著差异。

表6.24 高温持续时间和V_A添加量试验资料

高温持续时间	V_A			合计 T_A	平均$\bar{x}_{A.}$
	B_1	B_2	B_3		
A_1	17.3	17.51	17.35	52.16	17.39
A_2	34.49	33.29	30.11	97.89	32.63
A_3	32.53	30.62	26.01	89.16	29.72
A_4	22.48	20.11	17.66	60.25	20.08
合计 T_B	106.80	101.53	91.13	T = 299.46	
平均 $\bar{x}_B$	26.70	25.38	22.78		$\bar{x}$ = 24.96

这是一个两因素处理无重复观测值试验资料,A因素(高温持续时间)有4个水平,即$a=4$;B因素(V_A添加量)有3个水平,即$b=3$,试验共有$a\times b=4\times 3=12$个观测值,这12个观测值的总变异由高温持续时间、V_A添加量和随机误差3方面控制,其方差分析如下:

(1)平方和与自由度的分解与计算

矫正数
$$C=\frac{T^2}{ab}=\frac{299.46^2}{4\times 3}=7\ 473.02$$

总平方和
$$SS_T=\sum x^2-C=17.30^2+17.51^2+\cdots+17.66^2-7\ 473.02=532.23$$

A因素平方和
$$SS_A=\frac{\sum T_A^2}{b}-C=\frac{52.16^2+97.89^2+89.16^2+60.05^2}{3}-7\ 437.02=487.87$$

B因素平方和
$$SS_B=\frac{\sum T_B^2}{a}-C=\frac{106.80^2+101.53^2+91.13^2}{4}-7\ 473.02=31.79$$

误差平方和 $SS_e = SS_T - SS_A - SS_B = 532.23 - 487.87 - 31.79 = 12.57$

总自由度 $df_T = ab - 1 = 4 \times 3 - 1 = 11$

A 因素自由度 $df_A = a - 1 = 4 - 1 = 3$

B 因素自由度 $df_B = b - 1 = 3 - 1 = 2$

误差自由度 $df_e = df_T - df_A - df_B = 11 - 3 - 2 = 6$

(2)计算均方

A 因素间均方 $MS_A = \dfrac{SS_A}{df_A} = \dfrac{487.87}{3} = 162.62$

B 因素间均方 $MS_B = \dfrac{SS_B}{df_B} = \dfrac{31.79}{2} = 15.90$

误差均方 $MS_e = \dfrac{SS_e}{df_e} = \dfrac{12.57}{6} = 2.09$

(3)列出方差分析表如表6.25,计算 F 值,并进行 F 测验

表6.25 表6.22资料方差分析表

变异来源	*SS*	*df*	*MS*	*F*	$F_{0.05}$	$F_{0.01}$
A 因素	487.87	3	162.62	77.64**	4.76	9.78
B 因素	31.79	2	15.90	7.59*	5.14	10.92
误差	12.57	6	2.09			
总变异	532.23	11				

温度间 *F* 值 $F_A = \dfrac{MS_A}{MS_e} = \dfrac{162.62}{2.09} = 77.64$

V_A 间 *F* 值 $F_B = \dfrac{MS_B}{MS_e} = \dfrac{15.9}{2.09} = 7.59$

对于高温持续时间,由 $df_A = 3, df_e = 6$ 查 *F* 值表得,$F_{0.05} = 4.76, F_{0.01} = 9.78, F_A > F_{0.01}$, $P < 0.01$,表明不同高温持续时间对蛋鸡血糖含量的影响差异极显著。对于 V_A 添加量,根据 $df_B = 2, df_e = 6$ 查 *F* 值表得,$F_{0.05} = 5.14, F_{0.01} = 10.92, F_{0.05} < F_B < F_{0.01}, 0.01 < P < 0.05$,表明不同 V_A 添加量对蛋鸡血糖含量的影响差异显著。因此,需要进一步对这两因素不同水平的平均数进行多重比较。

(4)多重比较,采用 *SSR* 法

①高温不同持续时间之间的多重比较:在两因素无重复观测值资料中,因为 A 因素每一水平的重复数恰为 B 因素的水平数 *b*,故 A 因素不同水平间平均数的标准误为:

$$s_{\bar{x}} = \sqrt{\frac{MS_e}{b}} = \sqrt{\frac{2.09}{3}} = 0.865$$

根据 $df_e = 6, k = 2,3,4$ 查 *SSR* 值表,将查得的 $SSR_{0.05}, SSR_{0.01}$ 值填入表6.26,并根据公式:$LSR_\alpha = SSR_\alpha \times s_{\bar{x}}$ 计算各对应的 $LSR_{0.05}, LSR_{0.01}$ 值,也填于表6.26,多重比较结果列于表6.27。

表6.27多重比较结果表明,高温持续7 d和14 d的血糖含量极显著高于高温持续1 d和21 d的血糖含量,7 d与14 d间、1 d与21 d间血糖含量差异不显著。

表 6.26　4 种高温持续时间的 SSR_α,LSR_α 值

k	$SSR_{0.05}$	$SSR_{0.01}$	$LSR_{0.05}$	$LSR_{0.01}$
2	3.46	5.24	2.99	4.53
3	3.58	5.51	3.10	4.77
4	3.64	5.65	3.15	4.89

表 6.27　4 种高温持续时间之间的多重比较结果(标记字母法)

处理	平均数	显著水平	
		$\alpha=0.05$	$\alpha=0.01$
A_2	32.63	a	A
A_3	29.72	a	A
A_4	20.08	b	B
A_1	17.39	b	B

② 维生素 A 添加量间的多重比较:与高温持续时间多重比较相同,维生素 A 添加量间的标准误为

$$s_{\bar{x}}=\sqrt{\frac{MS_e}{a}}=\sqrt{\frac{2.09}{4}}=0.723$$

根据 $df_e=6,k=2,3$ 查 SSR 值表,将查得的 $SSR_{0.05}$,$SSR_{0.01}$ 值填入表 6.28,并根据公式:$LSR_\alpha=SSR_\alpha\times s_{\bar{x}}$ 计算各对应的 $LSR_{0.05}$,$LSR_{0.01}$ 值,也填于表 6.28,多重比较结果列于表 6.29。

表 6.28　4 种高温持续时间的 SSR_α,LSR_α 值

k	$SSR_{0.05}$	$SSR_{0.01}$	$LSR_{0.05}$	$LSR_{0.01}$
2	3.46	5.24	2.50	3.79
3	3.58	5.51	2.59	3.98

表 6.29　4 种高温持续时间的多重比较结果

处理	平均数	显著水平	
		$\alpha=0.05$	$\alpha=0.01$
B_1	26.70	a	A
B_2	25.38	a	A
B_3	22.78	b	A

表 6.29 多重比较结果表明,B_1,B_2 两种维生素 A 用量对蛋鸡血糖含量影响差异不显著,二者与 B_3 间血糖含量差异显著,但未达极显著。

2)两因素处理有重复观测值资料的方差分析

两因素无重复观测值试验能分别研究两因素不同水平的效应,适用于两试验因素间无交互作用的情况。对两因素处理有重复观测值试验资料,不仅能分析试验因素的简单效应,而且能分析试验因素间的交互作用(互作效应)。所谓交互作用(简称互作)是指在多因素试验中,一个因素的作用要受到另一因素的影响,表现为某一因素的各水平在另一因素的不同水平上

所产生的作用不同。如例6.5中蛋白质与能量不同配比的饲料饲养试验，对高能量组，在高蛋白时仔猪增重36 kg，在低蛋白时仔猪增重31.8 kg；同样，对高蛋白组，在能量为高、低配比时，仔猪分别增重36 kg、21.4 kg。A，B两试验因素间的交互作用记为A×B或AB，要分析因素间的互作，处理应设置重复观测值。

设A，B两试验因素分别具有a，b个水平，共有ab个水平组合，每个水平组合有n次重复，则全试验共有abn个观测值。这类试验资料方差分析的数据结构模式如表6.30所示。

表6.30中各符号的含义为：$T_{A1}, T_{A2}, \cdots, T_{Aa}$为A因素各水平的和，$\bar{x}_{A1}, \bar{x}_{A2}, \cdots, \bar{x}_{Aa}$为A因素各水平的平均数；$T_{B1}, T_{B2}, \cdots, T_{Bb}$为B因素各水平的和，$\bar{x}_{B1}, \bar{x}_{B2}, \cdots, \bar{x}_{Ba}$为B因素各水平的平均数；$T$为试验数据总和，$\bar{x}$为试验数据总平均数。另外，各处理的和分别为$T_{t11}, T_{t22}, \cdots, T_{tab}$，各处理的平均数分别为$\bar{x}_{t11}, \bar{x}_{t12}, \cdots, \bar{x}_{tab}$。

这类资料的每个观测值同时受到A因素、B因素、AB互作及随机误差4方面的共同作用，因此，试验资料的总变异剖分为A因素、B因素、AB互作及误差4部分，所以总变异平方和与自由度剖分为：

$$SS_T = SS_A + SS_B + SS_{AB} + SS_e \tag{6.40}$$

$$df_T = df_A + df_B + df_{AB} + df_e \tag{6.41}$$

式中SS_{AB}，df_{AB}为A因素与B因素交互作用平方和与自由度。

表6.30 两因素处理有重复观测值试验资料数据模式

因素A	因素B				T_A	$\bar{x}_{Ai}$
	B_1	B_2	…	B_b		
A_1	x_{111} x_{112} ⋮ x_{11n}	x_{121} x_{122} ⋮ x_{12n}	… … ⋮	x_{1b1} x_{1b2} ⋮ x_{1bn}	T_{A1}	$\bar{x}_{A1}$
A_2	x_{211} x_{212} ⋮ x_{21n}	x_{221} x_{222} ⋮ x_{22n}	… … ⋮	x_{2b1} x_{2b2} ⋮ x_{2bn}	T_{A2}	$\bar{x}_{A2}$
⋮	⋮	⋮	⋮	⋮		
A_a	x_{a11} x_{a12} ⋮ x_{a1n}	x_{a21} x_{a22} ⋮ x_{a2n}	… … ⋮ …	x_{ab1} x_{ab2} ⋮ x_{abn}	T_{Aa}	$\bar{x}_{Aa}$
T_B	T_{B1}	T_{B2}	…	T_{Bb}	T	
$\bar{x}_{Bj}$	$\bar{x}_{B1}$	$\bar{x}_{B2}$	…	$\bar{x}_{Bb}$		$\bar{x}$

对两因素试验资料,处理间变异由A因素、B因素及A,B交互作用3部分共同作用,因此处理间平方和与自由度可剖分为:

处理间平方和 $$SS_t = SS_A + SS_B + SS_{AB} \tag{6.42}$$

处理间自由度 $$df_t = df_A + df_B + df_{AB} \tag{6.43}$$

各变异因素的平方和、自由度及均方的计算公式见方差分析表6.31。

表6.31 两因素处理有重复观测值试验资料方差分析表

变异来源	SS	df	MS	F	SE
处理	$SS_t = \dfrac{\sum_{i=1}^{a}\sum_{j=1}^{b} T_{tij}^2}{n} - \dfrac{T^2}{abn}$	$ab-1$			
A因素	$SS_A = \dfrac{\sum_{i=1}^{a} T_{Ai}^2}{bn} - \dfrac{T^2}{abn}$	$a-1$	MS_A	$F_A = \dfrac{MS_A}{MS_e}$	$\sqrt{\dfrac{MS_e}{bn}}$
B因素	$SS_B = \dfrac{\sum_{j=1}^{b} T_{Bj}^2}{an} - \dfrac{T^2}{abn}$	$b-1$	MS_B	$F_B = \dfrac{MS_B}{MS_e}$	$\sqrt{\dfrac{MS_e}{an}}$
A,B互作	$SS_{AB} = SS_t - SS_A - SS_B$	$(a-1)(b-1)$	MS_{AB}	$F_{AB} = \dfrac{MS_{AB}}{MS_e}$	$\sqrt{\dfrac{MS_e}{n}}$
误差	$SS_e = SS_T - SS_t$	$ab(n-1)$	MS_e		
总变异	$SS_T = \sum_{i=1}^{a}\sum_{j=1}^{b}\sum_{k=1}^{n} x_{ijk}^2 - \dfrac{T^2}{abn}$	$abn-1$			

对两因素有重复观测值的试验资料,互作的分析非常重要,因互作显著与否关系到各供试因素不同水平效应的利用价值。若互作不显著,则各因素的效应可以累加,各因素的最优水平组合起来就是最优处理;若互作显著,则各因素的效应不能累加,最优水平组合不能根据各因素最优水平推论,而应根据各水平组合的直接表现确定。

在互作分析中,由 $F_{AB} = MS_{AB}/MS_e$ 测验互作的显著性。若互作不显著,则测验A,B效应的显著性;若互作显著,则不必测验A,B效应的显著性,可直接进行各水平组合的多重比较,但习惯上往往仍对各因素效应做多重比较。

例6.5 为研究饲料中蛋白质及能量配比对仔猪生长的影响,将蛋白质设高、低两个水平(用 A_1,A_2 表示),能量设高、中、低3个水平(用 B_1,B_2,B_3 表示)进行交叉分组组配成6种饲料。选取品种、性别、日龄相同,体重相近的仔猪24头,随机分为6个试验组,每组4头,每个试验组分别饲喂组配的6种饲料,每头仔猪单圈喂饲。试验结束仔猪增重数据列于表6.32,试做方差分析。

蛋白质含量(A因素)有2个水平,即 $a=2$,能量含量(B因素)有3个水平,即 $b=3$,共有 $ab=2\times3=6$ 个处理,每个处理重复数 $n=4$,全试验共有 $abn=2\times3\times4=24$ 个观测值。该资料属两因素处理有重复观测值资料,方差分析如下:

表 6.32 不同蛋白质与能量配比的饲料对仔猪增重结果(kg)及数据整理

蛋白质(A)	重复	能量(B)			合计 T_{Ai}	平均 $\bar{x}_{Ai}$
		B_1	B_2	B_3		
A_1	1	34.2	28.5	18.9		
	2	35.7	32.4	24.8		
	3	33.8	25.2	20.6		
	4	40.3	31.3	21.2		
	T_{t1j}	144	117.4	85.5	346.9	
	$\bar{x}_{t1j}$	36	29.4	21.4		28.9
A_2	1	27.6	28.2	28.3		
	2	33.2	16.9	22.2		
	3	31.6	23.4	26.9		
	4	34.7	20.9	27.8		
	T_{t2j}	127.1	89.4	105.2	321.7	
	$\bar{x}_{t2j}$	31.8	22.4	26.3		26.8
	T_{Bj}	271.1	206.8	190.7	$T = 668.6$	
	$\bar{x}_{Bj}$	33.9	25.9	23.8		$\bar{x} = 27.9$

(1)计算各变异的平方和与自由度

$$C = \frac{T^2}{abn} = \frac{668.6^2}{2 \times 3 \times 4} = 18\ 626.1$$

总平方和 $SS_T = \sum x^2 - C = 34.2^2 + 28.5^2 + \cdots + 27.8^2 - 18\ 626.1 = 829.4$

处理间平方和 $SS_t = \frac{\sum T_t^2}{n} - C = \frac{1}{4}(144^2 + 117.4 + \cdots + 105.2^2) - 18\ 626.1 = 634.6$

A 因素间平方和 $SS_A = \frac{1}{bn}\sum T_A^2 - C = \frac{1}{3 \times 4}(346.9^2 + 321.7^2) - 18\ 626.1 = 26.4$

B 因素间平方和 $SS_B = \frac{1}{an}\sum T_B^2 - C = \frac{1}{2 \times 4}(271.1^2 + 206.8^2 + 190.7^2) - 18\ 626.1$

$= 452.4$

A,B 互作间平方和 $SS_{AB} = SS_t - SS_A - SS_B = 634.6 - 26.4 - 452.4 = 155.8$

$SS_e = SS_T - SS_t = 829.4 - 634.6 = 194.8$

或 $SS_e = SS_T - SS_A - SS_B - SS_{AB} = 829.4 - 26.4 - 452.4 - 155.8 = 194.8$

$df_T = abn - 1 = 2 \times 3 \times 4 - 1 = 23$

$df_t = ab - 1 = 2 \times 3 - 1 = 5$

$df_A = a - 1 = 2 - 1 = 1$

$df_B = b - 1 = 3 - 1 = 2$

$df_{AB} = (a-1)(b-1) = (2-1)(3-1) = 2$ 或 $df_{AB} = df_t - df_A - df_B = 5 - 1 - 2 = 2$

$df_e = ab(n-1) = 2 \times 3(4-1) = 18$ 或 $df_e = df_T - df_t = 23 - 5 = 18$

(2)计算各变异均方

A 因素间均方 $MS_A = \frac{SS_A}{df_A} = \frac{26.4}{1} = 26.4$

B 因素间均方 $MS_B = \frac{SS_B}{df_B} = \frac{452.4}{2} = 226.2$

A,B 互作间均方 $MS_{AB} = \frac{SS_{AB}}{df_{AB}} = \frac{155.8}{2} = 77.9$

误差均方 $MS_e = \frac{SS_e}{df_e} = \frac{194.8}{18} = 10.8$

(3)列出方差分析表如表 6.33，计算 F 值，并进行 F 检验

表 6.33 表 6.30 资料的方差分析表

变异来源	平方和	自由度	均方	F 值	$F_{0.05}$	$F_{0.01}$
处理	634.6	5				
蛋白质(A)	26.4	1	26.4	2.44	4.42	8.28
能量(B)	452.4	2	226.2	20.90**	3.55	6.01
互作(A×B)	155.8	2	77.9	7.20**	3.55	6.01
误差	194.8	18	10.8			
总变异	829.4	23				

A 因素间 F 值 $F_A = \frac{MS_A}{MS_e} = \frac{26.4}{10.8} = 2.44$

B 因素间 F 值 $F_B = \frac{MS_B}{MS_e} = \frac{226.2}{10.8} = 20.99$

交互作用间 F 值 $F_{AB} = \frac{MS_{AB}}{MS_e} = \frac{77.9}{10.8} = 7.20$

查 F 值表得，$df_e = 18, df_A = 1$ 时，$F_{A0.05} = 4.42, F_{A0.01} = 8.28$；$df_e = 18, df_B = 2$ 时，$F_{B0.05} = 3.55, F_{B0.01} = 6.01$；$df_e = 18, df_{AB} = 2$ 时，$F_{AB0.05} = 3.55, F_{AB0.01} = 6.01$。方差分析结果表明，对于蛋白质(A)间，$F_A < F_{A0.05}$，$P > 0.05$，表明饲料中不同蛋白质配比对仔猪生长的影响不显著，不需进行多重比较；因 $F_B > F_{B0.01}, F_{AB} > F_{0.01AB}$，均有 $P < 0.01$，表明能量及能量与蛋白质的互作对仔猪生长均有极显著影响，因此，应进一步对能量各水平平均数间、能量与蛋白质水平组合平均数间进行多重比较。

(4)多重比较：

①能量(B)各水平平均数间的多重比较。B 因素各水平的重复数为 an，因此 B 因素各水平的平均数标准误($s_{\bar{x}_B}$)的计算公式为：

$$s_{\bar{x}_B} = \sqrt{\frac{MS_e}{an}} = \sqrt{\frac{10.8}{2 \times 4}} = 1.16$$

由 $df_e = 18, k = 2,3$，查 SSR 表，得 $\alpha = 0.05$ 与 $\alpha = 0.01$ 的临界 SSR 值，列于表 6.34，将其值乘以 $s_{\bar{x}_B} = 1.16$，即得各对应的 LSR 的临界值，所得结果也列于表 6.34。多重比较结果标记在表 6.35 中。

表6.34 *SSR* 值与 *LSR* 值表

df_e	k	$SSR_{0.05}$	$SSR_{0.01}$	$LSR_{0.05}$	$LSR_{0.01}$
18	2	2.97	4.07	3.45	4.72
	3	3.12	4.27	3.62	7.95

表6.35 不同能量平均数间多重比较表

能量含量	平均数$\bar{x}_B$	$\bar{x}_B-23.8$	$\bar{x}_B-25.9$
B_1	33.9	10.1**	8.0**
B_2	25.9	2.1	
B_3	23.8		

表6.35多重比较结果表明，高能量组仔猪增重效果极显著高于中、低能量组；中、低能量组间仔猪增重差异不显著。

②处理平均数间的多重比较。因能量与蛋白质互作极显著，说明处理的效应不是两因素简单效应的相加，还包括因素间的互作，即能量效应随蛋白质高低的不同而不同，同时蛋白质的效应也随能量高低的不同而不同。所以需进一步比较处理平均数间的差异显著性，以选出最优的处理。这里用 *SSR* 法进行多重比较。

因水平组合的重复数为 n，故水平组合的平均数标准误($s_{\bar{x}_t}$)的计算公式为：

$$s_{\bar{x}t}=\sqrt{\frac{MS_e}{n}}=\sqrt{\frac{10.8}{4}}=1.64$$

由 $df_e=18, k=2,3,4,5,6$ 查 *SSR* 值表，得 $\alpha=0.05, \alpha=0.01$ 的临界 *SSR* 值，列于表6.36，将临界 *SSR* 值乘以 $s_{\bar{x}_t}=1.64$，得各临界 *LSR* 值，也列于表6.36，多重比较结果标记在表6.37中。

表6.36 *SSR* 值与 *LSR* 值表

df_e	k	$SSR_{0.05}$	$SSR_{0.01}$	$LSR_{0.05}$	$LSR_{0.01}$
18	2	2.97	4.07	4.87	6.67
	3	3.12	4.27	5.12	7.00
	4	3.21	4.38	5.26	7.18
	5	3.27	4.46	5.36	7.31
	6	3.32	4.53	5.44	7.43

处理平均数间的多重比较结果表明，由于能量与蛋白质交互作用的存在，以高能量与高蛋白组配 A_1B_1 增重效果最好，以高蛋白低能量组配增重效果最差。

③简单效应的比较。简单效应是指当一个因子保持在某一个水平时，另一个因子各个水平间的效应。如本例中，蛋白质因子保持在 A_1 水平时，能量因子各水平 B_1, B_2, B_3 的效应就是简单效应。

表 6.37　处理平均数间多重比较表

水平组合	平均数 $\bar{x}_t$	$\bar{x}_t-21.4^{**}$	$\bar{x}_t-22.4$	$\bar{x}_t-26.3$	$\bar{x}_t-29.4$	$\bar{x}_t-31.8$
A_1B_1	36.0	14.6^{**}	13.6^{**}	9.7^{**}	6.6^{*}	4.2
A_2B_1	31.8	10.4^{**}	9.4^{**}	5.5^{*}	2.4	
A_1B_2	29.4	8^{**}	7^{**}	3.1		
A_2B_3	26.3	4.9	3.9			
A_2B_2	22.4	1				
A_1B_3	21.4					

简单效应的比较是特定处理平均数间的比较，常采用 T 检验法。所谓 T 检验法，就是 q 检验法中以 k 最大时的最大显著极差 LSR 值作为显著性标准，来检验各水平组合平均数间的差异显著性。

因处理的重复数为 n，故处理平均数间标准误（记为 $s_{\bar{x}_t}$）的计算公式为：

$$s_{\bar{x}_t}=\sqrt{\frac{MS_e}{n}}=\sqrt{\frac{10.8}{4}}=1.64$$

由 $df_e=18,k=6$ 查 SSR 值表，得 $\alpha=0.05,\alpha=0.01$ 的临界 q 值，$q_{0.05}=4.49,q_{0.01}=5.60$，则 $LSR_{0.05}=q_{0.05}\times s_{\bar{x}_t}=4.49\times1.64=7.36,LSR_{0.01}=q_{0.01}\times s_{\bar{x}_t}=5.60\times1.64=9.18$

A 因素（蛋白质）各水平上 B 因素（能量）各水平平均数间的比较见表 6.38，表 6.39。

表 6.38　A_1 水平时 B 因素各水平间的多重比较

B 因素	平均数 x_{1B}	$\bar{x}_{1B}-21.4$	$\bar{x}_{1B}-29.4$
B_1	36	14.6^{**}	6.6
B_2	29.4	8.0^{*}	
B_3	21.4		

表 6.39　A_2 水平时 B 因素各水平间的多重比较

B 因素	平均数 $\bar{x}_{2B}$	$\bar{x}_{2B}-22.4$	$\bar{x}_{2B}-26.3$
B_1	31.8	9.4^{**}	5.5
B_3	26.3	3.9	
B_2	22.4		

B 因素各水平上 A 因素各水平平均数间的比较见表 6.40，表 6.41，表 6.42。

简单效应检验结果表明：高蛋白水平时，高能量组与低能量组间差异极显著，中能量组与低能量组差异显著，高能量组与中能量组差异不显著；低蛋白水平时，高能量组与低能量组差异极显著，高能量组与中能量组、中能量组与低能量组差异均不显著；就试验中所选择的能量含量来看，有随着饲料中能量含量的增加，要求蛋白质含量增加的趋势。不同能量水平上的蛋白质水平间差异均不显著。

表 6.40 B_1 水平时 A 因素各水平间的多重比较

A 因素	平均数 $\bar{x}_{1A}$	$\bar{x}_{1A}-31.8$
A_1	36	4.2
A_2	31.8	

表 6.41 B_2 水平时 A 因素各水平间的多重比较

A 因素	平均数 $\bar{x}_{2A}$	$\bar{x}_{2A}-22.4$
A_1	29.4	7
A_2	22.4	

表 6.42 B_3 水平时 A 因素各水平间的多重比较

A 因素	平均数 $\bar{x}_{3A}$	$\bar{x}_{3A}-21.4$
A_2	26.3	4.9
A_1	21.4	

综合整个分析，以高能量高蛋白组配（A_1B_1）效果最优，以高蛋白与低能量组合（A_1B_3）效果最差。

6.3.2 系统分组资料的方差分析

在畜牧业生产和科学研究中，有些涉及多因素问题的研究用交叉分组设计是困难的，例如，要比较 a 头公畜的种用价值，就必须考虑到交配的母畜，但是在同期内，公畜和母畜的不同水平（即不同的公畜和不同母畜）是不能交叉的，即同一头母畜不能同时与不同的公畜交配产生后代。对这种问题的研究需采用系统分组的试验设计来完成。所谓系统分组是指先按 A 因素的 a 个水平划分为 a 个组，不同的组再按 B 因素的水平进行分组，叫亚组，然后不同的亚组再按 C 因素的水平进行分组，叫小亚组，……，这种分组方式叫系统分组或称多层分组、窝设计。如上面提到的问题，可采用选择一些生产性能大体一致的同胎次母畜随机分组与 a 头公畜交配，即公畜 A_1 与一组母畜交配，公畜 A_2 与另一组母畜交配，……。然后通过后代的性能表现来判断这些公畜的种用价值有无显著差异。

在系统分组中，首先用来分组的因素（如上述的不同公畜）叫一级因素，其次用来分组的因素（如上述的母畜）叫次级因素，依此类推。在系统分组中，次级因素的各水平套在一级因素的每个水平下，它们之间是从属关系而不是平等关系，分析侧重于一级因素。

按系统分组设计而得到的资料称为系统分组资料。根据次级因素水平数是否相等，分为次级因素水平数相等与不等两种。最简单的系统分组资料是二因素系统分组资料。

设 A 因素有 a 个水平，A 因素每个水平 A_i 下 B 因素分 b 个水平，B 因素每个水平有 n 个观测值，则共有 abn 个观测值，其方差分析的数据模式如表 6.43 所示。

表 6.43　二因素系统分组次级因素水平数相等资料数据模式

一级 A	二级 B	观察值 C				二级因素			一级因素		
		x_{ijl}				n_{ij}	T_{ij}	$\bar{x}_{ij}$	n_i	T_i	$\bar{x}_i$
	B_{11}	x_{111}	x_{112}	…	x_{11n}	n_{11}	T_{11}	$\bar{x}_{11}$			
A_1	B_{12}	x_{121}	x_{122}	…	x_{12n}	n_{12}	T_{12}	$\bar{x}_{12}$	n_1	T_1	$\bar{x}_1$
	⋮	⋮	⋮		⋮	⋮	⋮	⋮			
	B_{1b}	x_{1b1}	x_{1b2}	…	x_{1bn}	n_{1b}	T_{1b}	$\bar{x}_{1b}$			
	B_{21}	x_{211}	x_{212}	…	x_{21n}	n_{11}	T_{21}	$\bar{x}_{21}$			
A_2	B_{22}	x_{221}	x_{222}	…	x_{22n}	n_{12}	T_{22}	$\bar{x}_{22}$	n_2	T_2	$\bar{x}_2$
	⋮	⋮	⋮		⋮	⋮	⋮	⋮			
	B_{2b}	x_{2b1}	x_{2b2}	…	x_{2bn}	n_{1b}	T_{2b}	$\bar{x}_{2b}$			
⋮	⋮	⋮	⋮		⋮	⋮	⋮	⋮	⋮	⋮	⋮
	B_{a1}	x_{a11}	x_{a12}	…	x_{a1n}	n_{11}	T_{a1}	$\bar{x}_{a1}$			
A_a	B_{a2}	x_{a21}	x_{a22}	…	x_{a2n}	n_{12}	T_{a2}	$\bar{x}_{a2}$	n_a	T_a	$\bar{x}_a$
	⋮	⋮	⋮		⋮	⋮	⋮	⋮			
	B_{ab}	x_{ab1}	x_{ab2}	…	x_{abn}	n_{1b}	T_{ab}	$\bar{x}_{ab}$			
合计									N	T	$\bar{x}$

两因素系统分组资料的总变异可分解为A因素各水平(A_i)间的变异,B因素各水平(B_{ij})间的变异和试验误差3部分,因此,其平方和与自由度的剖分为:

$$SS_T = SS_A + SS_{B(A)} + SS_e \tag{6.44}$$

$$df_T = df_A + df_{B(A)} + df_e \tag{6.45}$$

各项平方和与自由度计算公式如下:

$$C = \frac{T}{abn}$$

总平方和与自由度　$SS_T = \sum x^2 - C$

$$df_T = abn - 1$$

一级因素平方和与自由度　$SS_A = \dfrac{\sum T_i^2}{bn} - C$

$$df_A = a - 1$$

二级因素平方和与自由度　$SS_{B(A)} = \dfrac{\sum T_{ij}^2}{n} - \dfrac{\sum T_i^2}{bn}$

$$df_{B(A)} = a(b - 1)$$

误差平方和与自由度　$SS_e = SS_T - SS_A - SS_{B(A)} = \sum x^2 - \dfrac{\sum T_{ij}^2}{n}$

$$df_e = df_T - df_A - df_{B(A)} = ab(n - 1)$$

各项均方及 F 值的计算见表 6.44 的方差分析表。

表 6.44 二级系统分组资料的方差分析表

变异来源	SS	df	MS	F
一级因素(A)间	$SS_A = \frac{\sum T_i^2}{bn} - C$	$df_A = a - 1$	$MS_A = \frac{SS_A}{df_A}$	$F_A = \frac{MS_A}{MS_{B(A)}}$
二级因素(B)间	$SS_{B(A)} = \frac{\sum T_{ij}^2}{n} - \frac{\sum T_i^2}{bn}$	$df_{B(A)} = a(b-1)$	$MS_{B(A)} = \frac{SS_{B(A)}}{df_{B(A)}}$	$F_{B(A)} = \frac{MS_{B(A)}}{MS_e}$
误差	$SS_e = SS_T - SS_A - SS_{B(A)}$	$df_e = ab(n-1)$	$MS_e = \frac{SS_e}{df_e}$	
总变异	$SS_T = \sum x^2 - C$	$df_T = abn - 1$		

要说明的一点,F 检验时,当检验一级因素(A)时,用 $MS_{B(A)}$ 作分母,即:$F_A = MS_A/MS_{B(A)}$;当检验一级因素内二级因素(B)时,用 MS_e 作分母,即:$F_{B(A)} = MS_{B(A)}/MS_e$。

例 6.6 为组配优良奶牛品种,选用 4 个品种公牛分别与 4 个品种每品种各 3 头共 12 头母牛交配,考虑到母牛间的差异,对同品种母牛间也分别编号,得其女儿产奶量的资料如表 6.45,试测验公牛间、公牛内母牛间女儿产奶量的差异性。

表 6.45 公牛女儿产奶量资料

公牛号(A)	母牛号(B)	女儿产奶量			母牛合计 $\sum x$	母牛合计 $\bar{x}$	公牛合计 $\sum x$	公牛合计 $\bar{x}$
1	1	5.1	4.4	5.3	14.8	3.95		
	2	4.8	5.3	4.9	15	4.25		
	3	5.1	5.2	4.6	14.9	4.48	44.7	4.97
2	4	7.1	6.8	7.3	21.2	6.30		
	5	7.2	7.6	6.5	21.3	6.58		
	6	6.4	7.2	7.6	21.2	6.80	63.7	7.08
3	7	5.6	6.3	5.8	17.7	6.18		
	8	6	6.4	5.3	17.7	6.43		
	9	6.4	5.2	5.4	17	6.50	52.4	5.82
4	10	4.5	4.1	3.9	12.5	5.63		
	11	4.3	3.9	5.1	13.3	6.08		
	12	5	4.8	4.1	13.9	6.48	39.7	4.41
							$T = 200.5$	$\bar{x} = 5.80$

这是一个二因素系统分组资料,A 因素的水平数 $a = 4$,A 因素内 B 因素的水平数 $b = 3$,

B 因素内重复测定次数 $n = 3$，共有 $abn = 4\times3\times3 = 36$ 个观测值，这类资料的总变异分解为 A 因素各水平间的变异，A 因素各水平内 B 因素各水平间的变异和试验误差，其方差分析如下：

(1) 计算平方和与自由度

$$C = \frac{T^2}{abn} = \frac{200.5^2}{4\times3\times3} = 1\ 116.67$$

总平方和(女儿间平方和) $SS_T = \sum x^2 - C = 5.1^2 + 4.4^2 + \cdots + 4.1^2 - 1\ 116.67 = 42.22$

母牛间平方和 $SS_{母牛间} = \frac{1}{3}(14.8^2 + 15.0^2 + \cdots + 13.9^2) - 1\ 116.67 = 36.84$

公牛间平方和 $SS_{公牛间} = \frac{1}{9}(44.7^2 + 63.7^2 + 52.4^2 + 39.7^2) - 1\ 116.67 = 36.40$

公牛内母牛间平方和 $SS_{公牛内母牛间} = SS_{母牛间} - SS_{公牛间} = 36.84 - 36.40 = 0.45$

误差平方和(母牛内女儿间平方和)：

$SS_{母牛内女儿间} = SS_{女儿间} - SS_{母牛间} = 42.22 - 36.84 = 5.37$

$df_{女儿间} = abn - 1 = 4\times3\times3 - 1 = 35$

$df_{母牛间} = ab - 1 = 4\times3 = 11$

$df_{公牛间} = 4 - 1 = 3$

$df_{公牛内母牛间} = df_{母牛间} - df_{公牛间} = 11 - 3 = 8$

$df_{母牛内女儿间} = ab(n-1) = 4\times3\times(3-1) = 24$

(2) 计算均方

$$MS_{公牛间} = \frac{SS_{公牛间}}{df_{公牛间}} = \frac{36.4}{3} = 12.13$$

$$MS_{公牛内母牛间} = \frac{SS_{公牛内母牛间}}{df_{公牛内母牛间}} = \frac{0.45}{8} = 0.056$$

$$MS_{母牛内女儿间} = \frac{SS_{母牛内女儿间}}{df_{母牛内女儿间}} = \frac{5.37}{24} = 0.224$$

(3)列出方差分析表如表 6.46，计算 F 值，并进行 F 检验

表 6.46　表 6.43 资料的方差分析表

变异来源	平方和	自由度	均方	F 值	$F_{0.05}$	$F_{0.01}$
公牛间	36.40	3	12.13	217.29**	4.07	7.59
公牛内母牛间	0.45	8	0.056	0.25		
误差	5.37	24	0.224			
总变异	42.22	35				

$$F_{公牛间} = \frac{MS_{公牛间}}{MS_{公牛内母牛间}} = \frac{12.13}{0.056} = 217.29$$

$$F_{公牛内母牛间} = \frac{MS_{公牛内母牛间}}{MS_{母牛内妇儿间}} = \frac{0.056}{0.224} = 0.25$$

因公牛内母牛间的 $F = 0.25 < 1$，表明母牛对女儿产仍量的影响差异不显著；公牛间女儿的产奶量，查 F 值表得，$F_{0.05(3,8)} = 4.07$，$F_{0.01(3,8)} = 7.59$，因 $F_{公牛间} = 217.29 > F_{0.01(3,8)}$，$P <$

0.01,表明公牛对女儿产仍量有极显著影响,因此,应进一步对公牛各品种女儿产奶量的平均数进行多重比较。

(4) 公牛间多重比较(*SSR* 法)

因为对一级因素(公牛)进行 *F* 检验时是以公牛内母牛间均方作为分母,公牛的重复数为 3×3,所以公牛女儿产奶量的平均数标准误为:

$$s_{\bar{x}} = \sqrt{\frac{MS_{公牛内母牛间}}{3\times3}} = \sqrt{\frac{0.056}{3\times3}} = 0.079$$

以 $df_{公牛内母牛间} = 8$,查 *SSR* 表,得 $k = 2,3,4$ 时 $SSR_{0.05}$ 和 $SSR_{0.01}$ 的值,列于下表 6.47,将 $SSR_{0.05}$,$SSR_{0.01}$ 的值乘以 $s_{\bar{x}}$ 求出对应的 $LSR_{0.05}$ 和 $LSR_{0.01}$ 的值,也列于下表 6.47,多重比较结果见表 6.48。

表 6.47 公牛品种间平均数的 SSR_α,LSR_α 值

df_e	k	$SSR_{0.05}$	$SSR_{0.01}$	$LSR_{0.05}$	$LSR_{0.01}$
	2	3.26	4.74	0.258	0.374
8	3	3.39	5.00	0.268	0.395
	4	3.47	5.14	0.274	0.406

表 6.48 公牛间女儿产奶量差异比较表(*SSR* 法)

公牛	平均 $\bar{x}_i$	$\bar{x}_i - 4.41$	$\bar{x}_i - 4.96$	$\bar{x}_i - 5.82$
A_2	7.08	2.67**	2.12**	1.26**
A_3	5.82	1.41**	0.86**	
A_1	4.96	0.55**		
A_4	4.41			

多重比较结果表明:4 种公牛间女儿产仍量差异均达极显著差异,以公牛 A_2 的女儿产奶量最高,A_3,A_1 次之,A_4 产奶量最低。

本章小结

本章重点介绍了方差分析的基本原理和基本步骤,包括平方和与自由度的分解及计算、各变异均方的计算、*F* 检验、多重比较,多重比较方法有 *LSD* 法、*SSR* 法和 *q* 法 3 种,3 种方法的关系;阐述了单因素试验资料的特点及方差分析方法、两因素交叉分组试验资料的特点和方差分析方法;一般介绍了两因素系统分组资料的特点和方差分析方法;难点是平方和与自由度的分解、多重比较的结果表示。

复习思考题

1. 什么是方差分析?方差分析在科学研究中有什么意义?

2. 方差分析有几个基本步骤?

3. F 检验的目的是什么?如何进行 F 检验?

4. 什么叫多重比较?常用的多重比较方法有几种?

5. 多重比较的表示方法有几种?如何进行字母标记?

6. 为分析某一饲料3种饲喂量的饲养效果,选用同品种、同性别、体重相近的仔猪15头随机分为3组,第1组按饲养标准饲喂,第2组前期按比标准低15%饲喂,后期按比标准低10%饲喂,第3组自由采食。经56 d试验,得增重(kg)结果如下表,试分析3种饲喂量饲养效果的差异性。若差异显著,用 *LSD* 法和 *SSR* 法进行多重比较。

试验组	增重				
试验1组	38	35	34	36	29
试验2组	19	22	23	19	24
试验3组	32	30	43	33	26

7. 调查4个公牛品种女儿产奶量,得如下资料(单位:t),试分析不同公牛品种其女儿产奶量的差异性。

公牛品种	女儿产奶量							
A_1	5.9	5.6	6.9	5.2	5.7	5.3	6.5	
A_2	5.5	4.9	4.6	4.5	5.7	4.6		
A_3	4.6	4.5	5.3	5.1	5.6	7.1	5.3	
A_4	5.8	5.4	6.2	6.7	5.3	5.9	6.4	6.8

8. 为比较5种饲料(A)对仔猪增重的效果,从3窝(B)中每窝取5头同性别、体重相近的仔猪,每窝的5头仔猪随机分配5种饲料单圈饲养。试验结束得体重(kg)资料如下表,试比较饲料间、窝别间仔猪体重的差异性。

饲料	窝别		
	B_1	B_2	B_3
A_1	30	37	35
A_2	30	33	34
A_3	27	36	41
A_4	33	43	41
A_5	36	43	42

9. 有资料报道羊血浆磷脂含量与放血时间和雌激素水平有关，为验证此报道，选放血时间(A)为8时、12时、16时，激素(B)分高低两水平，在每个水平组合中测定3只羊，得结果如下表，试进行方差分析。

放血时间	雌激素水平					
	高(B_1)			低(B_2)		
8时(A_1)	31.2	46.8	48.1	9.1	13.8	13.1
12时(A_2)	19.2	22.6	27.1	16.3	10.8	18.5
14时(A_3)	34.6	28.9	26.3	17.5	21.1	20.8

10. 为比较4种仔猪饲料对仔猪生长的影响，考虑到母猪的泌乳能力对仔猪生长也有影响，采用系统分组设计，每种饲料饲喂3窝，共选12窝仔猪，每窝测定5头断奶仔猪体重，得资料如下表，试做方差分析。

饲料，A	窝别，B	仔猪断奶体重/kg					每窝合计	饲料合计
		1	2	3	4	5		
A_1	1	8.1	8.5	9.3	8.6	9.6	44.1	131.7
	2	9.8	8.3	7.9	8.5	7.5	42	
	3	9.9	8.6	9.1	9.6	8.4	45.6	
A_2	4	9.2	9.1	9.0	8.3	8.6	44.2	122.6
	5	9.0	6.8	7.4	8.6	8.2	40	
	6	7.9	8.5	9.0	6.8	6.2	38.4	
A_3	7	9.2	7.9	9.2	10.3	11.0	47.6	147.1
	8	10.2	10.1	9.5	8.3	10.9	49	
	9	11.4	11.9	8.3	9.7	9.2	50.5	
A_4	10	6.4	5.8	7.4	7.1	6.2	32.9	95.7
	11	5.9	5.7	6.2	7.6	6.5	31.9	
	12	5.8	6.2	5.1	7.2	6.6	30.9	

第7章 χ^2 检验

本章导读：主要阐述次数资料的统计分析方法，即χ^2检验法。内容包括χ^2检验的意义、基本原理和基本步骤；χ^2检验的应用，即适合性检验和独立性检验。通过学习要求理解和掌握χ^2检验的意义、基本原理和基本步骤，能正确识别适合性检验和独立性检验的资料特点，掌握次数资料的适合性检验和独立性检验方法，了解理论分布的适合性检验。

前面几章主要介绍了计量资料的统计分析方法——t检验与方差分析。在畜牧生产和科学研究中，还有许多属性资料的研究，这类资料的结果常用次数来表示，因此又称为次数资料。次数资料的统计分析方法可采用χ^2检验法或二项分布的正态接近法，本章主要介绍次数资料的χ^2检验法。

7.1 χ^2 检验的意义与原理

7.1.1 χ^2 检验的意义

为了便于理解，结合一个简单实例说明χ^2检验的意义。根据遗传学理论，动物的性别比例应是1∶1。调查某鸡场2 538只小鸡，公鸡1 253只，母鸡1 285只。若按遗传理论1∶1的性别比例计算，公、母鸡数应相等，即均为1 269只，见表7.1。从这个例子可以看出，实际调查数与理论数有一定差异，从统计意义上分析，这种差异是因抽样误差引起的，还是公鸡、母鸡性别比例根本就不符合1∶1的分离比例？回答这一问题，会联想到前面学过的计量资料的统计分析方法——借助于一种分布的统计量来分析这一问题，即借助于一种分布的统计量来判断实际观测次数与理论次数的差异显著性。χ^2检验就是检验计数资料实际观测次数与理论次数差异显著性的一种分布，χ^2值是度量实际观测次数与理论次数偏离程度的一个统计量，主要用于次数资料的适合性检验和独立性检验。

表7.1 公鸡与母鸡实际观察次数与理论次数

性别	实际观察次数,O	理论次数,E	$O-E$
公鸡	1 253(O_1)	1 269(E_1)	-16
母鸡	1 285(O_2)	1 269(E_2)	16
合计	2 538	2 538	0

χ^2 是相互独立的多个正态离差的平方和。K. Pearson(1900)根据χ^2 的定义,从属性性状的分布推导出用于次数资料分析的χ^2 计算公式为

$$\chi^2 = \sum_{i=1}^{k} \frac{(O_i - E_i)^2}{E_i} \tag{7.1}$$

式(7.1)中,O 为实际观测次数,E 为理论次数,i 为属性资料的分组数,自由度 df 依分组数及其相互独立的程度决定。由于自由度 df 的不同,χ^2 分布为一组偏态分布曲线,如图7.1。

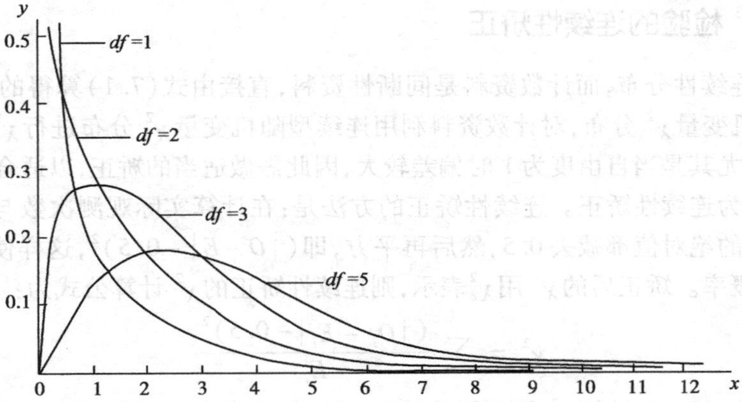

图7.1 不同自由度的χ^2 分布曲线

χ^2 分布有如下特点:

1)χ^2 分布为连续性分布,其值在0~+∞之间,没有负值,因而曲线在纵坐标的右侧。

2)每一个自由度都有一条相应的χ^2 分布曲线,因而χ^2 分布曲线是一组曲线。

3)χ^2 分布为一组偏态分布曲线,其偏斜程度随自由度 df 的不同而变化。当 $df=1$ 时偏斜最严重,随 df 的增大曲线逐渐趋向对称而接近正态分布曲线。附录7列出了不同自由度下χ^2 的概率表(右尾),可供次数资料的χ^2 检验时用。

7.1.2 χ^2 检验的原理

χ^2 检验是判断计数资料在某种假设下其实际观测次数与理论次数间的差异显著性。χ^2 检验的基本原理与总体平均数的假设检验原理相同,即小概率实际不可能原理,一般选取 $\alpha=0.05$ 和 $\alpha=0.01$ 作为推断假设正确与否的小概率标准。χ^2 检验的步骤如下:

(1)提出假设。

H_0:实际观测次数与理论次数相符合,差异是由抽样误差造成的;H_A:实际观测次数与理论次数不相符合,差异是由本质差异造成的。

(2)确定显著水平 α。

一般取 $\alpha=0.05$ 或 $\alpha=0.01$。

(3)计算 χ^2 值。

在无效假设正确的前提下,由公式(7.1)计算 χ^2 值。

(4)做出推断

根据资料的自由度 df,查 χ^2 值表得,最小显著标准值 $\chi^2_{0.05}$ 和 $\chi^2_{0.01}$,将实际算出的 χ^2 值与 $\chi^2_{0.05}$ 或 $\chi^2_{0.01}$ 相比,以做出结论。

若 $\chi^2<\chi^2_{0.05}$,表明实际观测次数的 χ^2 值的概率 $P>0.05$,接受 H_0,即实际观测次数与理论次数相符合,二者的差异是试验误差造成的;

若 $\chi^2_{0.05}\leqslant\chi^2<\chi^2_{0.01}$,表明实际观测次数的 χ^2 值的概率 $0.01<P\leqslant0.05$,接受 H_A,即实际观测次数与理论次数不相符,二者差异显著;

若 $\chi^2\geqslant\chi^2_{0.01}$,表明实际观测次数的 χ^2 值的概率 $P\leqslant0.01$,接受 H_A,即实际观测次数与理论次数差异极显著。

7.1.3 χ^2 检验的连续性矫正

χ^2 分布是连续性分布,而计数资料是间断性资料,直接由式(7.1)算得的 χ^2 只是近似地服从连续型随机变量 χ^2 分布,对计数资料利用连续型随机变量 χ^2 分布进行 χ^2 检验时,χ^2 值有偏大的趋势,尤其是当自由度为1时偏差较大,因此需做适当的矫正,以适合 χ^2 的连续性分布,这种矫正称为连续性矫正。连续性矫正的方法是:在计算实际观测次数与理论次数的偏差时,将各偏差的绝对值都减去0.5,然后再平方,即 $(|O-E|-0.5)^2$,这样使其概率接近于 χ^2 分布的真实概率。矫正后的 χ^2 用 χ^2_c 表示,则连续性矫正的 χ^2 计算公式为:

$$\chi^2_c=\sum\frac{(|O_i-E_i|-0.5)^2}{E_i} \tag{7.2}$$

当自由度等于1时,计算 χ^2 值必须进行连续性矫正;当自由度大于1,且各组内的理论次数不小于5时,式(7.1)的 χ^2 值与连续型随机变量 χ^2 值相接近,可以不做连续性矫正。

7.1.4 χ^2 检验的一般步骤

根据 χ^2 检验的原理,χ^2 检验的步骤与总体平均数的检验步骤相似,也分4个步骤:

(1)提出假设。

H_0:实际观测次数与理论次数相符合,差异由抽样误差造成;H_A:实际观测次数与理论次数不相符合,差异由本质差异造成。

(2)确定显著水平 α。

一般取 $\alpha=0.05$ 或 $\alpha=0.01$。

(3)计算 χ^2 值。

(4)做出推断。

7.2 适合性检验

7.2.1 适合性检验的意义

适合性检验是检验试验实际观测数据与根据某种理论算得的理论数据是否相符合的假设检验。适合性检验的特点是理论数据可以依据一定的理论进行预测,主要用于两个方面,一是遗传分析,即检验遗传学中实际观测结果是否符合某遗传规律;二是检验样本资料的次数分布是否符合某种理论分布。

7.2.2 适合性检验的方法

1)适合性检验的步骤

(1)提出假设。

H_0:实际观测的数据符合某种理论数据,差异是由抽样误差造成;H_A:实际观测的数据不符合某种理论数据,差异由本质差异造成。如表6.1资料,H_0:实际观测的鸡的性别比例符合1:1的性别比例;H_A:实际观测的鸡的性别比例不符合1:1的性别比例。

(2)确定显著水平 α。

一般取 $\alpha=0.05$ 或 $\alpha=0.01$。

(3)计算 χ^2 值。

在无效假设正确的前提下,按已知某种理论计算各属性类别的理论次数。如6.1资料,按性别比例1:1计算理论次数。然后根据(7.1)或(7.2)计算 χ^2 或 χ_c^2。

(4)做出推断。

适合性检验的自由度等于属性类别数减1。若属性类别数为 k,则适合性检验的自由度为 $k-1$。根据自由度 $k-1$ 查 χ^2 值表得临界 χ^2 值:$\chi^2_{0.05}$,$\chi^2_{0.01}$,将所算得的 χ^2 值与 $\chi^2_{0.05}$ 或 $\chi^2_{0.01}$ 比较,即可做出推断结论。

2)只有两组计数资料的适合性检验

遗传学中一对基因控制的性状,其 F_2 代分离出两种性状,即两组,$k=2$,其自由度 $df=k-1=2-1=1$,计算 χ^2 值时需进行连续性矫正。下面结合实例说明只有两组计数资料的适合性检验方法。

例7.1 在分析山羊毛色遗传特点时,调查了356只白色羊与黑色羊杂交子二代的毛色,有283只为白色,73只为黑色,问此毛色的分离比例是否符合孟德尔3:1的分离规律?

这是两类性状的计数资料,χ^2 检验的步骤如下:

(1)提出假设。

H_0:子二代分离比例符合3:1的理论比例,差异是由误差造成。

H_A:子二代分离比例不符合3:1的理论比例。

(2)确定显著水平。

取 $\alpha=0.05$。

(3)选择计算公式计算χ^2值。

先根据德尔遗传理论比率3∶1计算理论次数。

白色理论次数:$E_1 = 356 \times 3/4 = 267$

黑色理论次数:$E_2 = 356 \times 1/4 = 89$

因资料的分类数$k=2$,自由度$df=k-1=2-1=1$,因此须进行连续性矫正,应使用公式(7.2)来计算χ_c^2,见表7.2。

$$\chi_c^2 = \sum \frac{(|O_i - E_i| - 0.5)^2}{E_i} = \frac{(|283 - 267| - 0.5)^2}{267} + \frac{(|73 - 89| - 0.5)^2}{89} = 3.599$$

表7.2 χ_c^2计算表

性状	实际观测次数,O	理论次数,E	$O-E$	χ_c^2
白色	283	267	−16	0.899 8
黑色	73	89	+16	2.699 4
总和	356	356	0	3.599

(4)做出统计推断。

由自由度$df=1$时,查χ^2值表得,$\chi_{0.05}^2 = 3.84$。因实得$\chi_c^2 < \chi_{0.05}^2$,故$P > 0.05$,接受H_0,表明实际观测次数与孟德尔分离规律的理论次数差异不显著,可以认为山羊毛色的分离比例符合孟德尔3∶1的遗传分离比例。

例7.2 表7.1调查某鸡场的2 538只鸡,有公鸡1 253只,母鸡1 285只,结果见表7.1。试检验该资料中鸡的性别比例是否符合遗传理论上1∶1的性别比例。

这也是只有两类性状的计数资料,χ^2检验的步骤如下:

(1)提出假设。

H_0:实际观测的鸡的性别比例符合遗传理论上1∶1的性别比例。

H_A:实际观测的鸡的性别比例不符合遗传理论上1∶1的性别比例。

(2)确定显著水平。

取$\alpha = 0.05$。

(3)计算χ^2值。

先根据性别理论比率1∶1计算理论数。

公鸡理论数:$E_1 = 2\,538 \times 1/2 = 1\,269$

母鸡理论数:$E_2 = 2\,538 \times 1/2 = 1\,269$

因本例是两种性别,则自由度$df=k-1=2-1=1$,必须进行连续性矫正,应使用公式(7.2)来计算χ_c^2。

$$\chi_c^2 = \sum \frac{(|O_i - E_i| - 0.5)^2}{E_i} = \frac{(|1\,253 - 1\,269| - 0.5)^2}{1\,269} + \frac{(|1\,285 - 1\,269| - 0.5)^2}{1\,269} = 0.378$$

(4)做出统计推断。

因实得$\chi_c^2 < 1$,不用查表即可判断$\chi_c^2 < \chi_{0.05}^2$,故$P > 0.05$,接受H_0,表明实际观测的鸡的性别比例符合遗传理论上1∶1的性别比例。

3）两组以上计数资料的适合性检验

遗传学上两对或两对以上性状杂交 F_2 代一般分离出3组以上的表型，对这种类型的资料进行 χ^2 检验时，不需进行连续性矫正，下面结合实例说明其适合性检验方法。

例7.3 两对相对性状杂交的子二代中，4种表现型 *A_B_*，*A_bb*，*aaB_*，*aabb* 的观测次数依次为：362，124，113，33，试分析这两对相对性状的遗传是否符合孟德尔的自由组合规律。

孟德尔的自由组合规律表明，当两对相对性状杂交时，子二代有4种表型，即 *A_B_*，*A_bb*，*aaB_*，*aabb*，且这4种表型的理论比例为9∶3∶3∶1。

（1）提出假设。

H_0：这两对相对性状子二代的实际观测次数之比符合孟德尔9∶3∶3∶1的遗传比例。

H_A：这两对相对性状子二代的实际观测次数之比不符合孟德尔9∶3∶3∶1的遗传比例。

（2）确定显著水平。

取 $\alpha=0.01$。

（3）计算 χ^2。

先计算理论次数，依据9∶3∶3∶1的理论比率计算各对应性状的理论次数。

*A_B_* 的理论次数 E_1：$632\times9/16=355.5$

A_bb 的理论次数 E_2：$632\times3/16=118.5$

*aaB_* 的理论次数 E_3：$632\times3/16=118.5$

aabb 的理论次数 E_4：$632\times1/16=39.5$

由于本例的计数资料分类数 $k=4$：自由度 $df=k-1=4-1=3>1$，故利用公式(7.1)计算 χ^2，见表7.3。

表7.3 两对基因遗传的适合性检验表

类型	实际观测次数，O	理论次数，E	O_i-E_i	$(O_i-E_i)^2/E_i$
*A_B_*	362(O_1)	355.5(E_1)	+6.5	0.118 8
A_bb	124(O_2)	118.5(E_2)	+5.5	0.255 3
*aaB_*	113(O_3)	118.5(E_3)	−5.5	0.255 3
aabb	33(O_4)	39.5(E_4)	−6.5	1.069 6
总计	632	632	0	1.699

$$\chi^2=\sum\frac{(O_i-E_i)^2}{E_i}=\frac{(362-355.5)^2}{355.5}+\frac{(124-118.5)^2}{118.5}+\cdots+\frac{(33-39.5)^2}{39.5}=1.699$$

（4）做出统计推断。

当 $df=3$ 时，查 χ^2 值表得，$\chi^2_{0.05}=7.81$，因 $\chi^2<\chi^2_{0.05}$，$P>0.05$，所以 H_0 正确，表明实际观测次数与理论次数差异不显著，说明这两对性状杂交子二代的分离现象符合孟德尔的自由组合规律，即符合9∶3∶3∶1的遗传比例。

4）理论分布的适合性检验

实际观测的资料是否服从某种理论分布，亦可应用适合性检验来判断。其自由度 $df=k-m$，k 为组数，m 为理论分布的参数个数。在正态分布的适合性检验中，由于理论次数是由样本总次数、平均数与标准差决定的，所以自由度为 $k-3$；而在二项分布的适合性检验中，由于其理论次数由总次数与均数决定,所以自由度为 $k-2$。但应注意,当组内理论次数小于5时,必须与相邻组进行合并,直至合并的理论次数大于5时为止。

例7.4 药物A治疗某病的治愈率为70%。在某养殖场调查500头用该药物治疗病畜的治愈情况时,每连续5头作为一个调查组,共100个组,每组的治愈头数如表7.4,试检验该药物的治愈头数是否服从二项分布。

表7.4 药物A治疗结果的 χ^2 检验表

每组治愈头数	实际调查组数,O		理论组数,E	
0	0	17	0.243	16.308
1	2		2.835	
2	15		13.230	
3	35		30.870	
4	36		36.015	
5	12		16.807	
合计	100		100.000	

(1)提出假设。

H_0:药物A的治愈头数服从二项分布。

H_A:药物A的治愈头数不服从二项分布。

(2)确定显著水平。

取 $\alpha=0.05$。

(3)计算 χ^2 值。

先计算理论概率及理论治愈组数。

理论概率由二项分布概率公式计算:$P(x=k)=C_n^k p^k q^{n-k}$

$$P(x=0)=C_5^0 p^0 q^5=1\times0.7^0\times0.3^5=0.002\,43$$

$$P(x=1)=C_5^1 p^1 q^{5-1}=5\times0.7^1\times0.3^4=0.028\,35$$

$$P(x=2)=C_5^2 p^2 q^{5-2}=\frac{5\times4}{2\times1}\times0.7^2\times0.3^3=0.132\,3$$

$x=3,4,5$ 的计算方法与此相同,计算结果见表7.4。

将每组的理论概率乘以总的组数100得到相应的理论组数,如0头、1头、2头治愈的理论组数为:

$$0.002\,43\times100=0.243$$

$$0.028\,35\times100=2.835$$

$$0.132\,3\times100=13.23$$

同样方法计算3头、4头、5头治愈的理论数,将计算的各组的理论组数填入表7.4。

由于表中前两组的实际观测次数及理论次数均小于5,故将前两组与第3组合并为一组。并组以后,资料分为4组,用合并后的实际调查组数和理论组数计算 χ^2 值,并由公式7.1计算 χ^2 值:

$$\chi^2=\sum\frac{(O_i-E_i)^2}{E_i}=\frac{(17-16.308)^2}{16.308}+\frac{(35-30.87)^2}{30.87}+\cdots+\frac{(12-16.807)^2}{16.807}=1.96$$

(4)做出推断。

由 $df=4-2=2$，查 χ^2 值表得：$\chi^2_{0.05}=5.99$，因为实得 $\chi^2<\chi^2_{0.05}$，$P>0.05$，表明实际调查组数与由二项分布计算的理论组数差异不显著，可以认为药物 A 治愈头数的调查结果服从二项分布。

适合性检验还可用于质量鉴定。

例 7.5 对某药物规定治愈率 80% 为合格。现调查用该药治疗的病畜 50 头，结果有 35 头治愈，15 头未治愈。问该批次药是否合格。

对产品质量鉴定可用 χ^2 检验鉴定，其检验步骤如下：

(1) 提出假设。

H_0：该批次药合格；H_A：该批次药不合格。

(2) 确定显著水平。

取 $\alpha=0.05$。

(3) 计算 χ^2 值。

先计算理论头数。

治愈头数：$E_1=50\times80\%=40$

未治愈头数：$E_2=50\times20\%=10$

由于该资料只有 2 组，自由度 $df=2-1=1$，因此在计算 χ^2 值时需进行连续性矫正，故应用公式 7.2 计算 χ^2 值。

$$\chi_c^2=\sum\frac{(|O_i-E_i|-0.5)^2}{E_i}=\frac{(|35-40|-0.5)^2}{40}+\frac{(|15-10|-0.5)^2}{10}=2.531$$

(4) 做出统计推断。

当 $df=1$ 时，查 χ^2 值表得：$\chi^2_{0.05}=3.84$，因 $\chi_c^2<\chi^2_{0.05}$，所以 H_0 正确，表明该批次药合格。

7.3 独立性检验

独立性检验是检验两类或两类以上因素彼此相关或相互独立的一种统计分析方法，实质是次数资料的相关性研究。如为研究两类药物对家畜某种疾病治疗效果的差异，先将病畜分为两组，一组用第一种药物治疗，另一组用第二种药物治疗，然后统计每种药物的治愈头数和未治愈头数，根据治愈头数与未治愈头数的多少，分析药物种类与疗效是否相关。若两者彼此相关，表明疗效因药物不同而异，即两种药物疗效不相同；若两者相互独立，表明疗效不依药物的不同而不同，即两种药物疗效相同。

应用 χ^2 进行独立性检验的步骤为：

(1) 提出假设。

H_0：二因素相互独立；H_A：二因素彼此相关。

(2) 确定显著水平 α。

$\alpha=0.05$ 或 $\alpha=0.01$。

(3) 计算 χ^2。

计算 χ^2 时，应先将次数资料按两个因素作两向分组，排列成列联表。一般设横行分 r 个组，纵行分 c 个组。由于资料的类型不同，列联表一般有 3 种类型，即 2×2 列联表、$2\times c$ 列联表、$r\times c$ 列联表。然后在无效假设正确的前提下，计算每组的理论次数。每组理论次数的计算公式为：

$$E_{ij}=\frac{R_iC_j}{n} \tag{7.3}$$

式中 i 表示横行，j 表示纵行，R 为横行合计，C 是纵行合计。

再由公式(7.1)或(7.2)计算 χ^2。

(4)做出结论。

根据自由度 $df=(r-1)(c-1)$，查临界 χ^2 值，若 $\chi^2<\chi^2_\alpha$，接受 H_0，表明两因素间独立；若 $\chi^2>\chi^2_\alpha$，接受 H_A，表明两因素间相关。

7.3.1　2×2 列联表的独立性检验

设 A，B 是一个随机试验中的两个事件，其中 A 可能出现 r_1,r_2 个结果，B 可能出现 c_1,c_2 个结果，两因子相互作用形成 4 格数，分别以 $O_{11},O_{12},O_{21},O_{22}$ 表示，表 7.5 即为 2×2 列联表的一般形式，即横行 $r=2$ 组、纵行 $c=2$ 组。进行独立性检验时，其自由度 $df=(c-1)(r-1)=(2-1)(2-1)=1$，因此，$\chi^2$ 检验时，需进行连续性矫正，应利用公式 7.2 计算 χ^2_c 值。

表 7.5　2×2 列联表的一般形式

	c_1	c_2	横行总和
r_1	$O_{11}\left(E_{11}=\frac{R_1C_1}{n}\right)$	$O_{12}\left(E_{12}=\frac{R_1C_2}{n}\right)$	R_1
r_2	$O_{21}(E_{21}=\frac{R_2C_1}{n})$	$O_{22}(E_{22}=\frac{R_2C_2}{n})$	R_2
纵行总和	C_1	C_2	$T=O_{11}+O_{12}+O_{21}+O_{22}$

例 7.6　某防疫站对定点销售点猪肉及零售点猪肉胴体的表层沙门氏菌进行检查，检查结果如表 7.6，试分析猪肉带菌与否和销售点是否有关。

表 7.6　定点销售点与零售点带菌头数 2×2 表

取样点	带菌头数	未带菌头数	横行总和 T
零售点	12(7.3)	26(30.7)	$R_1=38$
定点销售点	5(9.7)	45(40.3)	$R_2=50$
纵行总和 T_j	$C_1=17$	$C_2=71$	$T=88$

这是 2×2 列联表的独立性检验，检验步骤如下：

(1)提出假设。

H_0：带菌头数多少与销售点无关，即带菌头数与销售点相互独立。

H_A：带菌头数多少与销售点有关。

(2)确定显著水平。

取 $\alpha=0.05$。

(3)计算 χ^2。

先计算理论次数，应用公式(7.3)计算理论次数。

零售点的带病头数： $E_{11}=\frac{R_1C_1}{n}=\frac{38\times17}{88}=7.3$

零售点的未带病头数： $E_{12}=\frac{R_1C_2}{n}=\frac{38\times71}{88}=30.7$

定点销售点的带病头数： $E_{21}=\frac{R_2C_1}{n}=\frac{50\times17}{88}=9.7$

定点售销点的未带病头数： $E_{22}=\frac{R_2C_2}{n}=\frac{50\times71}{88}=40.3$

将各组对应的理论次数填入表 7.6 括号内。

因自由度 $df=(c-1)(r-1)=(2-1)(2-1)=1$，因此，应利用公式(7.2)计算 χ_c^2 值。

$$\chi_c^2=\frac{(|12-7.3|-0.5)^2}{7.3}+\frac{(|26-30.7|-0.5)^2}{30.7}+\cdots+\frac{(|45-40.3|-0.5)^2}{40.3}=5.22$$

(4)做出结论。

由自由度 $df=1$ 查 χ^2 值表得，$\chi^2_{0.05}=3.84$，因 $\chi_c^2=5.22>\chi^2_{0.05}$，$P<0.05$，否定 H_0，接受 H_A，表明胴体带菌头数与销售点显著相关，即零售点的带菌头数显著高于定点销售点的带菌头数。

在对 2×2 列联表进行独立性检验时，也可利用下述简化公式(7.4)计算 χ_c^2：

$$\chi_c^2=\frac{\left(|O_{11}O_{22}-O_{12}O_{21}|-\frac{T}{2}\right)^2T}{R_1R_2C_1C_2} \tag{7.4}$$

对例 7.7 利用公式(7.4)计算为：

$$\chi_c^2=\frac{\left(|O_{11}O_{22}-O_{12}O_{21}|-\frac{T}{2}\right)^2T}{R_1R_2C_1C_2}=\frac{\left(|12\times45-26\times5|-\frac{88}{2}\right)^2\times88}{17\times71\times38\times50}=5.14$$

所得结果与利用公式 7.2 计算结果基本相同，其差异是由计算过程的四舍五入造成的。

在式(7.4)中，不需要计算理论次数，直接利用实际观察次数 O_{ij}、行总和(R_1，R_2)、列总和(C_1，C_2)及总和 T 进行计算，比利用公式(7.2)计算简便，且准确。

7.3.2 2×c 列联表的独立性检验

2×c 列联表是指横行分为 2 组，纵横分为 c($c\geqslant3$)组的列联表。2×c 表的一般形式见表 7.7。其自由度 $df=(2-1)(c-1)\geqslant2$，在进行 χ^2 检验时，不需连续性矫正。2×c 列联表的理论次数计算公式与 2×2 列联表相同。

表 7.7 2×c 列联表一般形式

	1	2	…	c	横行总合
1	$O_{11}\left(E_{11}=\frac{R_1C_1}{n}\right)$	$O_{12}\left(E_{11}=\frac{R_1C_2}{n}\right)$	…	$O_{1c}\left(E_{1c}=\frac{R_1C_c}{n}\right)$	R_1
2	$O_{21}\left(E_{11}=\frac{R_2C_1}{n}\right)$	$O_{22}\left(E_{11}=\frac{R_2C_2}{n}\right)$	…	$O_{2c}\left(E_{2c}=\frac{R_2C_c}{n}\right)$	R_2
纵行总和	C_1	C_2	…	C_c	T

注：表中括号内为理论观测次数。

例 7.7 为比较新研制的4种药物(A,B,C,D)对禽流感的防治效果,将100只病鸡分为5组,每组20只,其中4组分别用4种药物防治,以空白组(E)为对照,各组治疗情况如表7.8,试分析治疗情况与药物是否有关。

表 7.8 不同药物的防治效果

	A	B	C	D	E	行总和(R)
治愈只数	12(11.4)	12(11.4)	15(11.4)	18(11.4)	0(11.4)	57
死亡只数	8(8.6)	8(8.6)	5(8.6)	2(8.6)	20(8.6)	43
列总和(C)	20	20	20	20	20	100

这是一个 2×5 列联表独立性检验的问题,检验步骤如下:

(1)提出假设。

H_0:治疗情况与药物无关,即不同的药物疗效相同。

H_A:治疗情况与药物有关,即不同的药物治疗结果不同。

(2)确定显著水平。

取 $\alpha = 0.05$。

(3)计算 χ^2 值。

先由公式(7.3)计算理论次数。

A 药物治愈只数: $E_{11} = \dfrac{R_1 C_1}{n} = \dfrac{57 \times 20}{100} = 11.4$

A 药物死亡只数: $E_{21} = \dfrac{R_2 C_1}{n} = \dfrac{43 \times 20}{100} = 8.6$

B 药物治愈只数: $E_{12} = \dfrac{R_1 C_1}{n} = \dfrac{57 \times 20}{100} = 11.4$

B 药物死亡只数: $E_{22} = \dfrac{R_2 C_1}{n} = \dfrac{43 \times 20}{100} = 8.6$

C 药物治愈只数: $E_{13} = \dfrac{R_1 C_1}{n} = \dfrac{57 \times 20}{100} = 11.4$

C 药物死亡只数: $E_{23} = \dfrac{R_2 C_1}{n} = \dfrac{43 \times 20}{100} = 8.6$

D 药物治愈只数: $E_{14} = \dfrac{R_1 C_4}{n} = \dfrac{57 \times 20}{100} = 11.4$

D 药物死亡只数: $E_{24} = \dfrac{R_2 C_4}{n} = \dfrac{43 \times 20}{100} = 8.6$

对照治愈只数: $E_{15} = \dfrac{R_1 C_5}{n} = \dfrac{57 \times 20}{100} = 11.4$

对照死亡只数: $E_{25} = \dfrac{R_2 C_5}{n} = \dfrac{43 \times 20}{100} = 8.6$

将各组对应的理论次数填入表7.8的括号内。

因 2×5 列联表的自由度 $df = (c-1)(r-1) = (2-1)(5-1) = 4$,因此,利用公式(7.1)计算 χ^2 值:

$$\chi^2 = \frac{(12-11.4)^2}{11.4} + \frac{(8-8.6)^2}{8.6} + \cdots + \frac{(0-11.4)^2}{11.4} + \frac{(20-8.6)^2}{8.6} = 38.19$$

(4)做出结论。

由自由度 $df=4$ 查临界 χ^2 值得, $\chi^2_{0.05}=9.49$, 而实得 $\chi^2=38.19>\chi^2_{0.05}$, 否定 H_0, 即治疗情况与药物有关,也就是不同的药物治疗结果差异显著。

在对 $2\times c$ 相依表进行独立性检验时,也可利用下述简化公式(7.5)或(7.6)计算 χ^2 值:

$$\chi^2=\frac{T^2}{R_1R_2}\left[\sum\left(\frac{O_{1j}^2}{C_j}\right)-\frac{R_1^2}{T}\right] \tag{7.5}$$

或

$$\chi^2=\frac{T^2}{R_1R_2}\left[\sum\left(\frac{O_{2j}^2}{C_j}\right)-\frac{R_2^2}{T}\right] \tag{7.6}$$

公式(7.5) 与公式(7.6) 的区别在于:公式7.5利用第一行中的实际观察次数 O_{1j} 和行总和 R_1;公式7.6利用第二行中的实际观察次数 O_{2j} 和行总和 R_2,计算结果相同。

对例7.8利用公式7.5、公式7.6计算 χ^2 值得:

$$\chi^2=\frac{100^2}{57\times43}\left[\frac{12^2}{20}+\frac{12^2}{20}+\frac{15^2}{20}+\frac{18^2}{20}+\frac{0^2}{20}-\frac{57^2}{100}\right]=38.19$$

$$\chi^2=\frac{100^2}{57\times43}\left[\frac{8^2}{20}+\frac{8^2}{20}+\frac{5^2}{20}+\frac{2^2}{20}+\frac{20^2}{20}-\frac{43^2}{100}\right]=38.19$$

两式计算结果相同,与利用式(7.1) 计算的结果也相同。

7.3.3 $r\times c$ 列联表的独立性检验

$r\times c$ 列联表是指横行数 r、纵行数 c 均大于或等于3的列联表,即 $r\geq3$, $c\geq3$,其一般形式见表7.9。这种资料的自由度为 $df=(r-1)\times(c-1)>2$,因此独立性检验时 χ^2 不需进行连续性矫正。

表7.9 $r\times c$ 列联表的一般形式

	1	2	…	c	行总和
1	O_{11}	O_{12}	…	O_{1c}	R_1
2	O_{21}	O_{22}	…	O_{2c}	R_2
⋮	⋮	⋮		⋮	⋮
r	O_{r1}	O_{r2}	…	O_{rc}	R_r
列总和	C_1	C_2	…	C_c	T

$r\times c$ 列联表各理论次数的计算方法与上述(2×2),(2×c) 表相同。为简化计算过程,也可以不计算理论值而直接利用下式计算 χ^2 值,其公式为:

$$\chi^2=T\left[\sum\left(\frac{O_{ij}^2}{R_iC_j}\right)-1\right] \tag{7.7}$$

上式中, $i=1,2,\cdots,r$; $j=1,2,\cdots,c$。

例7.8 调查A,B,C 3个品种各50头母猪的产仔情况,结果如表7.10,试分析A,B,C 3个品种的产仔数是否相同。

表7.10 3个品种的产仔数

	9头及以下	9~11头	12~14头	15头及以上	行总和 R_i
A	10(6)	23(17.3)	17(25.3)	0(1.3)	50
B	5(6)	18(17.3)	26(25.3)	1(1.3)	50
C	3(6)	11(17.3)	33(25.3)	3(1.3)	50
列总和 C_j	18	52	76	4	150

这是 3 × 4 列联表独立性检验的问题,检验步骤如下:

(1)提出假设。

H_0:A,B,C 3 个品种产仔数相同,即产仔数多少与品种无关。

H_A:A,B,C 3 个品种产仔数不同,即产仔数多少与品种有关。

(2)确定显著水平。

取 $\alpha = 0.01$。

(3) 计算 χ^2 值。

先计算理论次数。

A 品种 9 头以下的产仔数: $E_{11} = \dfrac{R_1 C_1}{n} = \dfrac{50 \times 18}{150} = 6$

B 品种 9 头以下的产仔数: $E_{21} = \dfrac{R_2 C_1}{n} = \dfrac{50 \times 18}{150} = 6$

C 品种 9 头以下的产仔数: $E_{31} = \dfrac{R_3 C_1}{n} = \dfrac{50 \times 18}{150} = 6$

A 品种 9 ~ 11 头的产仔数: $E_{12} = \dfrac{R_1 C_2}{n} = \dfrac{50 \times 52}{150} = 17.3$

B 品种 9 ~ 11 头的产仔数: $E_{22} = \dfrac{R_2 C_2}{n} = \dfrac{50 \times 52}{150} = 17.3$

其余计算方法相同,将计算结果填入表 7.10 的括号内。

利用公式 7.1 计算 χ^2 值:

$$\chi^2 = \sum \frac{(O_{ij} - E_{ij})^2}{E_{ij}} = \frac{(10-6)^2}{6} + \frac{(5-6)}{6} + \cdots + \frac{(3-1.3)^2}{1.3} = 17.48$$

(4)做出结论。

由自由度 $df = (3-1)(4-1) = 6$ 查 χ^2 值表得,$\chi^2_{0.01} = 16.81$,$\chi^2 > \chi^2_{0.01}$,所以否定 H_0,接受 H_A,表明 A,B,C 3 个品种母猪产仔数差异极显著。

用简化公式(7.5) 计算为:

$$\chi^2 = T\left[\sum\left(\frac{O_{ij}^2}{R_i C_j}\right) - 1\right] = 150 \times \left[\left(\frac{10^2}{50 \times 18} + \frac{23^2}{50 \times 52} + \cdots + \frac{3^2}{50 \times 3}\right) - 1\right] = 17.1$$

用简化公式的计算结果与直接利用公式的计算结果基本一致。

综合上面两节内容的学习,独立性检验与适合性检验是两种不同的检验,除了研究目的不同外,其资料特点有以下区别:

①独立性检验的次数资料是按两因子或两因子以上进行分组,根据因子数的不同而构成 2 ×2,2 × c,r × c 列联表(r 为横行因子的类别数,c 为纵行因子的类别数)。而适合性检验只按某一个因子的属性类别如性别、表现型等分组。

②适合性检验按已知的分类理论计算理论次数;独立性检验在计算理论次数时没有现成的理论,理论次数是在两因子相互独立的假设下进行计算的。

本章小结

本章重点介绍了χ^2检验的基本原理和基本步骤；阐述了适合性检验资料和独立性检验资料的特点；重点介绍了遗传理论的适合性检验，一般介绍了理论分布的适合性检验；分2×2表，$2\times c$表，$r\times c$表3类介绍了独立性检验的方法。

复习思考题

1. χ^2检验有什么意义？在什么情况下χ^2检验需连续性矫正？如何矫正？

2. 什么是适合性检验和独立性检验？二者有何区别？

3. 调查某养殖场162头仔猪，母猪84头，公猪78头，试分析该资料是否符合家畜性别1∶1的遗传比例。

4. 在研究牛的毛色和角的有无两对相对性状分离现象时，用黑色无角牛和红色有角牛杂交，子二代出现黑色无角牛189头，黑色有角牛76头，红色无角牛73头，红色有角牛18头，共346头。试问这两对性状是否符合孟德尔遗传规律中9∶3∶3∶1的分离比例？

5. 研究A，B两药对某病的治疗效果，A药治疗病畜62例，治愈46例；B药治疗86例，治愈66例，问两药的治疗效果是否相同？

6. 调查A，B，C，D 4个地区的高产奶牛、低产奶牛头数如下表，试分析这4个地区的高产奶牛、低产奶牛的构成比是否有差异。

奶牛类型	A	B	C	D
高产奶牛	126	116	159	135
低产奶牛	96	42	72	65

7. 研究甲、乙、丙3种兽药对家畜某病的治疗效果，甲药治疗病畜80例，乙药治疗病畜85例，丙药治疗病畜60例，治疗情况如下表，问3种药的治疗效果是否相同？

地区	治愈	好转	死亡
甲	46	31	3
乙	58	25	2
丙	33	25	2

第8章 直线回归与相关

本章导读：主要就研究相关变量间关系的基本统计分析方法：直线回归与相关分析的内容做了详细系统的阐述。内容包括对相关的意义、相关关系的概念、类型及相关与回归分析的基本任务等的概述；对揭示呈直线相关关系的变量间规律的联系形式：直线回归方程的建立及其显著性的检验；对反映呈直线相关关系的变量间紧密程度的统计指标：决定系数与相关系数的测定及其显著性的检验；以及有关直线回归与相关分析在实际应用问题上的相关内容。通过学习，要求深刻理解直线回归与相关分析的意义和任务，熟练掌握相关分析的过程和步骤，并在这一统计方法的指导下，科学合理地应用于畜牧业生产及科研工作。

8.1 回归分析与相关分析概述

8.1.1 相关关系的概念

在自然界中，任何一种事物或现象的形成都是受着另外一些事物或现象的影响，它们之间相互联系、相互制约。这种关系反映在数量方面就表现为变量间的关系问题。前面各章我们所讨论的问题，都只涉及一个变量，如体重、日增重或发病率，由于生物试验指标之间或性状之间总是相互联系、相互影响、相互制约的，如饲料消耗量与增重之间，哺乳仔猪出生重与断奶重之间，年龄与血红蛋白之间等。因此，在畜牧、兽医试验研究中常常要研究两个或两个以上变量间的关系。对试验指标间或性状间的关系，即变量间的关系进行研究是十分必要的。回归分析与相关分析是对变量间关系进行定量分析的重要的统计方法。

人们通过各种实践研究，归纳出变量间的关系有以下两类。

1)函数关系

一类是变量间存在着完全确定性的关系，即确定性的关系（也称为函数关系），当给定一个自变量的数值便对应一个因变量数值，可以用精确的数学表达式来表示。例如圆面积(S)与圆半径(r) 之间的关系为 $S = \pi r^2$。对于给定的 r 值，就有一个确定的 S 值与之对应；长方形面积(S) 与长(a) 和宽(b) 的关系为 $S = a \times b$，在这3个变量中，只要知道了其中的两个变量的值就可以精确地计算出另一个变量的值,它们之间的关系是确定性的。因此,函数关系是变量之间确定性的依存关系。

2)相关关系

另一类是变量间不存在完全确定性的关系,即非确定性的关系(也称为相关关系),对应于一个变量的某个数值,另一个变量可能有几个甚至许多个数值,无法用精确的数学表达式来表示。例如人的身高与体重的关系:一般地说,身高者体重也大,但是,具有同一身高的人,体重却有差异;饲料消耗量与增重的关系;哺乳仔猪初生重与断奶重的关系;药物剂量与疗效的关系;年龄与血红蛋白的关系;猪的瘦肉率与背膘厚度、眼肌面积、胴体长等,这些变量间都存在着十分密切的关系,但又不像函数关系那样,能以一个或几个变量的值精确地求出另一个变量的值。像这样一类关系在生物界中是大量存在的,统计学中把这些变量间的关系称为相关关系,把存在相关关系的变量称为相关变量。因此,概括地说相关关系是指变量之间的不确定的依存关系。而回归与相关分析就是对相关变量间关系进行定量分析的重要的统计方法,在统计学中主要是研究这类变量的关系。

总之,相关关系是相关分析与回归分析的研究对象,而函数关系是相关分析的工具。

8.1.2 相关关系的类别

1)一般将相关变量的相关关系分为因果关系和平行关系两种不同的情况

(1)因果关系

一事件的发生引起另一事件的发生,原因在前,结果在后,称之为因果关系。即一个变量的变化受另一个或几个变量的影响而形成的从属关系。表示原因的变量称为自变量,表示结果的变量称为依变量。如子女的身高受父母身高的影响,鱼产量受投饵量的影响,仔畜初生重受母畜遗传、营养、饲养管理等因素的影响等。

(2)平行关系(共变关系)

即两个或两个以上变量间的关系共同受到另外因素的影响而发生的共变关系。如动物的体长与身高的关系是受共同的遗传基础影响而形成;牛奶中的脂肪与蛋白质含量的关系、动物同胞个体间初生重的关系等都属于平行关系。

2)相关变量间的理论模型

统计学把上述相关变量间的关系区分为两种理论模型:回归模型和相关模型。

(1)回归模型

在两个相关变量间,有时表现为一个变量依赖于另一个变量的单向从属关系。对于这种情况的两个变量可以区分为自变量(记为x)和依变量(记为y)。其中自变量x是试验时预先确定的,并且没有试验误差或受试验误差影响较小;依变量y则是随自变量x的变化而变化,且受试验误差的影响较大;二变量呈因果关系,在统计学中也称回归关系。例如,研究奶牛胎次与产奶量的关系,仔猪每日饲喂量与日增重的关系等,其中胎次和每日饲喂量是没有试验误差或受试验误差影响较小的,常作自变量x;而产奶量和日增重易受试验误差影响,则作为依变量y。对于这类变量的研究,常进行回归分析,通过寻求这两个变量的联系形式,从一个变量的变异来估测另一个变量的变异,即建立它们之间的回归方程,目的在于用自变量x估计或控制依变量y。统计学把两个相关变量中的这种理论模型叫回归模型Ⅰ。

有时两个变量间的关系是平行关系,相互依存。但由于实际工作需要,若根据生物学知识能区分因果，也可进行回归分析。如由 x 估测 y，那么 x 称为自变量，如由 y 估测 x，则 y 称为自变量。例如家畜的体重和胸围间的关系，本属于平行关系的相关模型，但也可将胸围作为因，体重作为果进行回归分析。对属于相关模型的二变量进行的回归分析，称为回归模型Ⅱ。所以进行回归分析有两种模型，统计学中对两种模型进行回归分析的方法相同。

(2)相关模型

两个变量都同样受着试验误差的影响，二者是共变关系或受一共同原因的影响，不区分自变量和依变量。例如动物的体长和体高等就属于这种情况。统计学把两个相关变量中的这种理论模型叫相关模型。对于相关模型进行相关分析，通过确定一个统计量(相关系数)以表示这两个变量间的联系性质和程度。

在回归分析中根据实际资料建立的回归模型有多种形式。按自变量的多少可分为一元回归模型和多元回归模型；按变量的性质(具体变动形式)不同可分为线性回归分析和非线性回归分析。把两种分类标志结合起来又可分为一元直线回归分析和一元曲线回归分析；多元线性回归模型和多元非线性回归模型。其中，一元线性回归模型是最简单的也是最基本的一种分析。在本教材中，只对直线回归与相关分析做介绍。

8.1.3 回归分析和相关分析的定义

1)回归分析

"回归"一词，源于19世纪英国生物学家葛尔登(F. Galton，1822—1911)对人体遗传特征的实验研究。他根据实验数据，发现个子高的双亲其子女也较高，但平均地来看，却不比它们的双亲高；同样，个子矮的双亲其子女也较矮，平均地看，也不比它们的双亲矮。他把这种身高趋向于人的平均身高的现象称为"回归"，并作为统计概念加以应用，由此逐步形成回归分析的统计理论和方法体系。现今统计学的"回归"概念已不是原来生物学上的特殊规律性，而是指变量之间的从属关系。

(1)定义

回归分析是研究呈因果关系的相关变量间互变规律所采用的一种统计分析方法。

(2)任务

回归分析的任务在于揭示出呈因果关系的相关变量间的联系形式，建立它们之间的回归方程，利用所建立的回归方程，由自变量(原因)来预测、控制依变量(结果)。

(3)类型

根据变量的数量不同，可分为一元回归和多元回归。研究"一因一果"，即一个自变量与一个依变量的回归分析称为一元回归分析；研究"多因一果"，即多个自变量与一个依变量的回归分析称为多元回归分析；根据变量的性质不同，一元回归分析又可分为一元直线回归分析和一元曲线回归分析；多元回归又可分为多元直线回归分析和多元曲线回归分析。将回归分析方法及其基本关系归纳如图8.2。

2)相关分析

研究两个变量之间相互关系的密切程度，称为相关。通常以相关系数来表示。

(1)定义

相关分析是研究呈平行关系的相关变量间的关系程度及其性质所采用的一种统计分析方法。

(2)任务

相关分析的任务在于揭示呈平行关系的相关变量间的联系性质和程度。在相关分析中,变量无自变量和依变量之分,相关分析只研究两个变量之间的相关程度和性质或一个变量与多个变量之间的程度,不能用一个或多个变量去预测、控制另一个变量的变化。

(3)类型

对两个相关变量间的直线关系进行的相关分析称为简单相关分析(也叫直线相关分析);对多个相关变量进行相关分析时,研究一个变量与多个变量间的线性相关称为复相关分析;若研究其余变量保持不变的情况下,两个变量间线性的相关称为偏相关分析。将相关分析方法及其基本关系归纳如图 8.2。

无论是因果关系还是平行关系,都是相关关系分析研究的范围。研究相关关系的主要目的,一是弄清两个变量间相关的性质,二是弄清它们之间关系的密切程度。因此,相关与回归分析就是对变量之间相关关系的分析,其任务是对变量之间是否存在必然的联系、联系的形式、变动的方向做出符合实际的判断,并测定它们联系的密切程度,检验其有效性。

3)回归分析和相关分析的区别

回归分析和相关分析是以相关变量为研究对象的既有区别又有联系的两种统计方法,都是对客观事物数量依存关系的分析,在理论基础上具有一致性。只有存在相关关系的变量才能进行回归分析,相关程度越高,回归测定的结果越可靠。实际统计研究中通常把它们结合在一起使用。这两种统计方法主要区别表现在:

(1)相关分析是研究变量之间的相互关系,变量之间不分主与从或因与果。回归分析却是在控制或给定一个或几个变量的条件下,来观察对应的某一变量的变化,给定的变量称为自变量,不是随机变量,对应的变量称为因变量,是随机变量。因此,回归分析必须根据研究的目的和对象的性质确定哪个是自变量(解释变量)哪个是因变量(被解释变量)。

(2)相关分析主要是测定变量之间关系的密切程度和变量变化的方向。而回归分析可以对具有相关关系的变量建立一个数学方程(也称回归模型)来描述变量之间具体的变动关系,通过控制或给定自变量的数值来估计和预测因变量可能的数值。

相关和回归是对客观事物依存关系定量分析的科学方法,以上分析表明,它们之间密切联系,相互补充,既有联系又有区别。就一般而言,相关分析包括回归和相关两方面内容。但就具体方法所解决的问题而言,相关和回归又有明显的区别。

8.1.4 回归分析和相关分析的类型

设 x,y 分别代表两个变量,则两个变量的成对观察值就可用 $x_1y_1, x_2y_2, \cdots, x_ny_n$ 表示,以 x 为横坐标,y 为纵坐标,将两个变量的取值在平面坐标图上描出 n 个点,所描出的图形在统计学上称为散点图。它是研究两变量关系的最简便而有效的方法。根据散点图的分布趋势,可以直观地显示出变量间的相关性质及其相关程度。如图 8.1。

由于客观事物的联系和变化复杂多样,变量之间的相关关系有多种分类标志。

1)根据研究变量的多少划分

(1)相关分析有一元相关(简单相关)和多元相关(复相关)。两个变量的相关关系称为一元相关。3 个或 3 个以上变量的相关关系称为多元相关。见图 8.1。

(2)回归分析有一元回归和多元回归。其中一元回归是研究两个变量间的回归关系,它包括一元直线回归和一元曲线回归；多元回归是研究 3 个或 3 个以上变量间的回归关系，又有多元直线回归和多元曲线回归之分。见图 8.2。

2）根据变量之间依存关系的形式划分

（1）有线性相关（也称直线相关）

当一个变量每增减一个单位，另一个相关变量按一个大致固定的增（减）量变化时，称为线性相关；例如，马的体重与最大挽力之间的关系；猪的瘦肉率与膘厚的关系等。这种增大或减少，在一定范围内常有一定比例。如以成对观察值散点图的方法表示，可见各散点常落于一条直线的左右，散点图形呈直线的变化趋势。如图 8.1 中（a），（b），（c），（d）的 4 种情况，均是 y 与 x 呈直线关系的表现。

（2）非线性相关（也称曲线相关）

相关变量不按固定增减量变化时，则为非线性相关。例如，奶牛产犊后各月的日泌乳量，随犊牛生长需要逐日增加，到牛犊达一定生长期后，却逐日减少。日泌乳量与产犊后月龄呈曲线关系。如图 8.1 中（e）的基本趋势表现。

3）根据变量变化的方向或相关的性质划分

（1）正相关

相关变量按同一方向变化，即一个变量由小到大或由大到小变化时，相关变量随之由小到大或者由大到小变化，为正相关。例如，马的体重与最大挽力之间的关系、胸围与体重的关系等。如图 8.1 中（a）和（c）的基本趋势表现。

（2）负相关

相关的变量按反方向变化，即一个变量由小到大变化，另一个变量却由大到小变化，为负相关。例如猪的瘦肉率与膘厚的关系等。如图 8.1 中（b）和（d）的基本趋势表现。

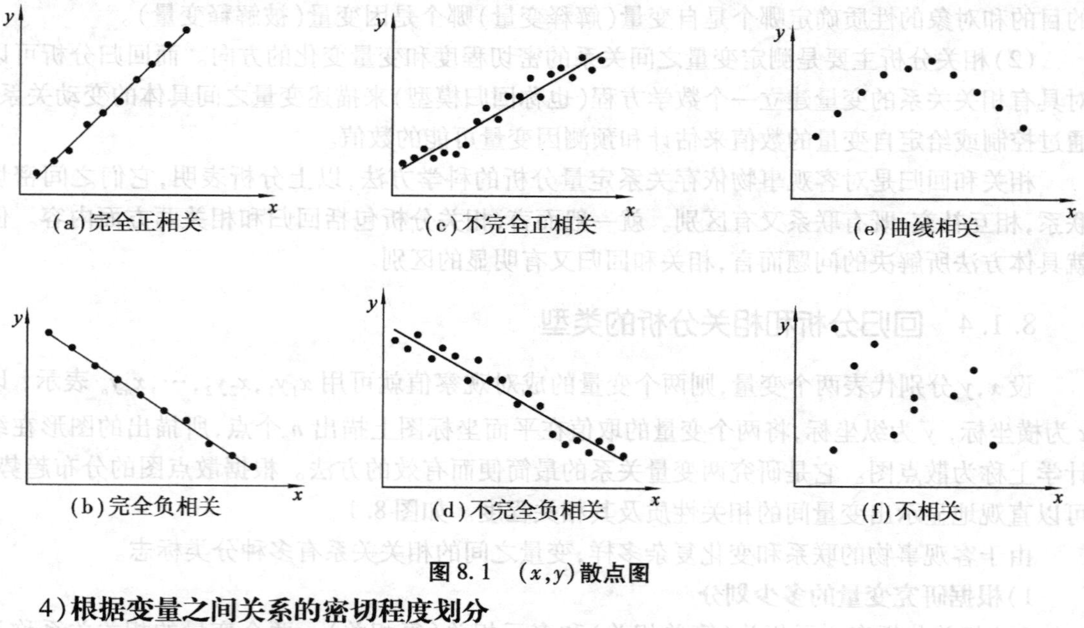

图 8.1　(x,y) 散点图

4）根据变量之间关系的密切程度划分

（1）完全相关

当变量之间的依存关系密切到近乎于函数关系时，称为完全相关。如图 8.1 中（a）和

(b)的情况,各散点完全分布于一条直线上。

(2)不相关或零相关

当变量之间不存在依存关系时,就称为不相关或零相关。如图 8.1 中(f)的情况,各散点无规则的分布于类似于圆的平面上,表明 y 的变化与 x 无关。

(3)不完全相关

大多数相关关系介于完全相关与不相关之间时,称为不完全相关。如图 8.1(c)和(d)的情况,各散点分布于直线两侧,初步判断 x 与 y 呈直线关系。

现将变量间的关系及回归与相关分析的方法归纳如图 8.2。

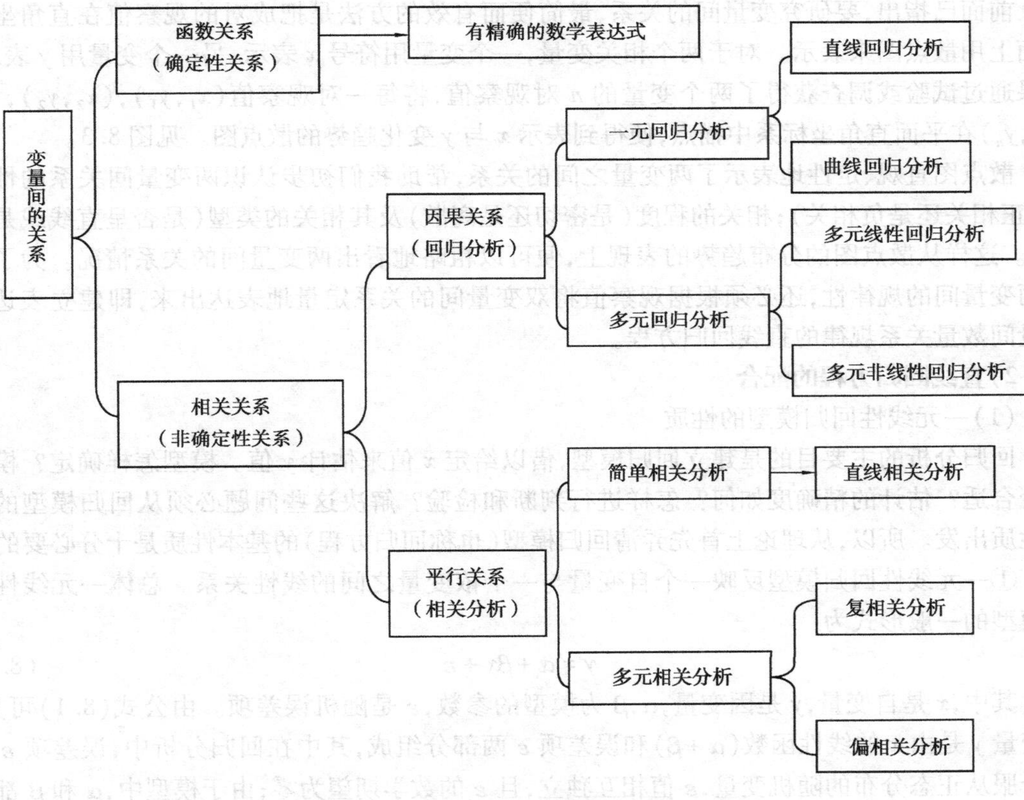

图 8.2　变量间的关系及回归与相关分析的方法

8.2　直线回归

在现象关系的实践研究中,往往需要从一个变量的变化来估测另一个变量的变化,特别是对于难于度量的性状,如挑选瘦肉率高的种猪的实践问题,需要从与它相关且易于度量的性状的变化来加以估测,这就需要进行回归分析。对双变量 x 和 y 做回归分析的主要任务是导出由自变量 x 来控制依变量 y 的回归方程,并对回归系数和方程进行显著性检验,进而从一个变量的变化来估测另一个变量的具体变化。

在回归分析中根据实际资料建立的回归模型有多种形式。其中,一元线性回归模型即直线回归方程是最简单的也是最基本的一种模型分析。

8.2.1 直线回归方程的建立

回归在统计上表示相关变量间的一种最严格的从属关系,是要将非确定性变量之间的关系用能确定的函数关系表达出来。两变量的直线回归分析,需要找出一条直线,建立回归方程来代表它们的线性关系,从一个变量的变化来估测另一个变量的具体变化。

1)直线回归的直观描述——散点图

前面已指出,要研究变量间的关系,最简便而有效的方法是把成对的观察值在直角坐标平面上用散点图来表示。对于两个相关变量,一个变量用符号 x 表示,另一个变量用 y 表示,如果通过试验或调查获得了两个变量的 n 对观察值,将每一对观察值 (x_1,y_1), (x_2,y_2), …, (x_n,y_n) 在平面直角坐标系中描点,便得到表示 x 与 y 变化趋势的散点图。见图 8.3。

散点图直观、定性地表示了两变量之间的关系,帮助我们初步认识两变量间关系的性质(是正相关还是负相关);相关的程度(是密切还是离散)及其相关的类型(是否呈直线或是曲线)。这样从散点图的分布趋势的表现上,便可以粗略地看出两变量间的关系情况。为了探讨两变量间的规律性,还必须根据观察值将双变量间的关系定量地表达出来,即建立表达双变量间数量关系规律的直线回归方程。

2)直线回归方程的配合

(1)一元线性回归模型的性质

回归分析的主要目的是建立回归模型,借以给定 x 值来估计 y 值。模型怎样确定?模型是否合适?估计的精确度如何?怎样进行判断和检验?解决这些问题必须从回归模型的固有性质出发。所以,从理论上首先弄清回归模型(也称回归方程)的基本性质是十分必要的。

①一元线性回归模型反映一个自变量与一个依变量之间的线性关系。总体一元线性回归模型的一般形式为:

$$y=\alpha+\beta x+\varepsilon \tag{8.1}$$

其中,x 是自变量,y 是因变量,α,β 为模型的参数,ε 是随机误差项。由公式(8.1)可见,因变量 y 是由 x 的线性函数 $(\alpha+\beta)$ 和误差项 ε 两部分组成,其中在回归分析中,误差项 ε 是一个服从正态分布的随机变量,ε 值相互独立,且 ε 的数学期望为零;由于模型中,α 和 β 都是常数,所以,对于给定的 x 值,y 的数学期望就是 $(\alpha+\beta x)$。即对应于 x 的某一取值时 y 的平均值。一般表示为下列形式:

$$y=\alpha+\beta x \tag{8.2}$$

我们把式(8.2)叫做变量 y 与 x 的总体直线回归方程。其中,α 和 β 是总体回归方程的两个参数,α 是回归直线的截距;β 是回归直线的斜率,也称回归系数。此回归方程在平面坐标系中表现为一条直线,是两个变量变动的本质的关系,因而也是回归分析中给定 x 对 y 进行预测和控制的基本依据。

②在实际研究工作中,总体的两个参数是未知的,要通过抽样,根据样本资料实际观察值对 α 和 β 以及 ε 项做出估计,计算统计量 a 和 b 以代替未知参数 α 和 β,这样构造的回归方程叫样本直线回归方程,一般表示为下列形式:

$$\hat{y}=a+bx \tag{8.3}$$

以上式(8.3)中,$\hat{y}$ 叫做回归估计值,是当 x 在其研究范围内取某一个值时,依变量 y 的回归估计值。a 叫做样本回归截距,是回归直线与 y 轴交点的纵坐标,即 $x=0$ 时的 $\hat{y}$ 值,是总体参数 α 的估计值;当直线在 x 轴上方与 y 轴相截时 a 为正值,在 x 轴下方与 y 轴相截时 a 为负值。b 叫做回归直线的斜率,统计上称为样本回归系数,是 β 的估计值。表示自变量 x 每改变一个单位时,依变量 y 平均改变的单位数。b 的正负反映了 x 影响 y 的性质,b 的大小反映了 x 影响 y 的程度。当 $b>0$ 时,表示 x 每增加一个单位时 y 平均值的增加量,x 与 y 同方向变动;当 $b<0$ 时,表示 x 每增加一个单位时 y 平均值的减少量,x 与 y 反方向变动;当 $b=0$ 时,表示自变量与因变量不存在线性关系,回归线在 $\bar{y}$ 处与 x 轴平行。由此看到,回归系数 b 不仅反映了变量间数量上的变化关系,同时也能反映两变量间关系的性质。回归系数 b 是有单位的,所用单位为依变量单位除以自变量单位。

(2)样本直线回归方程的确立过程

当两个变量间存在直线回归关系时,其数据的散点在坐标图上趋近于一条直线。这条直线代表两个变量的关系,与实际数据的误差比任何其他直线都要小,即回归直线是在一切直线中最接近所有散点的直线,是对各点配合最好的直线,见图8.3。

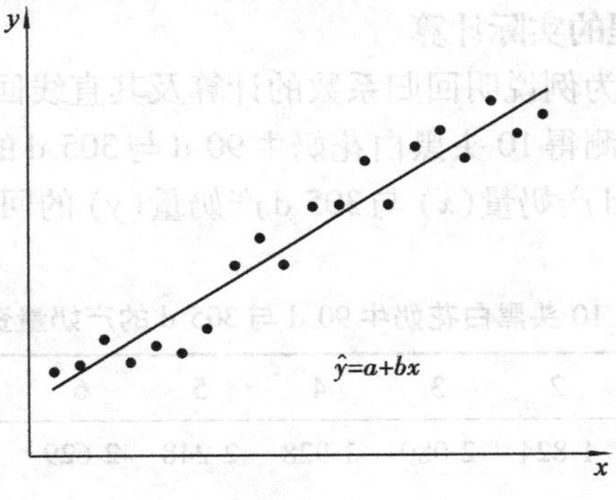

图8.3　直线回归散点图

怎样正确地计算 a 和 b 来确定它们的直线回归方程呢?由于对应 x 某一数值的 y 有多个实际值,通过各对数值就可能有多条直线。其中,最具代表性的无疑应该是实际值同这条直线平均离差最小的直线。为了找到这条直线,配合的最好方法是利用数学上的“最小二乘法”。这种方法使实际值 y 与直线回归方程所估计的 $\hat{y}$ 值的离差平方和为最小值,即 $\sum(y-\hat{y})^2$ 最小。为满足这一要求,我们可以利用最小二乘法求解 a 和 b,求解 a 和 b 的过程称为回归直线方程的拟合。

若令 $Q=\sum(y-\hat{y})^2=\sum(y-a-bx)^2$ 为最小值,根据微分学中求极值的原理,分别对 a 和 b 求偏导数,并令其都等于零:

$$\frac{\partial Q}{\partial a}=-2\sum(y-a-bx)=0$$

$$\frac{\partial Q}{\partial b}=-2\sum(y-a-bx)=0$$

经整理可得关于 a,b 的正规方程组:

$$\begin{cases}an+b\sum x=\sum y\\ a\sum x+b\sum x^2=\sum xy\end{cases}$$

然后解正规方程组,便可求得 a 和 b:

$$a = \sum y/n - b\frac{\sum x}{n}$$

即
$$a = \bar{y} - b\bar{x} \tag{8.4}$$

$$b = \frac{\sum xy - (\sum x)(\sum y)/n}{\sum x^2 - (\sum x)^2/n} = \frac{\sum (x-\bar{x})(y-\bar{y})}{\sum (x-\bar{x})^2} = \frac{SP_{xy}}{SS_x} \tag{8.5}$$

即
$$b = \frac{SP_{xy}}{SS_x} \tag{8.6}$$

其中,回归截距公式(8.4)中的$\bar{x}$与$\bar{y}$分别代表自变量x与依变量y的平均数。回归系数公式(8.6)中的分子 SP_{xy} 是自变量的离均差与依变量的离均差的乘积和,简称乘积和,即 $\sum (x-\bar{x})(y-\bar{y})$;分母 SS_x 是自变量 x 的离均差的平方和,即 $\sum (x-\bar{x})^2$。

这样所求得的a,b是α,β的无偏估计,$\hat{y}$是对应于x的依变量y值总体平均数的估计值。当 a 与 b 的具体数值求出后,代入公式(8.3),即可得到所求的直线回归方程。

3) 回归系数及回归方程的实际计算

以表8.1和表8.2资料为例说明回归系数的计算及其直线回归方程的建立过程。

例 8.1 某地方奶牛场测得10头黑白花奶牛90 d与305 d的产奶量(kg)资料,如表8.1所示,试计算黑白花奶牛90 d产奶量(x)与305 d产奶量(y)的回归系数,并建立回归方程,作出两变量的回归直线。

表 8.1 10 头黑白花奶牛 90 d 与 305 d 的产奶量资料 /kg

编号	1	2	3	4	5	6	7	8	9	10
90 d 产奶量(x)	1 562	1 824	2 080	1 928	2 248	2 629	2 551	2 382	2 167	2 453
305 d 产奶量(y)	5 122	4 677	5 702	6 298	6 980	7 726	7 162	6 343	6 134	7 186

(1)根据表8.1所列数据先计算出:

$\bar{x} = 2\ 182.4$, $\bar{y} = 6\ 333$, $\sum x^2 = 48\ 670\ 172$, $\sum y^2 = 409\ 490\ 742$, $\sum xy = 140\ 835\ 734$

$$SS_x = \sum x^2 - \frac{(\sum x)^2}{n} = 48\ 670\ 172 - 21\ 824^2/10 = 1\ 041\ 474$$

$$SP_{xy} = \sum xy - \frac{\sum x \sum y}{n} = 140\ 835\ 734 - (21\ 824 \times 63\ 330)/10 = 2\ 624\ 342$$

(2)代入 a 和 b 计算公式得:

$$b = \frac{SP_{xy}}{SS_x} = \frac{2\ 624\ 342}{1\ 041\ 474} = 2.519\ 8$$

$$a = \bar{y} - b\bar{x} = 6\ 333 - 2.519\ 8 \times 2\ 182.4 = 833.72$$

(3)因此,10头黑白花奶牛90 d与305 d的产奶量的直线回归方程为:

$$\hat{y} = 833.72 + 2.519\ 8x$$

从回归系数可知,由奶牛早期90 d产奶量x来估计整个泌乳期305 d的产奶量y时,90 d产奶量每增加(或减少)1 kg,则305 d产奶量将要在833.72 kg的基础上,平均增加(或减少)

2.52 kg。这一方程的显著性有待检验，如果显著，该方程有代表性，则二者之间呈正相关的直线关系。

根据所建立的直线回归方程可绘出该方程的回归直线图，回归直线图的一般做法是：取 x 的最小值(x_1) 和最大值(x_2) 代入回归方程，算出相应的估计值 $\hat{y}_1$ 和 $\hat{y}_2$，然后连接两个坐标点 ($x_1,\hat{y}_1$) 和($x_2,\hat{y}_2$)，即可在直角坐标系中画出一条回归直线，如图 8.4。

需要注意，此直线必须通过点($\bar{x}$, $\bar{y}$)，它可作为制图是否正确的判断依据。

另外需要注意的一点是，回归直线是有一定范围的，这条直线不能任意延长，因为在研究范围内两变量间是直线关系，这并不能保证在研究之外二者也是直线关系。

(4)作散点图：

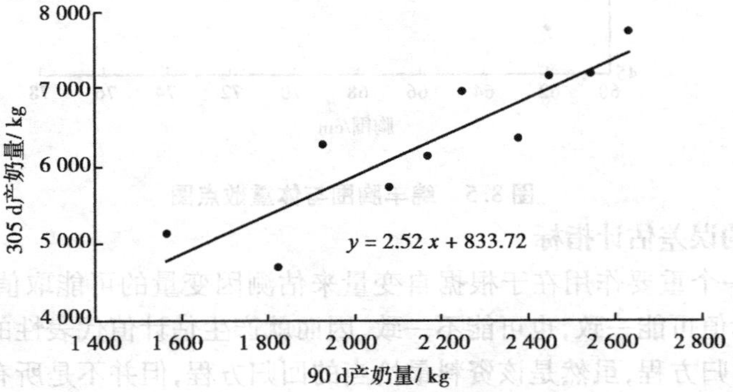

图 8.4　黑白花奶牛 305 d 与 90 d 产奶量散点图

例 8.2　测得某品种 10 只绵羊的胸围(cm) 和体重(kg) 的资料，如表 8.2 所示。试建立体重 y 对胸围 x 的直线回归方程，并作出回归直线图。

表 8.2　10 只绵羊胸围和体重资料

编号	1	2	3	4	5	6	7	8	9	10
胸围(x)	62	66	70	71	71	70	71	74	76	76
体重(y)	50	64	68	65	69	71	73	76	75	77

(1)根据上述已知数据先计算出：

已知：$\bar{x} = 70.7$，$\bar{y} = 68.8$，$\sum x^2 = 50\ 151$，$\sum y^2 = 47\ 906$，$\sum xy = 48\ 927$

所以：$SS_x = \sum x^2 - \frac{(\sum x)^2}{n} = 50\ 151 - 707^2/10 = 166$

$$SP_{xy} = \sum xy - \frac{\sum x \sum y}{n} = 48\ 927 - (707 \times 688)/10 = 285.4$$

(2)代入 a 和 b 计算公式得：

$$b = \frac{SP_{xy}}{SS_x} = \frac{285.4}{166} = 1.718\ 2$$

$$a = \bar{y} - b\bar{x} = 68.8 - 1.718\ 2 \times 70.7 = -52.68$$

(3)因此，绵羊的体重对胸围的直线回归方程为：

$$\hat{y} = -52.68 + 1.718\ 2x$$

从回归系数可知，由绵羊的胸围 x 来估计体重 y 时，胸围每增加（或减少）1 cm，则体重平均增加（或减少）1.72 kg。

（4）作散点图：

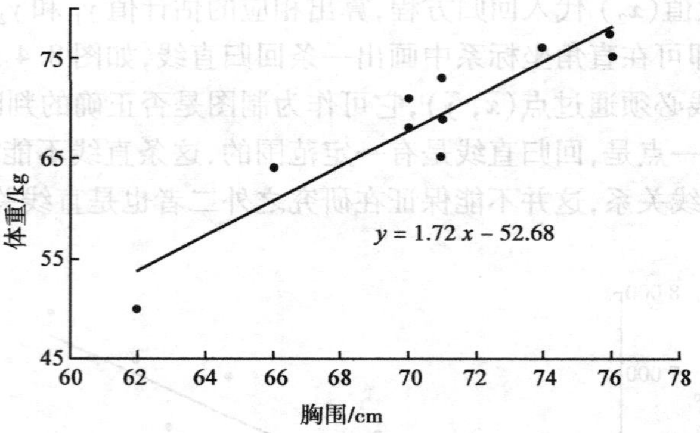

图 8.5　绵羊胸围与体重散点图

4）直线回归的误差估计指标

回归方程的一个重要作用在于根据自变量来估测因变量的可能取值。回归估计值（理论值）和真正的实际值可能一致，也可能不一致，因而就产生估计值代表性的问题。如上面例8.1与8.2所建立的回归方程，虽然是该资料最恰当的回归方程，但并不是所有的散点都恰好落在回归直线上，这说明用 $\hat{y}$ 去估计 y 是有偏差的，见图 8.5。回归方程的代表性如何，一般是通过估计标准误的计算来加以检验。

（1）估计标准误的计算

以上根据使偏差平方和最小建立了直线回归方程，偏差平方和 $\sum(y-\hat{y})^2$ 的大小表示了实测点与回归直线偏离的程度，因而又称为离回归平方和，那么，离回归平方和就可以从一个侧面判断线性回归方程的拟合优度。

统计上已证明：在直线回归分析中离回归平方和的自由度为 $n-2$。对于一元线性回归模型，统计学上定义离回归平方和除以自由度 $n-2$ 所得的平方根为估计标准误，也称为离回归标准误。其计算原理和标准差基本上相同，计算公式为：

$$s_{yx} = \sqrt{\sum(y-\hat{y})^2/(n-2)} \tag{8.7}$$

式中 s_{yx} 表示估计标准误，其下标表示 y 依 x 而回归的方程；分母 $n-2$ 称为回归估计自由度，因为回归模型 $\hat{y}=a+bx$ 中包括估计量 a 和 b，因此失去了两个自由度。

在实际工作中，当观察值较多，按式（8.7）计算估计标准误时，需要将每一个 x 值的回归估计值 $\hat{y}$ 计算出来，十分麻烦，且舍入误差较大。因此，通常采用下列简便公式：

$$s_{yx} = \sqrt{\frac{SS_y - SP_{xy}^2/SS_x}{(n-2)}} \tag{8.8}$$

其中，SS_y 是依变量 y 的离均差平方和，即 $\sum(y-\bar{y})^2 = \sum y^2 - (\sum y)^2/n$

（2）估计标准误的意义

估计标准误 s_{yx} 的大小表示了回归直线与实测点偏差的程度，是用来说明回归方程代表性大小或者说是表示回归方程偏离度的统计分析指标。在回归分析中，估计标准误 s_{yx} 越小，表明实际值紧靠估计值，回归方程拟合度越好，反之，估计标误 s_{yx} 越大，则说明实际值对估计值越分散，回归方程拟合度越差。

(3)实例计算

例 8.3　根据上述表 8.1 中的数据，对所建立的 90 d 产奶量与 305 d 产奶量的回归方程进行误差的估计。即利用上面已计算出的数据，带入公式(8.8)中，求得该方程的离回归标准误。

已知：$n=10, SS_x = 1\ 041\ 474, SS_y = 8\ 421\ 852, SP_{xy} = 2\ 624\ 342$

$$s_{yx} = \sqrt{\frac{SS_y - SP_{xy}^2/SS_x}{n-2}} = \sqrt{\frac{8\ 421\ 852 - (2\ 624\ 342)^2/1\ 041\ 474}{10-2}}$$

$$= \sqrt{\frac{1\ 808\ 944.78}{8}} = 475.518\ 8$$

计算结果表明，当利用直线回归方程 $\hat{y} = 833.72 + 2.519\ 8x$，由奶牛早期 90 d 产奶量估计 305 d 产奶量时，估计标准误为 475.518 8 kg。

例 8.4　再以表 8.2 中的数据为例，试计算由绵羊的胸围和体重所建立方程的离回归标准误。

已知：$n=10, SS_x = 166, SS_y = 571.6, SP_{xy} = 285.4$

$$s_{yx} = \sqrt{\frac{SS_y - SP_{xy}^2/SS_x}{n-2}} = \sqrt{\frac{571.6 - (285.4)^2/166}{10-2}}$$

$$= \sqrt{\frac{80.918\ 3}{8}} = 3.180\ 4$$

计算结果表明，当利用直线回归方程 $\hat{y} = -52.68 + 1.718\ 2x$，由绵羊的胸围估计体重时，估计标准误为 3.180 4 kg。

由以上计算结果可以看出，作为回归方程的判定和评价指标，由于估计标准误是有计量单位的，又没有确定的取值范围，不便于对不同资料回归方程的比较。在这点上显然不如后面所介绍的回归方程拟合优度的另一个评价指标：有确定的取值范围(0～1)和无单位的决定系数。

8.2.2　直线回归的显著性检验

由样本资料建立的直线回归方程 $\hat{y} = a + bx$ 由于抽样误差的存在，该方程有没有意义，能否用它来进行回归估测，也就是说两个变量间总体是否有真实的线性回归关系。若 x 和 y 总体不存在直线关系，则由其中的一个样本 n 对 (x_i, y_i) 观察值，也可以按上面介绍的方法算得一个直线回归方程。显然，这样的回归方程是靠不住的。这取决于直线回归所反映的两个变量间的直线关系是否真实。为此，还须对 y 与 x 间的直线关系进行显著性检验。直线回归方程的显著性检验包括回归系数 b 的检验和回归方程整体 F 的检验。

1)回归系数 b 的检验——t 检验

(1)小样本回归系数 b 的检验——t 检验

回归系数 b 是决定 x 与 y 变量依存关系的重要参数。若总体不存在直线关系，则总体回归系数 $\beta = 0$；若总体存在直线关系，则总体回归系数 $\beta \neq 0$，那么，检验总体回归系数 $\beta = 0$ 的假设就等于检验总体 x 与 y 变量不存在直线关系的假设。因此，对回归系数 b 的假设检验为：

原假设 $H_0:\beta=0$，备择假设 $H_A:\beta\neq 0$；b 检验的 t 统计量为：

$$t=\frac{b}{s_b},df=n-2 \tag{8.9}$$

t 统计量服从自由度 $df=n-2$ 的 t 分布。可查 t 表确定临界值。s_b 在上式(8.9)中，是样本回归系数抽样分布 b 的标准差，简称为回归标准误，其计算公式：

$$s_b=\frac{s_{yx}}{\sqrt{SS_x}} \tag{8.10}$$

其中，s_{yx} 为离回归标准误(估计标准误)；SS_x 为自变量离均差的平方和。

(2)t 检验的应用

例 8.5 现以表 8.1 中奶牛早期 90 d 产奶量和 305 d 产奶量的资料，来说明回归系数 b 的显著性检验——t 检验过程。

①建立假设。

$H_0:\beta=0$，90 d 产奶量和 305 d 产奶量所在双变量总体不存在直线关系。

$H_A:\beta\neq 0$，90 d 产奶量和 305 d 产奶量所在双变量总体存在直线关系。

②计算 t 统计量。

已计算得：$SS_x=1\ 041\ 474$，$s_{yx}=475.518\ 8$，$b=2.519\ 8$

因为
$$s_b=\frac{s_{yx}}{\sqrt{SS_x}}=\frac{475.518\ 8}{\sqrt{1\ 041\ 474}}=0.466$$

所以
$$t=\frac{b}{s_b}=\frac{2.519\ 8}{0.466}=5.407\ 3$$

③做出判断。

当 $df=n-2=10-2=8$，查 t 值表，得 $t_{0.05(8)}=2.306$，$t_{0.01(8)}=3.355$。

因为 $t=5.407\ 3>t_{0.01(8)}=3.355$，则 $P<0.01$

所以否定 $H_0:\beta=0$，接受 $H_A:\beta\neq 0$。

检验结果表明，奶牛 305 d 产奶量与早期 90 d 产奶量总体回归系数极显著，双变量间存在直线关系，可用所建立的直线回归方程来进行预测和估计。

例 8.6 再根据表 8.2 的资料，对绵羊的胸围(x)与体重(y)所建立的回归方程，检验回归系数 b 的显著性。

已知：$SS_x=166$，$s_{yx}=3.180\ 4$，$b=1.718\ 2$

因为
$$s_b=\frac{s_{yx}}{\sqrt{SS_x}}=\frac{3.180\ 4}{\sqrt{166}}=0.2468$$

所以
$$t=\frac{b}{s_b}=\frac{1.718\ 2}{0.246\ 8}=6.962$$

当 $df=n-2=10-2=8$，查 t 值表，得 $t_{0.05(8)}=2.306$，$t_{0.01(8)}=3.355$

因为 $t=6.962>t_{0.01(8)}$，则 $P<0.01$

所以否定 $H_0:\beta=0$，接受 $H_A:\beta\neq 0$。

检验结果表明，绵羊的胸围与体重总体回归系数极显著，双变量间存在直线相关，所建立的回归方程有预测意义。

2)回归关系的显著性检验——F 检验

(1)直线回归的变异来源

回归方程的 F 检验是将总偏差进行分解的一种检验方法，是对回归方程整体显著性与否的检验。下面结合依变量 y 总变异中各相关点的回归直线图 8.6 所示，来研究一下依变量 y 的变化规律。

对于每一观察值来说，变异的大小可以通过实际值 y 与平均数 $\bar{y}$ 的离差 $(y-\bar{y})$ 来表示。而全部 n 个观察值的总变异可以由这些离差的平方和 $\sum(y-\bar{y})^2$ 来表示。我们首先从 $(y-\bar{y})$ 的分解图 8.6 中可以看到，任一点 $P(x,y)$ 在回归直线的估计值 $\hat{y}$，它的离均差 $(y-\bar{y})$ 都可分解成两部分：y 与回归直线上相应的估计值(理论值) $\hat{y}$ 的离差 $(y-\hat{y})$ 与估计值 $\hat{y}$ 与平均数的离差 $(\hat{y}-\bar{y})$。表示成下列等式：$y-\bar{y}=(y-\hat{y})+(\hat{y}-\bar{y})$

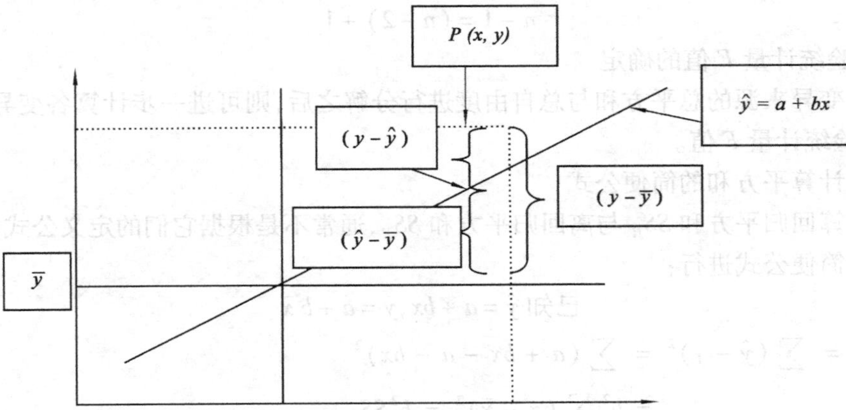

图 8.6　$(y-\bar{y})$ 的分解图

其中上式：左边 $(y-\bar{y})$ 项，称为总误差，可以认为是每个具体 y 值与平均值 $\bar{y}$ 的误差；右边第一项 $(y-\hat{y})$ 称为估计误差，它是配合回归直线后残留的误差量，所以属于不被解释的误差，也称剩余误差，即它是由 x 以外的不能控制的因素而引起的偶然差异；右边第二项 $(\hat{y}-\bar{y})$ 称为回归误差，表明这一部分误差和 x 有关，是可以由 x 得到解释和说明的，也就是说，它可以认为是扣除了回归直线配合于观察值时产生的误差量。将上式两端平方，并对所有各点求和，得：

$$\sum(y-\bar{y})^2 = \sum[(y-\hat{y}) + \sum(\hat{y}-\bar{y})]^2$$
$$= \sum(y-\hat{y})^2 + \sum(\hat{y}-\bar{y})^2 + 2\sum(y-\hat{y})(\hat{y}-\bar{y})$$

公式右边第一项 $\sum(y-\hat{y})^2$ 是依变量的各观察值 y 与回归值 $\hat{y}$ 之差的平方和，这部分代表 y 离回归线的变异，它与 x 大小无关，反应了除 y 与 x 存在直线关系以外的原因所引起的变异程度，故称为离回归平方和或误差平方和，记为 SS_E；右边第二项 $\sum(\hat{y}-\bar{y})^2$ 是回归估计值 $\hat{y}$ 与平均值 $\bar{y}$ 之差的平方和，这部分是由于自变量 x 的变化而引起依变量 y 变化的部分，反映了总变异中由于 y 与 x 间存在直线关系，而引起的 y 变异的部分，故称为回归平方和，记为 SS_R；而上式右边第三项经证明等于零：$2\sum(y-\hat{y})(\hat{y}-\bar{y})=0$。因此，$y$ 变异的总误差平方和等于离回归平方和 SS_E 与回归平方和 SS_R 之和。

①y 变异总平方和的分解：将以上关系表示成下列等式：

$$\sum(y-\bar{y})^2 = \sum(y-\hat{y})^2 + \sum(\hat{y}-\bar{y})^2 \tag{8.11}$$

总误差平方和 = 离回归平方和 + 回归误差平方和

可简记为：
$$SS_Y = SS_E + SS_R \tag{8.12}$$

②总自由度的分解：

以上分析表明：y 的总平方和可以剖分为离回归差平方和与回归平方和两部分。同理，总自由度 df_y 也可以剖分为离回归自由度 df_E 和回归自由度 df_R 两部分，在直线回归分析中，y 的总自由度 $df_y = n-1$；回归自由度等于自变量的个数，即 $df_R = 1$；离回归自由度 $df_E = n-2$。即表示为：

$$df_y = df_E + df_R \tag{8.13}$$

$$n-1 = (n-2) + 1$$

(2)检验统计量 F 值的确定

以上将变异来源的总平方和与总自由度进行分解之后，则可进一步计算各变异来源的均方，得到检验统计量 F 值。

①实际计算平方和的简便公式

实际计算回归平方和 SS_R 与离回归平方和 SS_E，通常不是根据它们的定义公式，而采用下面变换后的简便公式进行：

$$已知\ \hat{y} = a + bx, \bar{y} = a + b\bar{x}$$

$$由\ SS_R = \sum(\hat{y} - \bar{y})^2 = \sum(a + bx - a - b\bar{x})^2$$
$$= b^2\sum(x - \bar{x})^2 = b^2 SS_x$$

再由 $b = SP_{xy}/SS_x$ 带入上式，得：

$$SS_R = SP_{xy}^2/SS_x \tag{8.14}$$

然后，由公式(8.12)得：

$$SS_E = SS_y - SS_R = SS_y - {SP_{xy}}^2/SS_x \tag{8.15}$$

②均方及 F 值的确立：

离回归均方：$MS_E = SS_E/df_E$；回归均方：$MS_R = SS_R/df_R$

$$F = \frac{MS_R}{MS_E} = \frac{\sum(\hat{y} - \bar{y})^2/1}{\sum(y - \hat{y})^2/n-2} \tag{8.16}$$

(3)回归关系检验结果的判断

对总体回归系数 $\beta = 0$ 的 F 检验，是在给定显著水平 α 条件下，将计算的 F 值同查 F 表(自由度为1和 $n-2$)所得到的临界值进行比较，由 F 检验可确定回归关系的显著性结果。若 $F \geq F_{\alpha(1,n-2)}$，就拒绝原假设，说明两变量存在直线关系；若 $F < F_{\alpha(1,n-2)}$ 则接受原假设，说明两变量不存在直线关系。通常列成方差分析表计算：

表8.3　直线回归关系方差分析表

变异来源	平方和 (SS)	自由度 (df)	均方(MS)	F 值
回归	$SS_R = SP_{xy}^2/SS_x$	1	$MS_R = SS_R/1$	$F = \frac{MS_R}{MS_E}$
离回归	$SS_E = SS_y - SS_R$	$n-2$	$MS_E = SS_E/n-2$	
y 总变异	$SS_y = \sum(y - \bar{y})^2$	$n-1$	$SS_Y/n-1$	

3) F 检验的实例

例 8.7 现以例 8.1 奶牛早期 90 d 产奶量和 305 d 产奶量资料,来说明方差分析法对该回归关系的显著性检验的过程。

(1)求各变异来源的平方和与自由度

已知:$SS_x = 1\ 041\ 474$, $SP_{xy} = 2\ 624\ 342$, $\sum y^2 = 409\ 490\ 742$

①$SS_y = \sum (y - \bar{y})^2 = \sum y^2 - \dfrac{(\sum y)^2}{n} = 8\ 421\ 852$, $df_y = n - 1 = 9$

②$SS_R = SP_{xy}^2/SS_x = 2\ 624\ 342^2/1\ 041\ 474 = 6\ 612\ 907.215$, $df_R = 1$

③$SS_E = SS_y - SS_R = 8\ 421\ 852 - 6\ 612\ 907.215 = 1\ 808\ 944.785$, $df_E = 8$

(2)列方差分析表计算均方和 F 值

表 8.4 90 d 产奶量与 305 d 产奶量回归关系方差分析表

变异来源	SS	df	MS	F 值	临界值
回归	6 612 907.215	1	6 612 907.215	29.245 4**	$F_{0.05(1,8)} = 5.32$
离回归	1 808 944.785	8	226 118.098		$F_{0.01(1,8)} = 11.26$
y 总变异	8 421 852	9	935 761.333 3		

(3)结论

查 F 表,实际 $F > F_{0.01(1,8)} = 11.259$,即 $P < 0.01$,差异高度显著。因此,否定 $H_0:\beta = 0$,接受 $H_A:\beta \neq 0$。检验结果表明,奶牛 305 d 产奶量与早期 90 d 产奶量的回归关系非常显著,双变量总体存在直线关系,所求出的直线回归方程有意义。

例 8.8 再以某品种 10 只绵羊的胸围(cm)和体重(kg)的资料(见表 8.2)为例,试检验该体重 y 对胸围 x 的直线回归方程的显著性。

(1)求各变异来源的平方和与自由度

已知:依变量的总平方和 $SS_y = 571.6$, $SP_{xy} = 285.4$, $SS_x = 166$

①回归平方和 $SS_R = SP_{xy}^2/SS_x = 285^2/166 = 489.307\ 2$

②离回归平方和 $SS_E = SS_y - SS_R = 571.6 - 489.307\ 2 = 82.292\ 8$

③总自由度 $df_y = n - 1 = 9$;回归自由度 $df_R = 1$;离回归自由度 $df_E = 8$

(2)计算均方和 F 值

①回归均方 $MS_R = SS_R/df_R = 489.307\ 2$;

②离回归均方 $MS_E = SS_E/df_E = 82.292\ 8/8 = 10.286\ 6$,

所以: $$F = \frac{MS_R}{MS_E} = 489.307\ 2/10.286\ 6 = 47.567\ 4$$

(3)列方差分析表并计算 F 值

表 8.5 绵羊的胸围与体重回归关系方差分析表

变异来源	SS	df	MS	F 值	临界值
回归	489.307 2	1	489.307 2	47.567 4**	$F_{0.05(1,8)} = 5.32$
离回归	82.292 8	8	10.286 6		$F_{0.01(1,8)} = 11.26$
y 总变异	571.6	9			

(4)结论

查 F 表,实际 $F > F_{0.01(1,8)} = 11.259$,则 $P < 0.01$,差异高度显著。因此,否定 $H_0:\beta = 0$,接受 $H_A:\beta \neq 0$。检验结果表明,绵羊的胸围与体重的回归关系非常显著,双变量总体确有线性回归关系存在,所求出的回归方程有意义。

综上所述:我们对同一线性回归方程采用了 t 检验和 F 检验,结论是一致的。事实上,统计学已经证明,在直线回归分析中,这两种检验方法是等价的,可任选一种进行检验。但是,在多元回归分析中它们是不等价的,t 检验只是检验回归方程中各个系数的显著性;而 F 检验则是检验整个回归关系的显著性。

8.3 直线相关

直线相关是两个变量变化表现为直线形式的相关关系,又称为简单线性相关。它们的概率分布属于二元分布(两个随机变量的联合概率分布)。直线相关分析的主要内容是根据 x,y 的实际观测值,计算表示两个相关变量 x,y 间线性相关程度和性质的统计量——相关系数 r,并对相关系数进行显著性检验。

8.3.1 决定系数和相关系数

1)决定系数 r^2

用最小平方法求得的回归直线 $\hat{y} = a + bx$ 确定了 x 与 y 的具体变动关系,所建立的回归方程在一定程度上揭示了两个相关变量之间的内在规律。但是,实际值是否紧密分布在回归直线的两侧?其紧密程度如何?这关系到回归方程(模型)的应用价值。现结合依变量 y 的变异规律,说明测定回归直线拟合效果的一个重要指标—决定系数 r^2。

(1)计算方法

上一节中我们已经证明,依变量的总平方和可以剖分成回归平方和与离回归平方和两部分。或者说,依变量变异的总偏差的一部分为依存关系影响的回归偏差;另一部分是由各种不确定因素引起的随机误差(剩余偏差)。它们的关系式为:

$$\sum (y - \bar{y})^2 = \sum (y - \hat{y})^2 + \sum (\hat{y} - \bar{y})^2$$

总误差平方和 = 离回归平方和 + 回归误差平方和

从这个等式中不难看出:在总偏差平方和一定时,回归偏差平方和越小,离回归平方和偏差就越大。由此推论,如果 y 的实际值都紧密分布在回归直线两侧,剩余偏差 $\sum (y - \hat{y})^2$ 很小,说明 x 与 y 的依存关系很强,总偏差主要由回归偏差 $\sum (\hat{y} - \bar{y})^2$ 来解释;极端而言,如果 y 都落在回归直线上,$\sum (y - \hat{y})^2 = 0$,则 $\sum (\hat{y} - \bar{y})^2 = \sum (y - \bar{y})^2$,说明 x 与 y 为确定性的函数关系,这时,总偏差 $\sum (y - \bar{y})^2$ 就完全由回归偏差来解释了。

将上式两边同除以总平方和 $\sum (y - \bar{y})^2$,得:

$$\frac{\sum(y-\hat{y})^2}{\sum(y-\bar{y})^2}+\frac{\sum(\hat{y}-\bar{y})^2}{\sum(y-\bar{y})^2}=1 \tag{8.17}$$

其中,公式 8.16 左边第一项说明估计误差占总偏差的百分比；第二项说明回归误差占总偏差的百分比,该项比例越大则总误差中由回归方程来解释的部分也越大,估计误差也就相对减小。因此可以得出：y 与 x 直线回归效果的好坏取决于回归平方和 $\sum(\hat{y}-\bar{y})^2$ 与离回归平方和 $\sum(y-\hat{y})^2$ 的大小,或者说取决于回归平方和在 y 的总平方和 $\sum(y-\bar{y})^2$ 中所占的比例的大小。这个比例越大,y 与 x 的直线回归效果就越好,反之则差。我们把这项比值叫做 x 对 y 的决定系数(coefficient of determination),记为 r^2,即：

$$r^2=\frac{\text{回归平方和}}{\text{总偏差}}=\frac{\sum(\hat{y}-\bar{y})^2}{\sum(y-\bar{y})^2} \tag{8.18}$$

(2)决定系数 r^2 的意义

① 决定系数 r^2 的大小,表示了回归方程估测可靠程度的高低。显然决定系数 r^2 的取值范围 $0\leqslant r^2\leqslant 1$,一般情况下,$r^2$ 是在 0 ~ 1 之间。r^2 值越大,则方程估测可靠程度越强,反之,r^2 值越小,则方程估测可靠程度越弱。

② 决定系数 r^2 是以回归偏差占总偏差的比率来表示回归方程(模型)拟合优度的评价指标。当 x 与 y 两变量依存关系很密切,乃至 y 的变化完全由 x 引起时,则 $\sum(y-\hat{y})^2=0$,$r^2=1$,此时相关点都落在回归直线上,即为完全线性相关;当 x 与 y 两变量不存在依存关系,即 y 的变化与 x 无关,则 $\sum(\hat{y}-\bar{y})^2=0$,$r^2=0$,即两变量不相关或零相关。

(3)决定系数 r^2 与估计标准误 s_{yx} 的关系

两个统计量都是用来说明回归方程代表性大小的分析指标。在回归分析中,估计标准误是离回归偏差占总偏差的比率表示回归方程拟合优度的评价指标,s_{yx} 越小,表明实际值紧靠估计值,回归方程拟合度越好,反之,估计标准误 s_{yx} 越大,则说明实际值对估计值越分散,回归方程拟合度越差;而决定系数 r^2 以回归偏差占总偏差的比率来表示回归方程(模型)拟合优度的评价指标,r^2 值越大,则方程估测可靠程度越强,反之,r^2 值越小,则方程估测可靠程度越弱。

2)相关系数

在实际计算时,决定系数可简化成如下式：

$$r^2=\frac{\sum(\hat{y}-\bar{y})^2}{\sum(y-\bar{y})^2}=\frac{SP_{xy}^2}{SS_xSS_y}=\frac{SP_{xy}}{SS_x}\cdot\frac{SP_{xy}}{SS_y}=b_{yx}\cdot b_{xy} \tag{8.19}$$

其中,SP_{xy}/SS_x 是以 x 为自变量,y 为依变量时的回归系数 b_{yx}

SP_{xy}/SS_y 是以 y 为自变量,x 为依变量时的回归系数 b_{xy}

(注意回归系数 b 的脚码,依变量在前,自变量在后)

由公式(8.19) 可以得出：决定系数 r^2 等于 y 对 x 的回归系数 b_{yx} 与 x 对 y 的回归系数 b_{xy} 的乘积。即决定系数表示了两个互为因果关系的相关变量间直线相关的程度。但由于其取值范围介于0与1之间,不能反映直线关系的性质——是正相关或是负相关变化的方向,因此相关分析有必要找出一个既能反映两变量相关程度又能反映两变量相关性质的统计量 —— 相关系数。

(1)相关系数 r 的计算公式

若求决定系数 r^2 的平方根,且平方根的符号与乘积和 sp_{xy} 的符号一致,即与 b_{yx} 和 b_{xy} 的符号一致,这样求出的平方根既可表示 y 与 x 的直线相关程度,也可表示直线相关的性质。

统计学上把这样计算所得的统计量称为 x 与 y 的相关系数,记为 r,计算公式为:

$$r = \frac{SP_{xy}}{\sqrt{SS_x SS_y}} \tag{8.20}$$

上式中:

①$SS_x = \sum(x-\bar{x})^2 = \sum x^2 - \frac{(\sum x)^2}{n}$ 为变量 x 的离均差平方和,简称 x 变量的平方和。

②$SS_y = \sum(y-\bar{y})^2 = \sum y^2 - \frac{(\sum y)^2}{n}$ 为变量 y 的离均差平方和,简称 y 变量的平方和。

③$SP_{xy} = \sum(x-\bar{x})(y-\bar{y}) = \sum xy - \frac{\sum x \sum y}{n}$ 是两变量离均差的乘积之和,简称乘积和。

因此,相关系数实际计算的公式:

$$r = \frac{\sum xy - \frac{(\sum x)(\sum y)}{n}}{\sqrt{\left[\sum x^2 - \frac{(\sum x)^2}{n}\right]\left[\sum y^2 - \frac{(\sum y)^2}{n}\right]}} \tag{8.21}$$

(2)相关系数的性质

r 的正负决定了变量间的相关性质,r 值的大小表示了变量间相关的密切程度。r 的取值区间为 $-1 \leqslant r \leqslant 1$。$r$ 的绝对值越大则回归效果越好,即由 x 估计 y 的准确度越高。

①当 $|r|=1$,表示 x 与 y 变量为完全线性相关,即 x 与 y 之间存在着确定的函数关系;$r=1$ 为完全正相关,$r=-1$ 为完全负相关。在畜禽、水产、兽医研究中,完全相关的情况很罕见。

②当 $|r|=0$,表示 y 的变化与 x 无关,即 x 与 y 变量不存在线性相关。

③当 $r>0$,表示 x 与 y 为线性正相关,当 $r<0$ 表示 x 与 y 为线性负相关;r 的正负取决于乘积和的正负。

④当 $0<|r|<1$,表示 x 与 y 两变量存在着不同程度的线性相关,即为不完全相关。$|r|$ 的数值越大,越接近于 1,表示 x 与 y 直线相关程度越强;反之 $|r|$ 的数值小,越接近于 0,表示 x 与 y 直线相关程度越弱。生物科学中普遍存在的是不完全相关这一类。

⑤通常相关程度判别的标准是:一般认为相关系数的绝对值在 0.7 以上为强相关,在 0.3～0.7 为中等相关,0.3 以下为弱相关。

3)决定系数与相关系数的关系

(1)联系

①上述已经证明,直线回归的决定系数 r^2 的平方根,就是简单线性相关的相关系数 r,即:

$$r = \sqrt{r^2} = \sqrt{\frac{SP_{xy}^2}{SS_x \cdot SS_y}} = \frac{SP_{xy}}{\sqrt{SS_x SS_y}} \tag{8.22}$$

② r 与 r^2 本身不受变量值水平和计量单位的影响,只是系数指标,且取值有一定的范围,便于在不同资料之间对相关程度进行比较,在回归方程拟合优度指标上 r^2 优于估计标准误;而 r 的大小和正负,可确定相关程度评价的标准。

(2)区别

①取值不同。相关系数 r 值可正可负,取值区间为($-1 \leqslant r \leqslant 1$),既反映变量的相关性质,又表示了变量间的相关程度;决定系数 r^2 的取值区间是($0 \leqslant r^2 \leqslant 1$),一定是正值,因此只表示相关程度,不表示相关性质。

②统计意义不同。虽然相关系数 r 可以由决定系数 r^2 开平方求得,但其代表的意义并不相同。相关系数是两个变量标准化离差的乘积和的平均数。而 r^2 是回归平方和与依变量总平方和的比值,亦即由 x 不同而引起的 y 变异的偏差占总偏差的百分比,因此,用 r^2 可避免对相关程度的夸大的解释。

例如资料 x,y 两个变量间的相关系数 $r=0.5$,在 $df=24$ 时,$r_{0.01(24)}=0.496$,$r>r_{0.01(24)}$,表明相关系数极显著;而 $r^2=0.25$,表明 x 变量或 y 变量的总变异能够通过 y 变量或 x 变量以线性回归的关系来估计的比重只占 25%。其余 75% 的变异无法借助线性回归关系来估计。正确地解释是有 25% 的变异是由 x 造成的。

由于 r^2 能比较客观地反映变量间的密切程度,采用 r^2 的大小来估计回归方程的效果比相关系数 r 更好,所以近些年有更多使用 r^2 的趋势。

8.3.2 相关系数的计算

由计算公式(8.20)可见,相关系数的计算关键是求出 x 与 y 两变量的乘积和以及各自的平方和,即 SP_{xy}, SS_x, SS_y。有了这 3 个数值,代人公式(8.20)即可方便地计算出相关系数。

例 8.9 根据 10 头黑白花奶牛 90 d 与 305 d 的产奶量(kg)资料(见表 8.1),试计算黑白花奶牛 90 d 产奶量(x)与 305 d 产奶量(y)的相关系数。

已知:$\bar{x} = 2\ 182.4$, $\bar{y} = 6\ 333$, $\sum x = 21\ 824$, $\sum y = 63\ 330$

$$\sum x^2 = 48\ 670\ 172,\ \sum y^2 = 409\ 490\ 742,\ \sum xy = 140\ 835\ 734$$

根据表 8.2 所列数据先计算出:

$$SS_x = \sum x^2 - \frac{(\sum x)^2}{n} = 48\ 670\ 172 - 21\ 824^2/10 = 1\ 041\ 474$$

$$SS_y = \sum y^2 - \frac{(\sum y)^2}{n} = 409\ 490\ 742 - 63\ 330^2/10 = 8\ 421\ 852$$

$$SP_{xy} = \sum xy - \frac{\sum x \sum y}{n} = 140\ 835\ 734 - (21\ 824 \times 63\ 330)/10 = 2\ 624\ 342$$

代入公式(8.20) 得:

$$r = \frac{SP_{xy}}{\sqrt{SS_x SS_y}} = \frac{2\ 624\ 342}{\sqrt{1\ 041\ 474 \times 8\ 421\ 852}} = 0.886\ 1$$

即 90 d 产奶量与 305 d 产奶量的相关系数是 0.886 1。

例 8.10 根据 10 只绵羊胸围(cm)与体重(kg)资料(见表 8.2),试计算胸围(x)与体重(y)的相关系数。

已知：$\bar{x} = 70.7, \bar{y} = 68.8, \sum x = 707, \sum y = 688$

$$\sum x^2 = 50\ 151,\ \sum y^2 = 47\ 906,\ \sum xy = 48\ 927$$

根据上述已知数据先计算出：

$$SS_x = \sum x^2 - \frac{(\sum x)^2}{n} = 50\ 151 - (707)^2/10 = 166$$

$$SS_y = \sum y^2 - \frac{(\sum y)^2}{n} = 47\ 906 - (688)^2/10 = 571.6$$

$$SP_{xy} = \sum xy - \frac{\sum x \sum y}{n} = 48\ 927 - (707 \times 688)/10 = 285.4$$

代入公式(8.20)得：

$$r = \frac{SP_{xy}}{\sqrt{SS_x SS_y}} = \frac{285.4}{\sqrt{166.1 \times 571.6}} = 0.926\ 2$$

即绵羊的胸围与体重的相关系数是0.926 2。

例8.11 为了确定胰岛素注射量(x)对生理血糖含量(y)的影响关系，对在相同条件下繁殖的12只大白鼠分别给予注射不同剂量(g)的胰岛素D后，并测定了各大白鼠血糖减少量(g)的数据。试计算胰岛素D注射量与血糖减少量的决定系数和相关系数。

表8.6 血糖减少量(y)与胰岛素D注射量(x)测定资料

编号	1	2	3	4	5	6	7	8	9	10	11	12
胰岛素注射计量(x)	0.1	0.15	0.2	0.25	0.30	0.35	0.40	0.45	0.50	0.55	0.60	0.65
血糖减少量(y)	22	23	28	34	35	44	47	50	52	56	65	66

已知：$\sum x = 4.5, \sum y = 522, \bar{x} = 0.375, \bar{y} = 43.5$

$$\sum x^2 = 2.045, \sum y^2 = 25\ 244, \sum xy = 225.65$$

根据上述已知数据先计算出：

$$SS_x = \sum x^2 - \frac{(\sum x)^2}{n} = 2.045 - (4.5)^2/12 = 0.357\ 5$$

$$SS_y = \sum y^2 - \frac{(\sum y)^2}{n} = 25\ 244 - (522)^2/12 = 2\ 537$$

$$SP_{xy} = \sum xy - \frac{\sum x \sum y}{n} = 225.65 - (4.5 \times 522)/12 = 29.9$$

代入式(8.20)得：

$$r = \frac{SP_{xy}}{\sqrt{SS_x SS_y}} = \frac{29.9}{\sqrt{0.357\ 5 \times 2\ 537}} = 0.993$$

$$r^2 = (0.993)^2 = 0.986$$

计算结果：胰岛素D注射量与血糖减少量的决定系数0.986，相关系数是0.993。由于$r^2 = 0.986$，表明血糖减少量y的总变异能够通过胰岛素D注射量x以线性回归的关系来估计的比重占了 98%。说明两个变量相关关系高度显著。

8.3.3　相关系数的显著性检验

1)相关系数显著性检验的目的

相关系数和其他统计量一样,亦存在着由样本统计量能否代表总体参数的问题。上述根据观察值计算得来的相关系数(r)实质上是样本的相关系数,而不是双变量总体的相关系数(ρ)。当用样本相关系数作为总体相关系数的估计值时,样本单位数(n)的多少,在很大程度上直接影响 r 对 ρ 所做的推断,很可能出现总体中两变量实际上不相关($\rho=0$),而所计算的样本相关系数 r 值都较大,显示着两变量较为密切的相关情况。从而提出这样的问题:样本相关系数是否具有代表性,是否能够用来估计总体相关系数?如果样本相关系数较高,能否认为总体的相关系数也较高?是否可能来自一个不存在线性相关的总体?这些问题涉及样本相关系数的假设检验问题,即所谓样本相关系数的显著性检验。

相关系数显著性检验的目的,是要证明所得样本相关系数 r 是总体相关系数 $\rho=0$ 的无相关总体得来的样本,还是从 $\rho\neq0$ 的有关总体中得来的样本。也就是要说明所在的总体是否存在线性相关。因此,在对总体两变量作出结论之前,必须检验样本 r 值的显著性。

2)相关系数显著性检验的方法与步骤

(1)在小样本的情况下,可用费希尔(R. A. Fisher)的 t 检验法

具体步骤:

①提出统计假设。

原假设:总体相关系数为零,写成 H_0: $\rho=0$,即两样本所在总体不存在线性相关。

备择假设:总体相关系数不为零,写成 H_A:$\rho\neq0$,即两样本所在总体存在线性相关。

②计算检验统计量 。

以样本的相关系数 r 来估计总体的相关系数不可避免会有误差,样本的相关系数 r 的抽样平均误差即相关系数 r 标准误 s_r 为:

$$s_r=\sqrt{\frac{1-r^2}{n-2}} \tag{8.23}$$

假定 $\rho=0$,求统计量 t:

$$t=\frac{r-0}{s_r}=\frac{r}{\sqrt{\frac{1-r^2}{n-2}}} \tag{8.24}$$

则 t 服从自由度 $n-2$ 的 t 分布,从上式可以计算出 t 的实际值,即检验统计量 t 的取值。

③做出判断。根据$|t|>t_{\alpha/2}$给定的显著水平 α,查 t 表中 $t_{\alpha/2(n-2)}$ 的临界值:如果计算的 t 值大于临界值,则 $P<\alpha$,就拒绝原假设,接受备择假设;如果计算的 t 值小于临界值,即$|t|\leq t_{\alpha/2}$,$P\geq\alpha$,则接受原假设,拒绝备择假设。

例 8.12　采用相关系数的 t 检验法对胰岛素 D 注射量与血糖减少量的相关系数进行显著性检验(见表 8.6)。

①提出统计假设。

H_0:$\rho=0$,胰岛素 D 注射量与血糖减少量所在总体不存在线性相关。

H_A:$\rho\neq0$,胰岛素 D 注射量与血糖减少量所在总体存在线性相关。

②计算 t 统计量。

已知 $n=12, r^2=0.986, r=0.993$

则，相关系数标准误 $s_r=\sqrt{\frac{1-r^2}{n-2}}=\sqrt{\frac{1-0.986}{12-2}}=0.0374$

$$t=\frac{r-0}{s_r}=\frac{0.993}{0.0374}=26.55$$

③做出判断。

因为 $t>t_{0.01(8)}=3.355$，$P<0.01$，所以，拒绝原假设，接受备择假设。表明胰岛素 D 注射量与大白鼠血糖减少量的直线相关系数极显著。

(2)采用直接查表法进行相关系数的显著性检验

为了简化检验的过程，统计学家已根据相关系数的显著性 t 检验法计算出了5%和1%的临界 r 值并编列出《相关系数临界值》(附表6)的表格，所以可以直接采用查表法对相关系数 r 进行显著性检验。具体方法是：

① 先根据自由度 $n-2$ 查临界值 r，得 $r_{0.05}$，$r_{0.01}$。

② 若 $|r|<r_{0.05}$，$P>0.05$，则相关系数 r 不显著；若 $r_{0.05}\leqslant|r|<r_{0.01}$，$0.01<P<0.05$，则相关系数 r 显著，标记“*”；若 $|r|\geqslant r_{0.01}$，$P\leqslant 0.01$，则相关系数 r 极显著，标记“**”。

对于例 8.1，因为 $df=n-2=10-2=8$，查附表得：$r_{0.05(8)}=0.632$，$r_{0.01(8)}=0.765$，而 $r=0.8861>r_{0.01(8)}$，$P\leqslant 0.01$，即表明 90 d 产奶量与 305 d 产奶量的直线相关系数极显著。

8.3.4 相关系数与回归系数的关系

1)相关系数与回归系数计算上的关系

(1)相关系数 r 是自变量标准差 s_x 和依变量标准差 s_y 的比值与回归系数 b_{yx} 的乘积。由此关系，可以方便地进行回归系数与相关系数的转换。计算关系证明如下：

因为：
$$r=\frac{SP_{xy}}{\sqrt{SS_xSS_y}}=\frac{SP_{xy}}{\sqrt{SS_x\times SS_y}}\times\frac{\sqrt{SS_x}}{\sqrt{SS_x}}=\frac{SP_{xy}}{SS_x}\times\frac{\sqrt{SS_x/n-1}}{\sqrt{SS_y/n-1}}$$

所以：
$$r=b_{yx}\times\frac{s_x}{s_y}\longrightarrow b_{yx}=r\times\frac{s_y}{s_x} \tag{8.25}$$

同理：
$$r=b_{xy}\times\frac{s_y}{s_x}\longrightarrow b_{xy}=r\times\frac{s_x}{s_y} \tag{8.26}$$

(2)相关系数 r 又是正反两个回归系数的几何均数，它包含了 y 对 x 与 x 对 y 的两个回归系数的信息。如果不需要有一个变量的变化来估测另一个变量的变化，那么采用相关系数表示两变量间的关系将更为合适。计算关系亦可证明。

将公式(8.18)与公式(8.19)中两个相关系数的计算公式的两边分别相乘，则有：

$$r^2=b_{yx}\cdot\frac{s_y}{s_x}\cdot b_{xy}\cdot\frac{s_y}{s_x}=b_{yx}\cdot b_{xy}$$

于是相关系数：
$$r=\sqrt{r^2}=\sqrt{b_{yx}\cdot b_{xy}} \tag{8.27}$$

(3)回归系数 b 的符号同相关系数 r 一致，表明变量变化的方向，但它不表示变量之间相关的程度，而只是 x 与 y 两变量变动的比率。回归系数 b 是有计量单位的，其数值受计量单位的影响；相关系数 r 本身不受变量值水平和计量单位的影响，只是系数指标，且取值有一定的范围，便于在不同资料之间对相关程度进行比较。

以上分析表明，相关系数与回归系数既有联系又有区别，且在计算关系上联系紧密，这也同时表明了对于同一资料的相关分析和回归分析确实有着十分密切的联系。

2）回归分析与相关分析的比较

(1)联系

①事实上，回归分析和相关分析它们的研究对象都是呈直线关系的相关变量，直线回归分析将两个相关变量区分为自变量与因变量，侧重于寻求它们之间的联系形式——建立直线回归方程；直线相关分析不区分自变量与因变量，侧重于揭示它们之间的联系程度和性质——计算出相关系数。相关分析需要回归分析来表明数量关系的具体形式；而回归分析则应该建立在相关分析的基础上，依靠相关分析表明现象具有密切的相关程度，建立有意义的回归方程。

②两种分析所进行的显著性检验都是解决 y 与 x 是否存在直线关系，因而二者的检验是等价的。由于依变量总平方和无论从回归角度，还是从相关角度进行剖分其数量值相等，这就容易理解同一资料的相关的显著性，必与回归的显著性一致的原因。即相关系数显著，回归系数亦显著；相关系数不显著，回归系数也必然不显著。由于利用查表法对相关系数进行显著性检验十分简便，因此在实际进行直线回归分析时，可用相关系数显著性检验代替直线回归关系的显著性检验。

(2)区别

①所解决的问题不同。相关系数能确定变量之间相关的密切程度和相关性质(相关方向)，但不能指出两变量相互关系的具体形式，也无法从一个变量的变化来推测另一个变量的变化情况。

回归分析则是通过一定的数学方程来反映变量之间的相互关系的具体形式，以便从已知的自变量来推断未知的依变量，为估测提供一个重要的方法。

②所研究的变量地位不同。相关分析既可以研究呈因果关系的变量又可以研究平行关系的变量，不必确定两变量中哪个是自变量，哪个是因变量；计算相关系数时两变量是对等的，不影响相关系数的数值。

而回归分析则是研究呈因果关系的变量的相互作用形式，必须明确变量中自变量和因变量的地位；y 对 x 的回归方程与 x 对 y 的回归方程具有完全不同的意义，只能由自变量来估计因变量，不允许由因变量来推测自变量。

③所研究的变量性质不同。在相关分析中，两变量都可以是随机变量；而在回归分析中，因变量是随机的，自变量当成可控制的解释变量，不是随机变量。

3）直线回归分析的完整步骤

相关和回归既有联系又有区别，实际统计研究中通常把它们结合在一起应用。进行直线回归分析的步骤一般为：

(1)先计算相关系数；

(2)对计算的相关系数进行显著性检验；

(3)根据相关系数 r 的显著性确定是否建立直线方程；

若检验结果不显著，则不用建立直线方程；若检验结果显著，所代表的直线关系是真实的，则可以建立直线方程。

(4)计算回归系数 b 和回归截距 a，确立直线方程，利用直线方程来进行预测和估计。下面就以表 8.7 为例，说明直线相关与回归分析的系统过程和步骤。

例 8.13 为研究某品种羔羊的出生日龄(d)与断奶重(kg)的关系，现测得某饲养场 20 只羔羊的日龄和断奶重的资料(表 8.7)。试对出生日龄与断奶重进行直线回归关系的分析，并作出回归直线。

表 8.7 20 只羔羊日龄(d)和断奶体重(kg)资料

日龄(x)	147	143	141	140	136	136	134	132	129	124
断奶重(y)	26	27	26.5	25.5	25	27	25	22.5	23	22
日龄(x)	120	115	110	105	102	98	93	80	68	61
断奶重(y)	21	21.5	19	17.5	17	17	16	17	15.5	14.5

已知：$\bar{x} = 115.7$，$\bar{y} = 21.275$，$\sum x = 2\,314$，$\sum y = 425.5$，$n = 20$

$\sum x^2 = 50\,151$，$\sum y^2 = 47\,906$，$\sum xy = 51\,183$

(1)根据上述已知数据先计算出两变量的相关系数：

$$SS_x = \sum x^2 - \frac{(\sum x)^2}{n} = 280\,080 - (2\,314)^2/20 = 12\,350.2$$

$$SS_y = \sum y^2 - \frac{(\sum y)^2}{n} = 9\,399.752\,5 - (425.5)^2/20 = 347.24$$

$$SP_{xy} = \sum xy - \frac{\sum x \sum y}{n} = 51\,183 - (2\,314 \times 425.5)/20 = 1\,952.65$$

代入 r 的计算公式得：

$$r = \frac{SP_{xy}}{\sqrt{SS_x SS_y}} = \frac{1\,952.65}{\sqrt{12\,350.2 \times 347.24}} = 0.942\,9$$

(2)对相关系数进行显著性检验(采用直接查表法进行)

①先根据自由度 $n-2$ 查临界 r 值，因为 $df = 20 - 2 = 18$，查附表 6 得：

$$r_{0.05(18)} = 0.444,\quad r_{0.01(18)} = 0.561$$

②做出判断：因 $r = 0.942\,9 > r_{0.01(8)}$，$P \leqslant 0.01$，记为“$0.942\,9^{**}$”，则羔羊的日龄与断奶重的关系相关系数极显著。表明两变量存在真实的直线关系，又有 $r^2 = (0.94)^2 = 0.89(89\%)$，即 y 的总变异中有 89% 的变异是可以由 x 来估计的，因此可以建立直线回归方程。

(3)计算回归系数 b，建立直线回归方程：

$$b = \frac{SP_{xy}}{SS_x} = 1\,952.65/12\,350.2 = 0.158\,1$$

$$a = \bar{y} - b\bar{x} = 21.275 - 0.158\,1 \times 115.7 = 2.982$$

因此，20 只羔羊的日龄与断奶重的直线回归方程为：$\hat{y} = 2.982 + 0.158\,1x$

(4)对回归关系进行显著性的 F 检验

①求各变异来源的平方和与自由度

$$SS_y = \sum(y - \bar{y})^2 = 347.24 \qquad df_y = 19$$

$$SS_R = SP_{xy}^2/SS_x = 308.727\,1 \qquad df_R = 1$$
$$SS_E = SS_y - SS_R = 347.24 - 308.727\,1 = 38.512\,9 \qquad df_E = 18$$

②列方差分析表,计算均方和 F 值于表 8.8

表 8.8　羔羊出生日龄与断奶重回归关系方差分析表

变异来源	SS	df	MS	F 值	临界值
回归	308.727 1	1	308.727 1	144.292**	$F_{0.05(1,18)} = 4.42$
离回归	38.512 9	18	2.139 6		$F_{0.01(1,18)} = 8.28$
y 总变异	347.24	19			

③结论

查 F 表,实际 $F > F_{0.01(1,18)} = 8.28$,即 $P < 0.01$,差异高度显著。因此,否定 $H_0:\beta = 0$,接受 $H_A:\beta \neq 0$。检验结果表明,羔羊日龄(x)与断奶的重量(y)的回归关系非常显著,二者确有线性回归关系存在,所求出的回归方程有意义。

(5)利用直线回归方程进行预测估计,并作出回归直线

当羔羊日龄(x)在 61 ~ 147 时,均可根据所求直线回归方程来估测断奶重。若对一日龄为 100 d 的羔羊,预测它断奶的重量,将 $x = 100$ 代入所求直线回归方程,则断奶时体重的估计值为 $\hat{y}_{100} = 2.982 + 0.158\,1 \times 100 = 18.8$(kg)。最后作出散点图及回归直线。

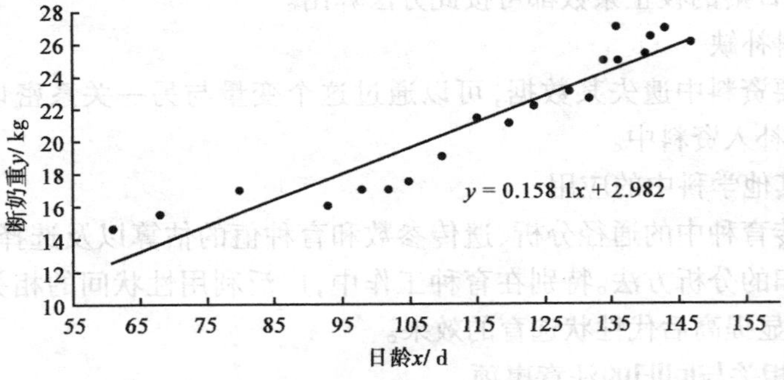

图 8.7　羔羊出生日龄与断奶体重散点图

8.3.5　应用直线回归与相关的注意事项

1)相关与回归的应用

相关和回归在生物科学研究及生产实践中已得到广泛的应用。目前主要应用在以下几个方面。

(1)进行间接估测

在实践中,可以用回归方程对一些难以度量的性状用相关性状进行间接预测。例如猪的瘦肉率是猪育种过程中的重要性状,而度量这一性状需要将活猪屠宰,经过肉脂皮骨分离后才能获得。不仅工作量大,而且无法选留瘦肉率高的种猪。为此,可利用某些与瘦肉率有较高相关而又易于度量的性状,建立回归方程,进行间接估测。例如由奶牛早期 90 d 的产奶量,即可估测整个泌乳期间 305 d 的产奶量;利用牛的胸围或体长来估计体重;利用子代某性状与亲代某性状间的密切相关,可以用亲代推断子代,达到早期选育的目的等,均是相关与回归在

生产上的应用。

(2)制订校正系数

如对幼畜断奶体重的校正。畜牧生产中为了方便饲养管理,常常把幼畜成批集中断奶。由于出生的日期不同,同一天断奶幼畜的日龄并不相同,因而它们的体重就不好相互比较,需要校正到相同日龄的体重。根据体重与日龄这两个变量的关系,我们先求出体重(y)对日龄(x)的回归方程,并用所求出的回归方程算出各日龄(x)的体重(y)估计值$\hat{y}$,再以标准断奶日龄(羊为120日龄)的体重估计值$\hat{y}$与各日龄体重的估计值$\hat{y}$的比值作为校正系数,最后,以各日龄实测体重乘上相应的体重校正系数,就可得到校正后的体重。即:

① 体重(y)对日龄(x)的回归方程:$\hat{y} = a + bx$

② 某日龄体重的校正系数 = 标准断奶日龄体重估计值($\hat{y}$)/某日龄体重估计值($\hat{y}$)

③ 校正后体重 = 某日龄实际体重 × 某日龄体重校正系数

例如,羔羊体重对日龄的回归方程为:$\hat{y} = 0.161x + 9.99$

120 日龄体重的估计值: $\hat{y}_{120} = 0.161 \times 120 + 9.99 = 29.31$

100 日龄体重的估计值: $\hat{y}_{100} = 0.161 \times 100 + 9.99 = 26.09$

100 日龄体重的校正系数 $= \dfrac{\hat{y}_{120}}{\hat{y}_{100}} = \dfrac{29.31}{26.09} = 1.123$

如果某羔羊称重日龄为100日龄,称得体重为28 kg,校正成120日龄体重应为28 ×1.123 = 31.44 kg。其他日龄的校正系数都可按此方法算出。

(3) 用于资料补缺

如在某一重要资料中遗失某数据,可以通过这个变量与另一关系密切的变量的回归关系,估算出该数据补入资料中。

(4) 在专业其他学科中的应用

诸如数量遗传育种中的通径分析、遗传参数和育种值的估算以及选择指数的制订等,都要用到相关与回归的分析方法。特别在育种工作中,广泛利用性状间的相关进行间接选择和早期选种,可以明显提高后代性状选育的效果。

2)应用直线相关与回归的注意事项

为了正确地应用直线回归分析和相关分析这一工具,必须注意以下几点。

(1) 必须把定量分析同定性分析紧密结合起来,以定性分析为基础

直线相关与回归分析毕竟是处理变量间关系的数学方法,在将这些方法应用于畜牧、水产和兽医科学研究时,要考虑到动物本身的客观实际情况及生物现象之间的规律。譬如,变量间是否存在直线相关以及在什么条件下会发生直线相关、求出的直线回归方程是否有实际意义,回归直线是否可延伸,特别是对变量间因果关系的认定、自变量同因变量的区分以及对应用回归方程进行估计结果的解释等,这些问题的处理都必须结合生物本身的客观规律进行科学判断,并且还应回到畜牧生产实践和科学试验中去检验。如果把没有专业依据的毫不相干的两个变量资料随意拼凑在一起进行相关与回归分析,那将是根本性的错误。总之,在应用数学方法分析生物现象时,必须运用科学理论、生物专业知识和实践经验进行定性分析才能做出正确的判断。

(2) 必须考虑到统计数的运用范围及回归预测的取值区间

① 由于相关与回归分析一般是在一定取值区间内对两个变量间关系进行的描述,所表示

的是变量间的统计关系，因此通过分析所得的数量指标或数学表达式，往往带有所产生的那个群体或样本的特异性而并不具有通用性。特别是在生物方面，由于品种、类型、年龄以及饲养管理条件等因素的差异，来自某个特定群体的统计数对另一群体不一定适用，也就是说，应用时要考虑到相关系数与回归系数这些统计量的适用范围。

② 由于回归方程一般是在自变量 x 的取值区间以内建立，若超出这个区间，变量间关系类型可能会发生改变，所以回归预测不能随意扩大取值范围。如猪的增重与饲料消耗在某个时期内近似直线关系，而在整个生长期内则常为曲线关系。假若任意延伸直线进行估测，可能会得出错误的结论。因此，一般情况下，应用直线回归方程进行预测或控制只限于回归方程（模型）赖以建立的资料本身的范围，主要用于内插估计，如果用于外推估计必须十分谨慎，若需扩大预测和控制的范围，则要有充分的理论依据或进一步的试验数据。因为两变量在一个较小范围呈现线性变动关系，在延伸或扩大了的范围就可能变为曲线关系，这时沿用原来的模型，就会削足适履，得出错误的估计。

(3) 必须考虑到其余变量的影响，保持其余变量的一致性

由于在畜牧、水产、兽医科学中，各种因素有着复杂的相互联系和相互制约的关系，一个因素的变化通常会受到许多因素的影响。在进行两个变量间的直线回归或相关分析时，要考虑到事实上往往有多个变量影响着依变量的变化。因此，必须严格控制被研究的两个变量以外的其他变量的变动范围，使之尽可能为固定的常量。否则，回归分析和相关分析可能会导致完全虚假的结果。例如研究鱼的放养密度和产量时，必须控制鱼种、饵料投量、饵料种类等，否则将不能真实反映二者之间的关系；研究人的身高和胸围之间的关系，必须固定体重，才能表现出身高越高的人，胸围越小这样的相关关系。如果其余变量都在变动，就不可能获得这两个变量的比较真实的关系。

(4) 观测值要尽可能的多

为了提高回归与相关分析的精确性，对两个变量的成对观察值应尽可能多取，一般至少应有五对以上的观察值，即样本容量 n 应不小于5，并且自变量 x 的取值范围应尽可能大一些。这是由于在 $\rho = 0$ 的总体中所得的抽样分布，在 $n \geqslant 5$ 时才逐渐转为钟形近似正态分布。而自变量 x 的取值范围大，可增大回归估测的范围，同时有利于发现两个变量间的变化关系。

(5) 要正确理解回归或相关显著与否结果的含义

一个不显著的相关系数 r 并不意味着变量 x 和 y 之间没有关系，而只能说明两变量间没有显著的直线关系；一个显著的相关系数或回归系数也并不意味着 x 和 y 之间必定为直线关系，因为这并不排除有能够更好地描述它们关系的非线性方程的存在；此外，还要看到相关系数与决定系数的区别，虽然相关系数 r 可以由决定系数 r^2 开平方求得，但其代表的意义并不相同。如 $r = 0.8$，不能认为因变量的总变化中有80% 可以由线性回归来解释，只能说 y 的总变化中有 64% 可以由线性回归来解释，因为 $r^2 = (0.8)^2 = 0.64$。因此，一个显著的回归方程并不一定具有实践上的预测意义。如一个资料 x,y 两个变量间的相关系数 $r = 0.5$，在 $df = 24$ 时，$r_{0.01(24)} = 0.496$，$r > r_{0.01(24)}$，表明相关系数极显著。而 $r^2 = 0.25$，表明 x 变量或 y 变量的总变异能够通过 y 变量或 x 变量以线性回归的关系来估计的比重只占25%。其余75% 的变异无法借助线性回归关系来估计。

将以上直线回归和相关分析在应用中的注意点概括如图 8.8。

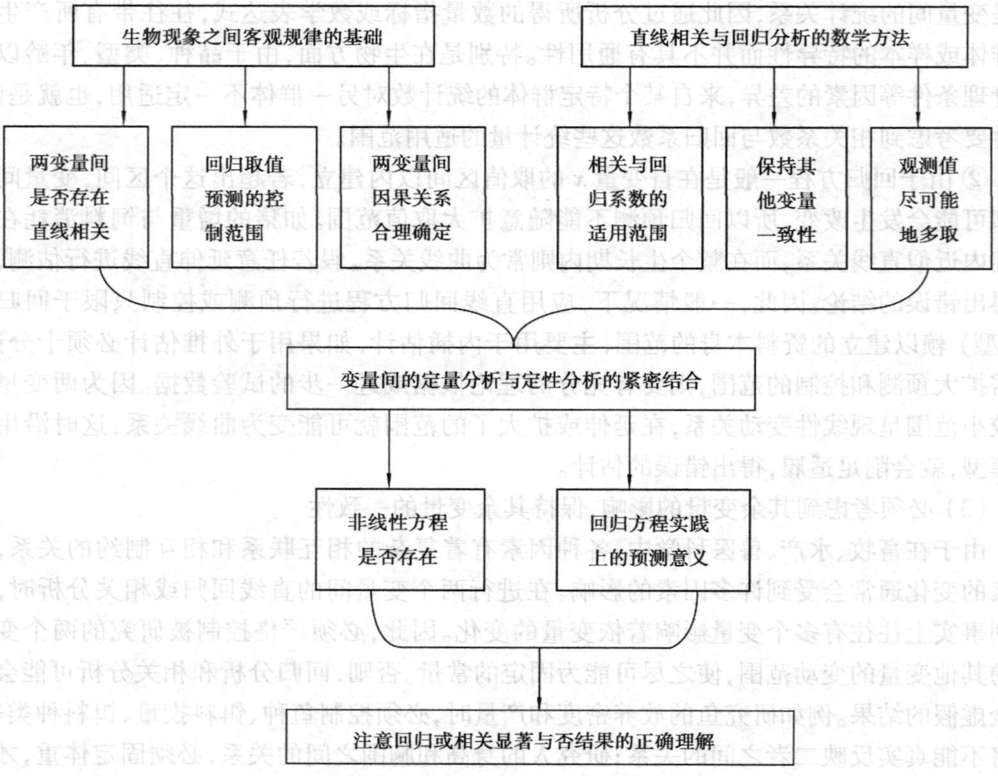

图 8.8　直线回归与相关分析应用注意点的关系图

本章小结

直线回归与相关是最基本和最简单的回归和相关分析方法。常采用最小二乘法建立直线回归方程。直线回归方程可将变量 y 的离差平方和分解为回归平方和 SS_R 和离回归平方和 SS_E，计算回归估计标准误 s_{yx}，通过 t 检验或 F 检验方法检验直线的显著性。根据所得到的直线回归方程，可对其进行区间估计。相关系数反映了两个变量的相关程度和性质，它的范围在 [-1,1]，可根据 t 检验或 r 检验对相关系数进行显著性检验。直线回归与相关之间存在一定的联系，对于两个变量而言，我们可以先计算其相关系数，相关系数通过显著性检验之后，可进一步研究其回归关系。

复习思考题

1. 什么是相关关系?它与函数关系有何不同?相关关系可划分成哪两种类型?

2. 散点图在相关分析中有哪些统计意义?什么是正相关、负相关、零相关?试举例说明。

3. 什么是直线回归分析?回归方程中的两个参数a,b的统计意义是什么?建立回归方程时的最小二乘原理是什么意思?直线回归系数b与相关系数r有何联系和区别?

4. 什么是直线相关分析?决定系数和相关系数有何联系和区别?直线相关系数与配合直线有何关系?如何检验相关系数r的显著性?

5. 对于同一资料,直线相关系数r与回归系数b的显著性检验为什么是等价的?相关系数显著性检验的意义是什么?并对回归分析与相关分析进行比较。

6. 衡量回归直线拟合度的指标是什么?什么是估计标准误?它和决定系数有何联系和区别?怎样判断回归方程有无意义?

7. 现测得某养猪场10头育肥猪的饲料消耗(x)和增重(y)的资料,试对该猪场育肥猪的增重与饲料消耗两个性状指标进行直线回归分析,并作出回归直线。

10头育肥猪的饲料消耗(x)和增重(y)的资料(元/kg)

饲料消耗(x)	167	194	158	200	191	178	174	170	175	179
增重(y)	26	42	24	38	35	38	37	30	35	42

8. 某城镇物价部门统计了该地区12年来市场饲料价格和鸡蛋价格的相关资料,试对该地区饲料价格(x)和鸡蛋价格(y)进行直线回归分析。

饲料价格(x)和畜产品价格(y)的资料(元/kg)

饲料价格(x)	1.70	1.50	1.32	1.34	1.35	1.23	1.08	1.21	1.25	1.36	1.28	1.13
鸡蛋价格(y)	7.58	7.23	5.04	5.20	5.80	4.13	4.22	4.62	4.12	6.03	5.96	4.51

9. 对下列资料做相关和回归分析

(x)	36	30	26	23	26	30	20	19	20	16
(y)	0.89	0.80	0.74	0.80	0.85	0.68	0.73	0.68	0.80	0.58

10. 测得不同浓度的葡萄糖溶液(mg/L)在某光电闭塞计上的消光度。试列出直线回归方程并对回归关系做显著性检验。

糖溶液浓度(x)	0	5	10	15	20	25	30
消光度(y)	0.00	0.11	0.23	0.34	0.46	0.57	0.71

第9章 协方差分析

本章导读：协方差分析是将乘积和与平方和同时按照变异来源进行分解，从而将直线回归与方差分析结合应用的一种统计方法。协方差分析主要是利用轴助变量，也称为协变量来消除混杂因素对分析指标的影响，降低试验误差，以达到提高检验功效的目的。本章主要对协方差分析的意义及作用、资料模式等进行了介绍，并重点以单因素试验资料的协方差分析为例详细讲述协方差分析的基本方法和步骤。

9.1 协方差分析的意义和功用

9.1.1 协方差分析的定义和意义

协方差分析是将方差分析和回归分析结合起来的一种统计分析方法，与方差分析具有相似的形式，同时也有类似的性质。它主要是利用辅助变量，也称为协变量，来降低试验误差，以达到提高检验功效的目的。

在第6章曾介绍了在方差分析中根据变异来源可将一个变量的总自由度和平方和按变异来源进行分解，从而求得相应的方差，称方差分析。统计学已经证明，当有两个变量时，也可以按照变异来源，将自由度和乘积和剖分，这就是协方差分析。由于乘积和是回归和相关分析的一个基本特征数，乘积和和平方和同时按变异来源剖分，就使回归、相关分析和方差分析能够结合起来应用。

在试验设计和实施等过程中，我们极力控制误差，突出处理效应，但在试验研究中总会受到很多不可控制因素的影响。而协方差分析法可以使这种不可控因素的影响用统计方法估计出来，以此对试验结果做出某些校正，可提高试验的精确性，得出正确的结论。在进行任何试验时，除了根据试验目的而设置的各种不同处理外，其他试验条件应力求一致，使处理的真实效果能够体现出来，不致受到试验条件不一致的影响。例如，在比较不同饲料对猪增重速度的效果时，应选用初始体重相同（或相近）的猪来进行分组试验（每组各饲喂一种饲料）。因为不同体重的猪的增重速度是不同的，如果我们用初始体重有差异的猪来做试验，则不同猪只在增重上的差异除了源于不同饲料和随机误差外，还受到初始体重差异的影响。这个影响既可能会增大组间差异,使得不同饲料的差异不能被真正体现,也可能会增大组内变异,从而降低检验功效。但在有的情况下,由于受到客观条件的限制,我们无法找到足够数量的体重相近的猪。这时,我们所能做的就是用统计学的方法将这种体重差异的影响降到最低(注意,任何方法都不能完全消除这种影响,因而首先还是应尽量用体重相近的猪来进行试验),在学习过回归分析后,我们知道初始体重对增重的影响可以通过用增重对初始体重的回归来度量,因而可以用回归分析先对初始体重的影响进行校正,然后再进行方差分析。这样的分析方法就是协方差分析。

协方差分析与方差分析一样,先研究总变异的原因,然后根据这些变异原因把总变异加以剖分。对于单因素分析资料,可以将总变异剖分为处理间和处理内变异。因此,研究两个变数时,总变异可以分一个变数的“自身变异”和两个变数间的“协变异”两部分,“自身变异”以样本均方来表示,而“协变异”用 COV 来表示,COV 的计算公式如下:

$$COV = \frac{\sum (x - \bar{x})(y - \bar{y})}{n - 1}$$

进行方差分析时,一个变数“自身变异”的总变异根据变异原因可以把平方和与自由度进行剖分,而在协方差分析中,除“自身变异”的剖分外,还需将“协变异”按变异原因剖分为处理间、处理内(机误)两部分。它是将离均差平方和、离均差乘积和以及自由度根据试验设计的特点进行剖分,并根据两个变量间的回归关系,用回归方法对依变量校正,以消除自变量的不同的影响,然后对校正后的依变量进行方差分析及多重比较,该方法由于消除或降低了试验误差,故能提高试验结果分析的精确性。

9.1.2 协方差分析的作用与功用

在试验设计和实施等过程中,我们极力控制误差,突出处理效应,但在试验研究中总会受到很多不可控制因素的影响。而协方差分析法可以使这种不可控因素的影响用统计方法估计出来,以此对试验结果做出某些校正,可提高试验的精确性,得出正确的结论。

协方差分析的主要功用有二个,一是对试验进行统计控制,二是对协方差组分进行估计,现分述如下。

1)对试验进行统计控制

我们知道,动物性状受许多内在的和外部的因素影响,因此不论是进行单因素试验还是多因素试验,除了让考察的因素变化外,其他影响因素如参试动物的初始条件等则要保持一致,或者要严格控制,这叫试验控制。但在有些情况下,即使做出很大努力也难以使试验控制达到预期目的。例如,在动物试验上,希望各供试动物不仅同窝,而且始重相同,也是不易办到的。但是,对于家畜饲养中的饲料试验,如果我们选择同窝、同性别而不顾始重只是对其试验结果(增重 y) 加以度量,然后将始重 x 处于同样水平上,再进行方差分析,并对各处理矫正平均数进行互比差异性检验,这样就可以从增重 y 的总变异中去除由于始重 x 不同引起的变异,从而降低试验误差,又能使增重 y 的相互比较在始重 x 相同的情况下进行,实现统计控制。经研究发现:增重与初始重之间存在线性回归关系,这时可利用试验动物的初始重(记为 x) 与其增重(记为 y) 的回归关系,将试验动物增重都矫正为初始重相同时的增重,于是初始重不同对试验动物增重的影响就消除了。

统计控制是试验控制的一种辅助手段。经过这种矫正,试验误差将减小,对试验处理效应估计更为准确,往往可得到很好的效果。若 y 的变异主要由 x 的不同造成(处理没有显著效应),则各矫正后的 y' 间将没有显著差异(但原 y 间的差异可能是显著的)。若 y 的变异除掉 x 不同的影响外,尚存在不同处理的显著效应,则可期望各 y' 间将有显著差异(但原 y 间差异可能是不显著的)。此外,矫正后的 y' 和原 y 的大小次序也常不一致。所以,处理平均数的回归矫正和矫正平均数的显著性检验,能够提高试验的准确性和精确性,从而更真实地反映试验实际。当(x,y)为因果关系时,可利用 y 依 x 的回归系数矫正 y 变数的处理平均数,提高精确度。

2)分析不同变异来源的相关关系

在直线相关与回归分析中曾介绍过表示两个相关变量线性相关性质与程度的相关系数的计算公式:

$$r = \frac{\sum (x-\bar{x})(y-\bar{y})}{\sqrt{\sum (x-\bar{x})^2 \sum (y-\bar{y})^2}}$$

若将公式右端的分子分母同除以自由度$(n-1)$,得

$$r = \frac{\sum (x-\bar{x})(y-\bar{y})/(n-1)}{\sqrt{\left[\sum (x-\bar{x})^2/(n-1)\right]\left[\sum (y-\bar{y})^2/(n-1)\right]}} \tag{9.1}$$

其中:

$\dfrac{\sum (x-\bar{x})^2}{(n-1)}$ 是 x 的均方 MS_x,它是 x 的方差 σ_x^2 的无偏估计量;

$\dfrac{\sum (y-\bar{y})^2}{(n-1)}$ 是 y 的均方 MS_y,它是 y 的方差 σ_y^2 的无偏估计量;

$\dfrac{\sum (x-\bar{x})(y-\bar{y})}{(n-1)}$ 称为 x 与 y 平均离均差的乘积和,简称均积,记为 MP_{xy},即

$$MP_{xy} = \frac{\sum (x-\bar{x})(y-\bar{y})}{(n-1)} = \frac{\sum xy - \dfrac{(\sum x)(\sum y)}{n}}{n-1} \tag{9.2}$$

与均积相应的总体参数叫协方差(covariance),记为 $COV_{(x,y)}$ 或 σ_{xy}^2。统计学已证明了均积 MP_{xy} 是总体协方差 $COV_{(x,y)}$ 的无偏估计量,即 $EMP_{xy} = COV_{(x,y)}$。

于是,样本相关系数 r 可用均方 MS_x,MS_y,均积 MP_{xy} 表示为:

$$r = \frac{MP_{xy}}{\sqrt{MS_x MS_y}} \tag{9.3}$$

相应的总体相关系数 ρ 可用 x 与 y 的总体标准差 σ_x,σ_y,总体协方差 $COV(x,y)$ 或 σ_{xy} 表示如下:

$$\rho = \frac{COV(x,y)}{\sigma_x \sigma_y} = \frac{\sigma_{xy}}{\sigma_x \sigma_y} \tag{9.4}$$

均积与均方具有相似的形式,也有相似的性质。在方差分析中,一个变量的总平方和与自由度可按变异来源进行剖分,从而求得相应的均方。统计学已证明:两个变量的总乘积和与自由度也可按变异来源进行剖分而获得相应的均积。这种把两个变量的总乘积和与自由度按变异来源进行剖分并获得相应均积的方法亦称为协方差分析。

由于篇幅限制,本章只介绍对试验进行统计控制的协方差分析。

9.2 协方差分析的方法

下面以单因素试验资料的协方差分析为模式来介绍协方差分析方法,对多因素可以依此类推。

9.2.1 资料模式

设有 k 个处理、n 次重复的双变量试验资料,每处理组内皆有 n 对观测值 x,y, y 与 x 为一对相关联的性状。则该资料为具有 kn 对 x,y 观测值的单向分组资料,其数据一般形式如表9.1所示。

表 9.1 kn 对观测值 x,y 的单向分组资料的一般形式

处理	处理 1		处理 2		…	处理 i		…	处理 k	
观测指标	x	y	x	y	…	x	y	…	x	y
	x_{11}	y_{11}	x_{21}	y_{21}	…	x_{i1}	y_{i1}	…	x_{k1}	y_{k1}
观测值	x_{12}	y_{12}	x_{22}	y_{22}	…	x_{i2}	y_{i2}	…	x_{k2}	y_{k2}
x_{ij},y_{ij}	⋮	⋮	⋮	⋮	…	⋮	⋮	…	⋮	⋮
$(i=1,2,\cdots,k$	x_{1j}	y_{1j}	x_{2j}	y_{2j}	…	x_{ij}	y_{ij}	…	x_{kj}	y_{kj}
$j=1,2,\cdots,n)$	⋮	⋮	⋮	⋮		⋮	⋮	…	⋮	⋮
	x_{1n}	y_{1n}	x_{2n}	y_{2n}	…	x_{in}	y_{in}	…	x_{kn}	y_{kn}
总 和	T_{x1}	T_{y1}	T_{x2}	T_{y2}	…	T_{xi}	T_{yi}	…	T_{xk}	T_{yk}
平均数	$\bar{x}_{1.}$	$\bar{y}_{1.}$	$\bar{x}_{2.}$	$\bar{y}_{2.}$	…	$\bar{x}_{i.}$	$\bar{y}_{i.}$	…	$\bar{x}_{k.}$	$\bar{y}_{k.}$

9.2.2 协方差分析的方法

1)计算各项变异的平方和、乘积和与自由度

(1)求 x 变量的各项平方和与自由度

$$
\begin{aligned}
C_x &= T_x^2/kn \\
SS_{T(x)} &= \sum\sum x_{ij}^2 - C_{(x)} \\
SS_{t(x)} &= \frac{1}{n}\sum T_{x_{i.}}^2 - C_{(x)} \\
SS_{e(x)} &= SS_{T(x)} - SS_{t(x)}
\end{aligned}
\tag{9.5}
$$

$$df_T = kn - 1,\ df_t = k - 1,\ df_e = df_T - df_t$$

(2)求 y 变量的各项平方和与自由度

$$C_{(y)} = T_y^2/kn$$

$$SS_{T(y)} = \sum\sum y_{ij}^2 - C_{(y)}$$

$$SS_{t(y)} = \frac{1}{n}\sum T_{yi.}^2 - C_{(y)} \tag{9.6}$$

$$SS_{e(y)} = SS_{T(y)} - SS_{t(y)}$$

$$df_T = kn - 1,\ df_t = k - 1,\ df_e = df_T - df_t$$

(3)求 x 和 y 两变量的各项离均差乘积和与自由度

①总变异的乘积和 SP_T 是 x_{ij} 与$\bar{x}$ 和 y_{ij} 与$\bar{y}$ 的离均差乘积之和，即：

$$SP_T = \sum_{i=1}^{k}\sum_{j=1}^{n}(x_{ij} - \bar{x})(y_{ij} - \bar{y}) = \sum_{i=1}^{k}\sum_{j=1}^{n} x_{ij}y_{ij} - \frac{T_xT_y}{kn} \tag{9.7}$$

$$df_T = kn - 1$$

其中，$T_x = \sum_{i=1}^{k} T_{xi}, T_y = \sum_{i=1}^{k} T_{yi}, \bar{x} = T_x/kn, \bar{y} = T_y/kn$。

②处理间的乘积和 SP_t 是$\bar{x}_{i.}$ 与$\bar{x}$ 和$\bar{y}_{i.}$ 与$\bar{y}$ 的离均差乘积之和乘以 n，即：

$$SP_t = n\sum_{i=1}^{k}(\bar{x}_{i.} - \bar{x})(\bar{y}_{i.} - \bar{y}) = \frac{1}{n}\sum_{i=1}^{k} T_{xi}T_{yi} - \frac{T_xT_y}{kn} \tag{9.8}$$

$$df_t = k - 1$$

③处理内的乘积和 SP_e 是 x_{ij} 与$\bar{x}_{i.}$ 和 y_{ij} 与$\bar{y}_{i.}$ 的离均差乘积之和，即：

$$SP_e = \sum_{i=1}^{k}\sum_{j=1}^{n}(x_{ij} - \bar{x}_{i.})(y_{ij} - \bar{y}_{i.}) = \sum_{i=1}^{k}\sum_{j=1}^{n} x_{ij}y_{ij} - \frac{1}{n}\sum_{i=1}^{k} T_{xi}T_{xi} = SP_T - SP_t \tag{9.9}$$

$$df_e = k(n - 1)$$

以上是各处理重复数 n 相等时的计算公式，若各处理重复数 n 不相等，分别为 $n_1, n_2, \cdots, n_k$，其和为 $\sum_{i=1}^{k} n_i$，则各项乘积和与自由度的计算公式为：

$$SP_T = \sum_{i=1}^{k}\sum_{j=1}^{n_i} x_{ij}y_{ij} - \frac{T_xT_y}{\sum_{i=1}^{k} n_i} \tag{9.10}$$

$$df_T = \sum_{i=1}^{k} n_i - 1$$

$$SP_t = \frac{T_{x1}T_{y1}}{n_1} + \frac{T_{x2}T_{y2}}{n_2} + \cdots + \frac{T_{xk}T_{yk}}{n_k} - \frac{T_xT_y}{\sum_{i=1}^{k} n_i} = \sum_{i=1}^{k}\frac{T_{xi}T_{yi}}{n_i} - \frac{T_xT_y}{\sum_{i=1}^{k} n_i} \tag{9.11}$$

$$df_t = k - 1$$

$$SP_e = \sum_{i=1}^{k}\sum_{j=1}^{n} x_{ij}y_{ij} - \left[\frac{T_{x1}T_{y1}}{n_1} + \frac{T_{x2}T_{y2}}{n_2} + \cdots + \frac{T_{xk}T_{yk}}{n_k}\right] = SP_T - SP_t \tag{9.12}$$

$$df_e = \sum_{i=1}^{k} n_i - k = df_T - df_t$$

(4)列出两变量的平方和、乘积和(表 9.2)

表 9.2　x 与 y 的平方和与乘积和表

变异来源	df	SS_x	SS_y	SP_{xy}
处理间(t)	$k-1$	$SS_{t(x)}$	$SS_{t(y)}$	SP_t
处理内(误差)(e)	$nk-k$	$SS_{e(x)}$	$SS_{e(y)}$	SP_e
总变异(T)	$nk-1$	$SS_{T(x)}$	$SS_{T(y)}$	SP_T

(5) 对 x 和 y 各做方差分析(表 9.3)

表 9.3　x 和 y 变量的方差分析表

变异来源	df	x 变量			y 变量			F 值
		SS	MS	F	SS	MS	F	
处理间	df_t	$SS_{t(x)}$	$MS_{t(x)}$	$\frac{MS_{t(x)}}{MS_{e(x)}}$	$SS_{t(y)}$	$MS_{t(y)}$	$\frac{MS_{t(y)}}{MS_{e(y)}}$	$F_{0.05}$
处理内(误差)	df_e	$SS_{e(x)}$	$MS_{e(x)}$		$SS_{e(y)}$	$MS_{e(y)}$		$F_{0.01}$
总变异	df_T	$SS_{T(x)}$			$SS_{T(y)}$			

2) 检验 x 和 y 是否存在直线回归关系

如果 x 和 y 之间的回归关系不显著,则说明自变量与依变量间无此从属关系,否则意味着 x 与 y 之间有关,此时就可应用误差项回归关系来校正依变量,以此消除自变量不同而对依变量的影响,使其处于相同的基础进行比较。

误差项回归显著性检验方法可分为如下两步完成:

(1) 求误差项回归系数($b_{yx(e)}$),回归平方和与离回归平方和

① $b_{yx(e)}$ 的求法

从误差项的平方和与乘积和求误差项回归系数:

$$b_{yx(e)} = \frac{SP_e}{SS_{e(x)}} \tag{9.13}$$

②误差项回归平方和与自由度

$$SS_{R(e)} = \frac{SP_e^2}{SS_{e(x)}} \tag{9.14}$$

$$df_{R(e)} = 1$$

③误差项离回归平方和与自由度

$$SS_{y(e)} = SS_{e(y)} - SS_{R(e)} \tag{9.15}$$

$$df_{y(e)} = df_{e(y)} - df_{R(e)}$$

(2) 检验回归关系的显著性

回归关系的显著性检验采用 F 检验,因此列方差分析表进行,见表 9.4。

表 9.4　x 与 y 的机误回归关系显著性检验表

变异来源	SS	df	MS	F
误差回归	$SS_回$	1	$MS_回$	$MS_回/MS_离$
误差离回归	$SS_离$	$n-2$	$MS_离$	
误差总和	SS_y	$n-1$		

然后，以 $df_1=1, df_2=n-2$，查 F 值表可得 $F_{\alpha(1,n-2)}$，再将 F 与 $F_{\alpha(1,n-2)}$ 比较，若回归关系显著，则表明 x 与 y 变量间确有回归关系。因此，可以用回归关系来校正 y 因 x 不同所产生的差异，然后以校正后的 y 进行方差分析；回归显著性检验不显著，是无须进行校正，直接以 y 的各个处理因素得的观察值进行方差分析。

3）校正依变量并进行方差分析

校正依变量的显著性检验，即除去机误回归因素来衡量各处理 y 间的差异。统计学已证明，校正后的总平方和、误差平方和及自由度等于其相应变异项的离回归平方和及自由度，因此，其各项平方和及自由度可直接由下述公式计算。

（1）求校正 y 变量的平方和

①校正依变量总平方和与自由度，即总离回归平方和与自由度

$$SS'_T = SS_{T(y)} - SS_{R(y)} = SS_{T(y)} - \frac{SP_T^2}{SS_{T(x)}} \tag{9.16}$$

$$df'_T = df_{T(y)} - df_{R(y)}$$

②校正 y 变量机误平方和与自由度，即误差离回归平方和与自由度

$$SS'_e = SS_{e(y)} - SS_{R(e)} = SS_{e(y)} - \frac{SP_e^2}{SS_{e(x)}} \tag{9.17}$$

$$df'_e = df_{e(y)} - df_{R(e)}$$

上述回归自由度均为1，因仅有一个自变量 x。

③校正 y 变量处理间平方和与自由度

$$SS'_t = SS'_T - SS'_e \tag{9.18}$$

$$df'_t = df'_T - df'_e = k-1$$

（2）列出协方差分析表，对校正后的 y 变量进行方差分析

以 $df_1=k-1, df_2=n-k-1$，查 F 值表可得 $F_{\alpha(1,n-2)}$，再将 F 与 $F_{\alpha(1,n-2)}$ 比较，若差异显著，则需进一步检验不同处理间的差异显著性，即进行多重比较，见表9.5。

表9.5 校正后的 y 变量方差分析表

变异来源	SS	df	MS	F
处理	$SS'_{t(y)}$	$k-1$	$SS'_{t(y)}/k-1$	$MS'_{t(y)}/MS'_{e(y)}$
机误	$SS'_{e(y)}$	$n-k-1$	$SS'_{e(y)}/n-k-1$	
总计	$SS'_{T(Y)}$	$n-2$		

4）根据线性回归关系计算各处理的校正 y 变量

误差项的回归系数 $b_{yx(e)}$ 表示 x 变量对 y 变量影响的性质和程度，这里并不包括处理间差异的因素，且不包含处理间差异的影响。于是可用 $b_{yx(e)}$ 根据 x 变量的不同来校正每一处理 y 变量。校正 y 变量的计算公式如下：

$$\bar{y}_i' = \bar{y}_i - b_{yx(e)}(\bar{x}_i - \bar{x}) \tag{9.19}$$

式中 $\bar{y}_i'$——各处理校正 y 变量；

$\bar{y}_i$——各处理的 y 实际平均值；

$\bar{x}_i$——各处理的实际自变量（x 变量）；

$\bar{x}$ ——全试验 x_{ij} 的平均数，$\bar{x}=\frac{T_x}{kn}$；

$b_{yx(e)}$——误差回归系数。

将所需要的各数值代入 $\bar{y}_i'=\bar{y}_i-b_{yx(e)}(\bar{x}_i-\bar{x})$ 式中，即可计算出各处理的校正 y 变量。

5）校正 y 变量均值间的多重比较

多重比较的方法及原理与方差分析的原理与方法一致，可采用 *LSD* 法或 *LSR* 法进行。

9.2.3 协方差分析的举例

为了比较3种饲料添加剂对哺乳仔猪生长的影响效果，选择初始条件尽量相近的大白种母猪的哺乳仔猪48头进行以下试验：将48头初生仔猪完全随机分为4组，分别为对照、配方1、配方2、配方3共4个处理，重复12次，进行为期50 d的试验，试验结果见表9.6，试分析哪种饲料添加剂饲喂哺乳仔猪的效果更好。

表9.6 不同饲料添加剂仔猪生长情况表/kg

处理	对照		配方1		配方2		配方3	
观测指标	初生重 x	50 d 龄重 y	初生重 x	50 d 龄重 y	初生重 x	50 d 龄重 y	初生重 x	50 d 龄重 y
观察值 x_{ij},y_{ij}	1.50	12.40	1.35	10.20	1.15	10.00	1.20	12.40
	1.85	12.00	1.20	9.40	1.10	10.60	1.00	9.80
	1.35	10.80	1.45	12.20	1.10	10.40	1.15	11.60
	1.45	10.00	1.20	10.30	1.05	9.20	1.10	10.60
	1.40	11.00	1.40	11.30	1.40	13.00	1.00	9.20
	1.45	11.80	1.30	11.40	1.45	13.50	1.45	13.90
	1.50	12.50	1.15	12.80	1.30	13.00	1.35	12.80
	1.55	13.40	1.30	10.90	1.70	14.80	1.15	9.30
	1.40	11.20	1.35	11.60	1.40	12.30	1.10	9.60
	1.50	11.60	1.15	8.50	1.45	13.20	1.20	12.40
	1.60	12.60	1.35	12.20	1.25	12.00	1.05	11.20
	1.70	12.50	1.20	9.30	1.30	12.80	1.10	11.00
总和 T_{xi},T_{yi}	18.25	141.80	15.40	130.80	15.65	144.80	13.85	133.80
平均 $\bar{x}_i,\bar{y}_i$	1.52	11.82	1.28	10.84	1.30	12.07	1.15	1.15

此例，$T_x=\sum_{i=1}^{4}T_{xi}=T_{x1}+T_{x2}+T_{x3}+T_{x4}=18.25+15.40+15.65+13.85=63.15$

$T_y=\sum_{i=1}^{4}T_{yi}=T_{y1}+T_{y2}+T_{y3}+T_{y4}==141.80+130.10+144.80+133.80=550.50$

$k=4,n=12,kn=4\times12=48$

对于表9.6的资料可先直接对 x 和 y 做一方差分析，方差分析结果列于表9.7。结果表明，4种处理的供试仔猪平均初生重间存在着极显著的差异，其50日龄平均重差异不显著。需进行协方差分析，以消除初生重不同对试验结果的影响，减小试验误差，揭示出可能被掩盖的处理间差异的显著性。

表 9.7　初生重与 50 日龄重的方差分析表

变异来源	df	x 变量			y 变量			F 值
		SS	MS	F	SS	MS	F	
处理间	3	0.83	0.28	13.33**	11.68	3.89	2.02	$F_{0.05}=2.82$
处理内(误差)	44	0.92	0.021		85.08	1.93		$F_{0.01}=4.26$
总变异	47	1.75			96.76			

为了消除初生重对试验结果数据分析的应用，本试验结果应该采用协方差分析，其协方差分析的计算步骤如下：

1）计算各项变异的平方和、乘积和与自由度

根据表 9.6 结果，首先算出下面所需的 6 个数据，即：

$T_x = \sum\sum x_{ij} = 63.15 \qquad \sum\sum x_{ij}^2 = 84.832\,5 \qquad kn = 48$

$T_y = \sum\sum y_{ij} = 550.5 \qquad \sum\sum y_{ij}^2 = 6\,410.31 \qquad \sum\sum x_{ij}y_{ij} = 732.50$

（1）x 变量的平方和

①总平方和 $SS_{T(x)} = \sum\sum x_{ij}^2 - \dfrac{T_x^2}{kn} = 84.832\,5 - \dfrac{63.15^2}{48} = 1.75$

②饲料间（处理间）

$$SS_{t(x)} = \frac{1}{n}\sum_{i=1}^{k} T_{xi}^2 - \frac{T_x^2}{kn} = \frac{1}{12}(18.25^2 + 15.40^2 + 15.65^2 + 13.85^2) - \frac{63.15^2}{48} = 0.83$$

③误差 $SS_{e(x)} = SS_{T(x)} - SS_{t(x)} = 1.75 - 0.83 = 0.92$

（2）y 变量的平方和

①总平方 $SS_{T(y)} = \sum\sum y_{ij}^2 - \dfrac{T_y^2}{kn} = 6\,410.31 - \dfrac{550.5^2}{48} = 96.76$

②饲料间（处理间）

$$SS_{t(y)} = \frac{1}{n}\sum_{i=1}^{k} T_{yi}^2 - \frac{T_y^2}{kn} = \frac{1}{12}(141.80^2 + 130.80^2 + 144.80^2 + 133.80^2) - \frac{550.50^2}{48}$$
$$= 11.68$$

③误差 $SS_{e(y)} = SS_{T(y)} - SS_{t(y)} = 96.76 - 11.68 = 85.08$

（3）x 和 y 两变量的乘积和

①总乘积和 $SP_T = \sum_{i=1}^{k}\sum_{j=1}^{n} x_{ij}y_{ij} - \dfrac{T_xT_{y\cdot}}{kn} = 732.50 - \dfrac{63.15\times 550.50}{48} = 8.25$

②饲料间（处理间）

$$SP_t = \frac{1}{n}\sum_{i=1}^{k} T_{xi}T_{yi} - \frac{T_xT_y}{kn}$$

$$= \frac{1}{12}(18.25\times 141.80 + 15.40\times 130.10 + 15.65\times 144.80 + 13.85\times 133.80) -$$

$$\frac{63.15 \times 550.50}{4 \times 12} = 1.64$$

③误差 $SP_e = SP_T - SP_t = 8.25 - 1.64 = 6.61$

(4)相应的自由度

总变异 $df_T = kn - 1 = 4 \times 12 - 1 = 47$

饲料间 $df_t = k - 1 = 4 - 1 = 3$

误差 $df_e = df_T - df_t = k(n-1) = 4 \times (12-1) = 44$

将以上结果列于表9.8。

表9.8 x 与 y 的平方和与乘积和

变异来源	df	SS_x	SS_y	SP_{xy}
饲料(处理)间(t)	3	0.83	11.68	1.64
误差(处理内)(e)	44	0.92	85.08	6.61
总变异(T)	47	1.75	96.76	8.25

2)检验 x 和 y 是否存在直线回归关系

(1)误差项回归系数,回归平方和,离回归平方和与相应的自由度

①从误差项的平方和与乘积和求误差项回归系数

$$b_{yx(e)} = \frac{SP_e}{SS_{e(x)}} = \frac{6.61}{0.92} = 7.184\ 8$$

②误差项回归平方和与自由度

$$SS_{R(e)} = \frac{SP_e^2}{SS_{e(x)}} = \frac{6.61^2}{0.92} = 47.49$$

$$df_{R(e)} = 1$$

③误差项离回归平方和与自由度

$$SS_{r(e)} = SS_{e(y)} - SS_{R(e)} = 85.08 - 47.49 = 37.59$$

$$df_{r(e)} = df_{e(y)} - df_{R(e)} = 44 - 1 = 43$$

(2)检验误差项回归关系的显著性(表9.9)

表9.9 哺乳仔猪50日龄重与初生重的回归关系显著性检验表

变异来源	SS	df	MS	F	$F_{0.01}$
误差回归	47.49	1	47.49	54.32**	7.255
误差离回归	37.59	43	0.874 2		
误差总和	85.08	44			

F 检验表明,误差项回归关系极显著,表明哺乳仔猪50日龄重与初生重间存在极显著的线性回归关系。因此,可以利用线性回归关系来校正 y 因 x 不同所产生的差异,并对消除了 x 影响的校正后的 y 进行方差分析。

3)对校正后的50日龄重作方差分析

误差项回归关系显著时,需用组内项回归系数对增重 y 进行校正,消除初生重 x 不等对增重 y 的影响,从而使各种不同的饲料效应处于初生重 x 相同水平的基础上进行比较。也就

是说，除去机误回归因素（消除协变量 x 的影响），从而衡量各处理校正 y 的差异显著性。要检验校正后的 y 值的显著性，在进行平方和的计算时，并不需要将各个 y 的校正值求出后再进行计算。

（1）计算校正后的50日龄重的各项平方和及自由度

利用线性回归关系对50日龄重做校正，并由校正后的50日龄重计算各项平方和是相当麻烦的，统计学已证明，校正后的总平方和、误差平方和及自由度等于其相应变异项的离回归平方和及自由度，因此，其各项平方和及自由度可直接由下述公式计算。

①校正50日龄重的总平方和与自由度，即总离回归平方和与自由度

$$SS_T{}' = SS_{T(y)} - SS_{R(y)} = SS_{T(y)} - \frac{SP_T^2}{SS_{T(x)}} = 96.76 - \frac{8.25^2}{1.75} = 57.85$$

$$df'_T = df_{T(y)} - df_{R(y)} = 47 - 1 = 46$$

②校正50日龄重的误差项平方和与自由度，即误差离回归平方和与自由度

$$SS_e{}' = SS_{e(y)} - SS_{R(e)} = SS_{e(y)} - \frac{SP_e^2}{SS_{e(x)}} = 85.08 - \frac{6.61^2}{0.92} = 37.59$$

$$df'_e = df_{e(y)} - df_{e(R)} = 44 - 1 = 43$$

上述回归自由度均为1，因仅有一个自变量 x。

③校正50日龄重的处理间平方和与自由度

$$SS'_t = SS'_T - SS'_e = 57.87 - 37.59 = 20.28$$

$$df'_t = df'_T - df'_e = k - 1 = 4 - 1 = 3$$

（2）列出协方差分析表，对校正后的50日龄重进行方差分析（表9.10）

查 F 表：$F_{0.01(3,43)} = 4.275$（由线性内插法计算），由于 $F = 7.63 > F_{0.01(3,43)}$，$P < 0.01$，表明对于校正后的50日龄重不同饲料添加剂配方间存在极显著的差异。故需进一步检验不同处理间的差异显著性，即进行多重比较。

表9.10　表9.6资料的协方差分析表

变异来源	df	SS_x	SS_y	SP_{xy}	b	校正50日龄重的方差分析			F
						df'	SS'	MS	
处理间(t)	3	0.83	11.68	1.64					
机误(e)	44	0.92	85.08	6.61	7.184 8	43	37.59	0.874 2	
总和(T)	47	1.75	96.76	8.25		46	57.87		
校正处理间						3	20.28	6.76	7.63**

4）校正50日龄平均重间的多重比较

（1）根据线性回归关系计算各处理的校正50日龄平均重

误差项的回归系数 $b_{yx(e)}$ 表示初生重对50日龄重影响的性质和程度，即50日龄重随初生重而变化回归，这里且不包含处理间差异的影响，于是，这一回归系数应包括在校正公式中，所以，可用 $b_{yx(e)}$ 根据平均初生重的不同来校正每一处理的50日龄平均重。

按回归方程校正50日龄平均重计算公式如下：

$$\bar{y}'_i = \bar{y}_i - b_{yx(e)}(\bar{x}_i - \bar{x}) \tag{9.20}$$

式中　$\bar{y}_i{}'$——第 i 处理校正 50 日龄平均重；

$\bar{y}_i$——第 i 处理实际 50 日龄平均重(见表 9.6)；

$\bar{x}_i$——第 i 处理实际平均初生重(见表 9.6)；

$\bar{x}$——全试验的平均数，$\bar{x} = \dfrac{T_x}{kn} = \dfrac{63.15}{48} = 1.315\ 6$；

$b_{yx(e)}$——误差回归系数，$b_{yx(e)} = 7.184\ 8$。

将所需要的各数值代入 $\bar{y}_i{}' = \bar{y}_i - b_{yx(e)}(\bar{x}_i - \bar{x})$ 式中，即可计算出各处理的校正 50 日龄平均重(见表 9.11)。

表 9.11　各处理的校正 50 日龄平均重计算表

处 理	$\bar{x}_i - \bar{x}$	$b_{yx(e)}(\bar{x}_i - \bar{x})$	实际 50 日龄平均重	校正 50 日龄平均重 $\bar{y}_i - b_{yx(e)}(\bar{x}_i - \bar{x})$
对 照	1.52 − 1.315 6 = 0.204 4	7.184 8 × 0.204 4 = 1.468 6	11.82	11.82 − 1.168 6 = 10.351 4
配方 1	1.28 − 1.315 6 = −0.035 6	7.184 8 × (−0.035 6) = −0.258 8	10.84	10.84 + 0.255 8 = 12.075 8
配方 2	1.30 − 1.315 6 = −0.015 6	7.184 8 × (−0.015 6) = −0.112 1	12.07	12.07 + 0.112 1 = 12.182 1
配方 3	1.15 − 1.315 6 = −0.165 6	7.184 8 × (−0.165 6) = −1.189 8	11.15	11.15 + 1.189 8 = 12.339 8

(2)各处理校正 50 日龄平均重间的多重比较

各处理校正 50 日龄平均重间的多重比较，即各种饲料添加剂的效果比较。

① t 检验

如果检验两个处理校正平均数间的差异显著性，可应用 t 检验法：

其 $H_0: \mu_i = \mu_j$

$$t = \frac{\bar{y}'_i - \bar{y}'_j}{S_{\bar{y}_i' - \bar{y}_j'}} \tag{9.21}$$

$$S_{\bar{y}_i' - \bar{y}_j'} = \sqrt{MS'_e\left[\frac{2}{n} + \frac{(\bar{x}_i - \bar{x}_j)^2}{SS_{e(x)}}\right]} \tag{9.22}$$

式中　$\bar{y}_i{}' - \bar{y}_j{}'$——两个处理校正平均数间的差异；

$S_{\bar{y}_i' - \bar{y}_j'}$——两个处理校正平均数差数标准误；

MS'_e——误差离回归均方；

n——各处理的重复数；

$\bar{x}_i$——处理 i 的 x 变量的平均数；

$\bar{x}_j$——处理 j 的 x 变量的平均数；

$SS_{e(x)}$——x 变量的误差平方和。

例如，检验饲料添加剂配方 1 与对照校正 50 日龄平均重间的差异显著性：

$$\bar{y}_i{}' - \bar{y}_j{}' = 10.351\ 4 - 12.075\ 8 = -1.724\ 4$$

$$MS'_e = 37.59/43 = 0.874\ 2 \qquad n = 12$$

$$\bar{x}_1 = 1.52,\quad \bar{x}_2 = 1.28,\quad SS_{e(x)} = 0.92$$

将上面各数值代入 $S_{\bar{y}_i' - \bar{y}_j'} = \sqrt{MS'_e\left[\dfrac{2}{n} + \dfrac{(\bar{x}_i - \bar{x}_j)^2}{SS_{e(x)}}\right]}$ 式得：

$$S_{\bar{y}_i' - \bar{y}_j'} = \sqrt{0.874\ 2 \times \left[\frac{2}{12} + \frac{(1.52 - 1.28)^2}{0.92}\right]} = 0.447\ 7$$

于是
$$t=\frac{10.3514-12.0758}{0.4477}=-3.85$$

查 t 值表，当自由度为43时(见表9.10误差自由度)，$t_{0.01(43)}=2.70$(利用线性内插法计算)，$|t|>t_{0.01(43)}$，$P<0.01$，表明对照与饲料添加剂1号配方校正50日龄平均重间存在着极显著的差异，这里表现为1号配方的校正50日龄平均重极显著高于对照。其余的每两处理间的比较都须另行算出 $S_{\bar{y}_i'-\bar{y}_j'}$，再进行 t 检验。

②最小显著差数法

利用 t 检验法进行多重比较，每一次比较都要算出各自的 $S_{\bar{y}_i'-\bar{y}_j'}$，比较麻烦。当误差项自由度在20以上，$x$ 变量的变异不甚大(即 x 变量各处理平均数间差异不显著)，为简便起见，可计算一个平均的 $\bar{S}_{\bar{y}_i'-\bar{y}_j'}$ 采用最小显著差数法进行多重比较。

$\bar{S}_{\bar{y}_i'-\bar{y}_j'}$ 的计算公式如下：

$$\bar{S}_{\bar{y}_i'-\bar{y}_j'}=\sqrt{\frac{2MS'_e}{n}\left[1+\frac{SS_{t(x)}}{SS_{e(x)}(k-1)}\right]} \tag{9.23}$$

公式中 $SS_{t(x)}$ 为 x 变量的处理间平方和。

然后按误差自由度查临界 t 值，计算出最小显著差数：

$$LSD_\alpha=t_{\alpha(dfe)}\bar{S}_{\bar{y}_i'-\bar{y}_j'} \tag{9.24}$$

本例 x 变量处理平均数间差异极显著，不满足"x 变量的变异不甚大"这一条件，不应采用此处所介绍的最小显著差数法进行多重比较。为了便于读者熟悉该方法，仍以本例的数据说明之。此时

$$\bar{S}_{\bar{y}_i'-\bar{y}_j'}=\sqrt{\frac{2\times0.8742}{12}\left[1+\frac{0.83}{0.92\times(4-1)}\right]}=0.4354$$

由 $df'_e=43$，查临界 t 值得：$t_{0.05(43)}=2.017$，$t_{0.01(43)}=2.70$

于是

$$LSD_{0.05}=2.017\times0.4353=0.878$$
$$LSD_{0.01}=2.70\times0.4353=1.175$$

不同饲料添加剂配方与对照校正50日龄平均重比较结果见表9.12。

表9.12 不同饲料添加剂配方与对照间的效果比较表

饲料添加剂配方	校正50日龄平均重	对照校正50日龄平均重	差数
1	12.075 8	10.351 4	1.724 4**
2	12.182 1	10.351 4	1.830 7**
3	12.339 8	10.351 4	1.988 4**

多重比较结果表明：饲料添加剂配方1,2,3号与对照比较，其校正50日龄平均重间均存在极显著的差异，这里表现为配方1,2,3号的校正50日龄平均重均极显著高于对照。

③最小显著极差法

当误差自由度在20以上，x 变量的变异不甚大，还可以计算出平均的平均数校正标准误 $\bar{S}_{\bar{y}}$，利用 LSR 法进行多重比较。

$\bar{S}_{\bar{y}}$ 的计算公式如下：

$$\bar{S}_{\bar{y}} = \sqrt{\frac{MS'_e}{n}\left[1 + \frac{SS_{t(x)}}{SS_{e(x)}(k-1)}\right]} \tag{9.25}$$

然后由误差自由度 df'_e 和秩次距 k 查 SSR 表（或 q 表），计算最小显著极差：

$$LSR_\alpha = SSR_\alpha \bar{S}_{\bar{y}} \tag{9.26}$$

对于本例资料，由于不满足"x 变量的变异不甚大"这一条件，不应采用此处所介绍的 LSR 法进行多重比较。为了便于读者熟悉该方法，仍以本例的数据说明之。

此时

$$MS'_e = 0.874\ 2\ , n = 12,\ SS_{t(x)} = 0.83,\ SS_{e(x)} = 0.92, k = 4,$$

代入 $\bar{S}_{\bar{y}} = \sqrt{\frac{MS'_e}{n}\left[1 + \frac{SS_{t(x)}}{SS_{e(x)}(k-1)}\right]}$ 式可计算得：

$$\bar{S}_{\bar{y}} = \sqrt{\frac{0.874\ 2}{12}\left[1 + \frac{0.83}{0.92 \times (4-1)}\right]} = 0.307\ 8$$

SSR 值与 LSR 值见表 9.13。

表 9.13　SSR 值与 LSR 值表

秩次距 k	2	3	4
$SSR_{0.05}$	2.86	3.01	3.10
$SSR_{0.01}$	3.82	3.99	4.10
$LSR_{0.05}$	0.883	0.929	0.957
$LSR_{0.01}$	1.179	1.232	1.266

各处理校正 50 日龄平均重多重比较结果见表 9.14。

表 9.14　各处理校正 50 日龄平均重多重比较表（SSR 法）

处理	$\bar{y}'_i$	$\bar{y}'_i - 10.351\ 4$	$\bar{y}'_i - 12.075\ 8$	$\bar{y}'_i - 12.182\ 1$
配方 3	12.339 8	1.988 4**	0.264 0	0.157 7
配方 2	12.182 1	1.830 7**	0.106 3	
配方 1	12.075 8	1.724 4**		
对照	10.351 4			

多重比较结果表明：饲料添加剂配方 3，2，1 号的哺乳仔猪校正 50 日龄平均重极显著高于对照，不同饲料添加剂配方间哺乳仔猪校正 50 日龄平均重差异不显著。

本章小结

本章主要介绍了协方差分析的意义和作用，并以单因素试验资料的协方差分析为例讲述了协方差分析的方法步骤。我们在试验设计和实施等过程中，尽管极力控制误差，突出处理效应，但在试验研究中总会受到很多不可控制因索的影响。而协方差分析法可以使这种不可控因素的影响用统计方法估计出来，以此对试验结果做出某些校正，可提高试验的精确性，得出正确的结论。因此协方差分析在实际生产和科研中经常会用到，希望大家给予充分的注意。

复习思考题

1. 协方差分析的意义何在？在哪些情况下需要进行协方差分析？
2. 什么是均积、协方差？均积与协方差有何关系？
3. 协方差分析与方差分析有何异同？
4. 对试验进行统计控制的协方差分析的步骤有哪些？
5. 有一饲养试验，设有两种促生长饲料添加剂和对照 3 个处理，重复 9 次，共有 27 头猪参与试验，两个月增重资料如下。由于各个处理供试猪只初始体重差异较大，试对资料进行单因素试验资料协方差分析。

促生长饲料添加剂对猪增重试验结果表/kg

处理	配方 1		配方 2		对照组	
	初重 x	增重 y	初重 x	增重 y	初重 x	增重 y
观测值	29.5	36.5	26.5	30.5	27.5	24.5
	24.5	24.0	24.5	20.5	21.5	19.5
	23.0	25.5	19.0	19.5	30.0	28.5
	20.5	20.5	23.5	23.5	21.0	19.0
	22.0	25.5	23.5	29.5	15.5	16.0
	29.5	32.5	24.0	31.5	29.0	31.5
	22.5	22.5	19.5	19.0	22.5	21.5
	17.5	20.5	29.5	30.5	14.5	17.0
	21.5	24.5	20.5	19.5	17.0	16.0

6. 有一单因子试验，对 4 种配合饲料做比较试验，每种饲料各有供试猪 10 头，供试猪的初始重(kg)及试验后的日增重(kg)列于下表，用协方差分析法对平均日增重(kg)进行校正，并

检验各处理间差异是否显著。

供试猪的初始重(kg)及试验后的日增重(kg)表

处理	Ⅰ号料		Ⅱ号料		Ⅲ号料		Ⅳ号料	
	始重 x	增重 y	始重 x	增重 y	始重 x	增重 y	始重 x	增重 y
观测值	37	0.90	27	0.63	26	0.58	33	0.53
	31	0.81	26	0.80	20	0.64	28	0.59
	27	0.75	26	0.72	24	0.60	26	0.65
	24	0.81	23	0.66	20	0.59	24	0.63
	26	0.86	24	0.76	21	0.68	28	0.55
	31	0.69	22	0.66	18	0.57	29	0.55
	21	0.74	19	0.63	20	0.62	21	0.56
	19	0.69	17	0.64	21	0.73	25	0.45
	21	0.81	16	0.58	16	0.57	20	0.52
	16	0.59	19	0.56	15	0.49	18	0.51

第10章 试验设计

本章导读:介绍了试验设计的基本概念、试验设计的基本原则、试验计划的内容及要求,还系统介绍了调查设计、完全随机设计、配对设计、随机单位组设计、拉丁学设计、交叉设计、正交设计等试验设计及试验资料统计的方法。

试验设计是数理统计的一个分支,是生物统计的重要内容,是研究如何制订试验方案,提高试验效率,估计处理效应,缩小试验误差的科学理论和方法。它是在20世纪初为适应科学研究的需要而创立和发展起来的,并经过长期的实践应用,内容越来越完善,应用领域越来越广泛,成为指导试验研究工作的一门重要学科。

我们知道,统计分析的对象是资料。只有资料符合实际,具有可用性,统计分析的结果才是有效可靠的。试验设计为科学地收集资料提供了实用的方法,也为试验取得预期效果奠定了基础,因此它是科技工作者指导生产和进行科学研究的重要工具。

10.1 试验设计的基本概念

10.1.1 试验设计的概念与目的

1)试验设计的概念

试验设计有广义和狭义之分。广义的试验设计是指整个研究课题的设计,包括研究课题的依据和意义、技术路线、设计方法、试验方案、设备材料和经费预算等。狭义的试验设计是指统计设计,包括试验动物的选择、重复数的确定、处理的分配和分组方法等。生物统计中的试验设计主要指狭义的试验设计。

一个完整的试验设计一般分3个阶段进行。第一阶段是拟订一个合理的、周密的试验设计;第二阶段是按试验设计的具体要求实施试验;第三阶段是对试验结果进行恰当的统计分析,从而得出可靠的结论。第一阶段是整个试验的关键,也是第二、三阶段的基础。因此,研究人员在试验开始前,必须拟订一个科学的、合理的、切实可行的试验计划,以获得可靠的资料。

一项试验,如果设计正确,就为试验的成功奠定了基础,就可以用较少的人力、物力和时间,获得较丰富又可靠的资料。反之,若设计不正确,不仅得不到可靠的信息,而且会带来经济上的损失,造成人力、物力和时间的浪费。因此,正确地掌握试验设计技术,对于从事生产和科研工作具有重要意义。

2)试验设计的目的

试验设计的目的主要是避免系统误差,控制和减少试验误差,提高试验的精确度,以获得无偏的处理效应和试验误差的估计值,使得结论更加可靠;其次是使试验容纳更多的因素,在不影响试验结果精确性前提下,尽量减少试验次数,以减少人力、财力、物力等的投入,节约试验开支。

10.1.2　试验设计中常用的名词概念

1)试验指标

用来衡量试验效果的量叫试验指标。一般分为两类,即数量指标和质量指标。

(1)数量指标

指能用数量表示的指标,如:家畜的体重、屠宰率、产蛋量、产仔数、产奶量、剪毛量等;水产品的亩产量、人工育苗中的孵化率、幼苗成活率、疾病的发病率等。

(2)质量指标

指不能直接用数量表示,但能用人的感官(如手摸、眼看、舌味等)来鉴定的指标,如肤色、毛色,疾病的好转、痊愈和死亡,胚胎发育的形态等。

2)试验因素

影响试验指标的每个条件,称为试验因素,如品种、性别、饲料、饲喂方式、药物等。试验因素应根据研究的具体内容而定。当试验考察的因素仅为一个时,则这样的试验称为单因素试验;当试验同时考察两个或两个以上因素时,这样的试验称为多因素试验。试验因素通常用大写的英文字母如 A,B,C 等表示。

3)水平

每一个试验因素根据其质或量所处的状态或所分的等级,称为水平。一般用代表因素的字母添加下标如 1,2 等表示,如 A_1,A_2,……。例如,研究 3 个不同品种猪的增重,品种这一试验因素根据其质的差别,就分为 3 个水平;研究两种蛋白质含量不同的配合饲料对提高猪胴体瘦肉率的影响,则这两种蛋白质含量(假设为 16%,18%)即从量的不同分为两个水平。

4)处理

在一项试验中,同一条件下所做的试验称为一个处理;不同条件下所做的试验称为不同处理。在单因素试验中,处理与水平是一致的;在多因素试验中,处理与水平组合是一致的,不同的水平组合就是不同的处理。例如,研究两个肉鸡品种在两种不同的饲料条件下的增重情况,有 $2 \times 2 = 4$ 个水平组合。因此,在这一试验中,有 4 个不同的处理。

5)效应

所谓试验效应是指试验因素对某试验指标所起的增进或减退的作用。效应分为简单效应、主效应和互作效应。

(1)简单效应

指在某因素的同一水平基础上,比较另一因素不同水平间对试验指标的影响。

(2)主效应

又称平均效应,是指各因素的简单效应的平均。

(3)互作效应

又称交互作用,是指某一因素各水平下对另一因素简单效应的差的平均值。

10.2 试验的要求与类型

畜牧、水产试验是研究动物生命现象、培育新品种、研制新产品、创造新技术、探讨新方法的主要手段。如研究畜禽或鱼类的生长发育规律、遗传特性,研究一种新的饲料配方、新的饲养管理方法等,都必须经过试验。

进行试验的现实目的在于回答提出的问题、检验做出的假设和估计处理产生的效应;最终目的在于解决生产中存在的问题,提高畜禽和鱼类的生产力,提高产品的数量和质量,从而促进畜牧、水产业的发展。

10.2.1 基本要求

1)试验的代表性

试验的代表性是指试验条件应能代表将来准备采用该试验成果的地区的自然条件和生产条件,以便于推广试验成果,为生产服务,如果试验条件与实际条件相差太大,则不便于推广应用,试验就失去了价值。考虑到随着社会经济的发展,推广地区的条件也在日益改善,试验条件可比推广地区的条件要好一些,但一定不能特别优厚。当然,试验条件太差也不行。

2)试验的正确性

试验的正确性包括准确性和精确性两方面。准确性是指试验的观测值与真值的接近程度;精确性是指试验中同指标同处理下各重复观测值彼此接近的程度。准确性的高低,反映观测值对于真值的代表性的优劣,精确性的高低则反映各观测值之间的变异程度的大小。在试验时,应采用各种措施,控制和减少除处理以外的其他所有非试验因素对指标的影响,以使观测值与真值之间的差异降低到最低限度,这样所得的结果才是可靠的,才具有推广价值。

3)试验的重演性

试验的重演性是指在相同的条件下,重复进行同一试验,能获得与原试验结果相一致的结论,即试验结果必须经受得起再试验的检验。动物试验由于受动物本身及环境条件的影响较大,因而不同时间或不同地区进行的相同试验,其试验结果却往往有一定差异。因此,必须严格控制试验过程中的各个环节,以保证试验具有良好的重演性。只有具有良好的重演性,在试验中获得的好的技术措施、方法、品种等才具有推广应用价值,才能在生产中发挥作用。

10.2.2 试验的类型

按研究者是否对研究对象施加干预可将动物试验大体分为以下两个类型。

1)一般调查

调查是在自然条件下考察自发现象的变化规律的一种实践活动,它是通过对已有的事实进行各种方式的了解,找出其中的规律性,也是一种科学研究工作。例如,进行某一品种资源的调查、某一疾病发生情况的调查等。

调查又可分为全面调查和抽样调查两种。全面调查是指对总体进行调查;抽样调查则指从总体中抽取具有代表性的样本进行调查。无论是全面调查还是抽样调查,在进行各种专题调查前,必须制订详细的调查提纲,根据各专题的目的和要求列出调查项目、调查范围以及需要调查的数量,以便最后进行统计分析,得出正确的结论。

2)控制试验

控制试验是指通过一定数量的有代表性的试验动物,在一定的试验条件下进行的带有探索性的研究工作。这类试验可直接在动物身上进行,也可以间接地通过实验动物如小白鼠、家兔、狗、青蛙、蟾蜍等进行,找到规律后,再在家畜或鱼类身上进行复试。

控制试验主要有下面几种不同的类型。

(1)按专业内容分

①品种试验 。主要研究良种的培育,引种和良种的繁育、选优等问题。例如,品种的比较试验就是常做的品种试验,将不同品种置于相同的饲养管理条件下,进行品种比较。

②养殖试验 。研究不同的饲料配方、不同的养殖管理方式对家畜或鱼类的影响,研究动物对营养物质的需要量等。

③基础理论研究。为探索基础理论而进行的试验研究工作。如家畜或鱼类的生理机制的研究,杂种优势配合力的研究等。

(2)按研究因素的多寡分

①单因素试验 。优点是可阐明所研究因素的简单效应,便于探索因素的最适宜水平。

②多因素试验。优点是既可分析简单效应,又可分析主效应和互作效应。做多因素试验时,一般以2~3个因素为宜。

(3)按试验的长短分

①一年试验。一年内能完成的试验,如研究某种新配方饲料喂肉鸡的效果。

②多年试验。需二年以上时间才能完成的试验,如品种选育试验等。

(4)按试验点的多少分

①单点试验。试验在一个试点上进行。

②多点试验。同一试验在多个地点进行,可消除一点试验的局限性,扩大试验的范围,提高试验的代表性和正确性。对于生产上重大的技术措施和品种改良的稳定性,必须采用多点试验。

10.3 试验计划与方案的拟订

10.3.1 试验计划的拟订

为了使科研工作能够有计划、有目的地顺利进行,在试验前必须拟订一个科学的、详尽的、全面的试验计划,以保证试验的完成。试验计划一般包括以下几个项目。

1)试验课题及试验指标

确定试验的课题后,要提出研究的最终目标即试验的预期效果。

2)研究依据

提出课题后,应阐明本课题选题的理论依据;目前国内、外的研究进展;本课题与前人所做的研究的不同点及创新之处;课题的学术价值和应用价值;达到预期目标的可能性等。

3)拟订试验方案和选择试验设计方法

试验方案的拟订是整个试验设计的关键,确定方案后,结合试验条件选择试验设计方法。

4)供试动物的数量及要求

根据所确定的设计方法及按试验目的需控制的非试验因素,确定供试动物的数量,对试验动物的条件提出要求。

5)试验记录项目

以表格的形式列出需观察的主要指标和辅助指标。

6)结果分析方法

明确试验结果分析所采用的统计方法,可根据所选用的统计方法的要求,提出应搜集哪些必要的数据。

7)试验所需条件

应包括整个试验期所需的饲料计划、药品计划、仪器设备和经费等。

8)试验的时间、地点和工作人员

时间和地点的安排要合适,工作人员要固定,以免影响试验结果。

9)成果鉴定

总结试验工作,做出评价。

10.3.2 试验方案的拟订

试验方案是指试验中根据研究目的和要求拟订的整个试验处理的总称。具体地说,在单因素试验时,试验方案是指考察因素的各个水平;在多因素试验时,是指各个因素的水平组合。

1)确定试验因素

根据研究目的,选取影响试验指标的关键因素作为试验因素,并确定是单因素试验还是多因素试验。

2)确定因素水平

各因素的水平间隔要恰当,以使处理效应最佳表现出来,水平的确定应根据研究因素和动物对研究因素的反应以及试验者对研究因素的实践经验而定。有的因素水平间隔小,就能反应其效应。如饲料中加喂某种添加剂,如维生素、微量元素等。而有的因素间隔必须较大,才能反映出效应。如饲料中的可消化能,组与组之间可相差 418 ~ 836 MJ。通常在确定水平等级时按等间隔原则掌握,便于进行综合分析。

3)设置对照组

试验方案中必须考虑设立可与处理进行比较的对照组,通过对照显示出试验的效果。对照组与试验组除处理组给予不同处理外,其他条件必须完全一致,否则就会失去对照组的意义。

对照的形式有以下 4 种。

(1)空白对照

对照组不给予任何处理,例如,观察某种新疫苗预防某种传染病的效果,对照组不接种新疫苗,处理组接种新疫苗,其他条件完全一致。

(2)标准对照

以某种标准或正常值作为对照。例如,诊断疾病时,做生理生化指标的测定,所得数值的高低,是以正常值作为标准的;研究性别比例时,是以公母比1:1为标准的。

(3)相互对照

各个处理组之间互为对照。例如,几种药物治疗同一疾病的疗效比较或几种饲料喂同一品种家畜的增重效果比较。

(4)自身对照

试验在同一动物身上进行,常用的自身对照是试验观测项目的"先后对照"。例如,测量猪胴体的膘厚,一种是用超声波测膘仪,另一种是屠宰后用游标卡尺测量,比较两种测量方法的结果是否一致。自身对照时,因为试验是在同一动物身上进行,可消除个体差异,减少试验误差,试验结果稳定性好,能充分反映处理效应。

4)各处理间应遵循唯一差异原则

试验时,除了处理不同外,其他条件应尽量相同,这样才使各处理间具有可比性。

5)设置预试期

指试验未正式开始之前,根据试验设计进行预试,为正式试验做好准备工作,以便正式试验能顺利进行。预试期一般1~2周左右。设立预试期主要目的有:让试验动物适应试验环境;做好试验动物的驱虫、去势、预防注射、环境消毒等准备工作;训练试验人员,熟练掌握操作规程;考察试验设计的可行性,发现问题及时纠正;预试后对照组动物进行适当调整。

10.4 试验设计的基本原则

在动物试验中,误差主要是由于供试动物个体之间的差异和饲养管理不一致所造成。为了降低试验误差,提高试验结果的精确性和准确性,可通过合理的试验设计获得试验处理效应与试验误差的无偏估计。试验设计时必须考虑非处理因素影响的控制方法,遵循以下3个基本原则。

10.4.1 设置重复

重复是指在试验中同一处理内设置两个或两个以上的试验单位数。在动物试验中,一头动物可以构成一个试验单位,有时一组动物也可构成一个试验单位。设置重复的主要作用在于估计试验误差、降低试验误差和增强代表性。如果同一处理内只设置一个试验单位,那么只能得到一个观测值,则无从看出差异,因而无法估计试验误差的大小。只有当同一处理内设置两个或两个以上的试验单位,获得两个或两个以上的观测值时,才能估计出试验误差。误差的大小是与重复数有关的,重复数多,则误差小。但在实际应用时,重复数太多,试验动物的初始条件不易控制一致,即使花费了较多的人力、物力和时间,也不一定能降低误差。重复数以多少为宜,应根据允许误差的大小,结合试验的要求和条件而定。在可能的情况下,重复数多些为好。

10.4.2 随机化

随机化是指在对试验动物进行分组时必须使用随机的方法，使供试动物进入各试验组的机会相等，以避免试验动物分组时受人为主观倾向的影响。这是在试验中排除非试验因素干扰的重要手段，目的是为了获得正确的、无偏的误差估计值。

10.4.3 局部控制——试验条件的局部一致性

局部控制是指在试验时采取一定的技术措施或方法来控制或降低非试验因素对试验结果的影响，使试验误差降低，提高试验结果的准确性。

1）尽量选择初始条件一致的试验动物，最好选择品种、窝别、性别、年龄、体重等一致的动物进行试验。

2）除处理不同外，其他试验条件要尽量做到一致。在试验过程中，除各处理组施加不同处理外，其他条件如饲养管理、人员、栏舍、饲料配方等必须一致，还需防止各种外来因素的干扰，如各种疾病的侵袭，避免造成不必要的损失。

以上所述重复、随机化、局部控制三个基本原则称为费雪（R. A. Fisher）三原则，是试验设计中必须遵循的原则，再采用相应的统计分析方法，就能够最大限度地降低并无偏估计试验误差、无偏估计处理的效应，从而对于各处理间的比较做出可靠的结论。

这三个基本原则的关系和作用如图 10.1 所示。

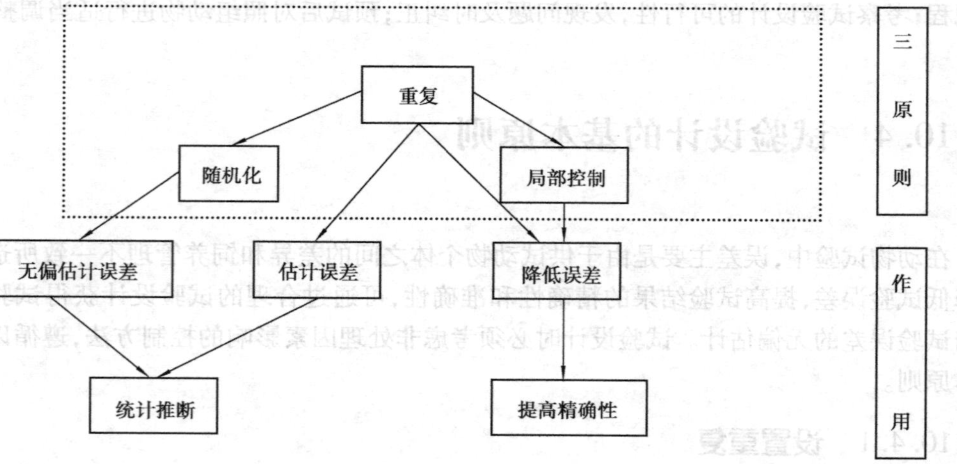

图 10.1 试验设计三原则的关系

10.5 试验设计方法

10.5.1 调查设计

调查是统计资料的主要来源之一，调查是一项比较复杂的工作。为了使调查工作顺利进行，必须制订详细的调查组织计划，包括进行这次调查的负责人、人员分工、经费预算、调查进程、调查表的准备和调查资料的整理等。

调查分全面调查和抽样调查两种。全面调查是指对总体的所有个体进行调查，又称普查，它需要花费大量的人力、物力和时间，且有时根本不可能对总体的全部个体进行调查。一般从总体中抽取具有代表性的样本进行调查，即抽样调查，是经常采用的调查方法。生物统计所研究的生物界现象的数量化，归根结底是一个由抽取样本来估计总体做出统计推断的问题。下面重点介绍一下抽样调查。

1）抽样的要求和原则

从总体中抽取部分样本来研究总体的特征，抽样时的基本要求是：第一，抽取的样本必须来自所要研究的总体；第二，要求抽取的样本必须具有代表性。要使抽取的样本具有代表性，必须遵循抽样的原则，即所抽的样本必须是随机的，以消除主观偏倚的影响，同时要采用正确的抽样方法。

2）抽样方法

抽样方法选择正确与否，直接影响由样本估计总体参数的准确性。常用的抽样方法有以下几种。

（1）随机抽样法

这是最简单、最常用的抽样方法，适用于总体内个体间分布比较均匀即个体间差异比较小的有限总体，可获得对总体均数及抽样误差的无偏估计值。

随机抽样就是将有限总体的所有个体编号，然后采取抽签、抓阄或用随机数字表的方法，将部分个体抽取出来作为样本进行调查。有时采用抓一个阄放回，混匀后再抽取，叫重复抽样；有时抓得的小阄不再放回，这种方法叫做不重复抽样。

（2）顺序抽样法

又称机械抽样法或系统抽样法，适用于个体分布比较均匀的总体。

顺序抽样就是将有限总体内的所有个体编号，然后按照一定的顺序，每隔一定数目，均匀抽取一个个体，组成样本，对样本进行调查。例如，欲求 1 000 头牛的体重，拟抽取 1 000 头牛进行称重，可采用 10 来除，除尽得 100 头，于是可逢 10 抽一进行抽样，按顺序将编号 10，20，…，1 000 的个体抽取作为样本。

顺序抽样法的缺点是，对所有个体逐一编号比较麻烦，所以总体的个体不宜太多，否则工作量太大。

（3）整群抽样法

又称群组抽样法，适用于群间差异较小的总体。

整群抽样是把总体分成若干群，以群为抽样单位，然后进行随机抽样，对抽到的各群做全面调查，最后集中起来估计总体的参数。例如，对某一地区的奶牛头数进行统计，首先，把该地区分成若干个牧场，以牧场做为抽样单位，随机抽取若干个牧场做为调查对象，再对抽到的牧场牛群头数做全面调查，进而估计整个地区的奶牛总头数。

整群抽样法的缺点是，如果群间差异大，则误差较大。

（4）分层抽样法

又称分等按比例抽样法，适用于总体中个体间变异较大的群体。

这种抽样方法要求先对所要研究的总体有所了解，然后把总体分成若干层次（或等次），计算每一层次约占总体的比例，按比例从每一层次中抽出若干个体，组成样本。例如，对绵羊寄生虫感染种类进行调查，初步了解感染率为90%以上地区占整个地区的10%，感染率为60% ~90%的占70%，感染率为60%以下的占20%，若要调查300只羊，则在感染率为90%以上的地区抽取30只，在感染率为60% ~90%和60%以下地区各抽取210只和60只。

分层抽样法的缺点是，如果对总体不太了解，分层不准确，就会影响调查结果的精确性。

3）抽样误差

由抽样得到的样本可计算出一些数值如平均数、标准差等，这些数值是统计量。生物统计的目的是由统计量来推断总体参数，但是统计量与参数往往不相等，它们之间有一定差异。这个差异是由抽样所造成的，叫抽样误差。

抽样误差的估计可由标准误（$s_{\bar{x}}$）来衡量。

$$s_{\bar{x}} = \frac{s}{\sqrt{n}} = \sqrt{\frac{\sum_{i=1}^{n}(x_i - \bar{x})^2}{n(n-1)}} \tag{10.1}$$

$s_{\bar{x}}$ 越大，则抽样误差越大，样本的代表性就越差；$s_{\bar{x}}$ 越小，则抽样误差越小，样本的代表性就越好。

从式(10.1)可以看出，样本含量 n 越大，则 $s_{\bar{x}}$ 越小。所以抽样时，在条件允许的情况下，应尽可能加大样本含量，以使抽样误差降到最小，使样本能更好地反映总体的特征。

各种抽样方法的抽样误差不同，对于同一资料，其抽样误差以随机抽样法最小，顺序抽样法次之，分等按比例抽样法最大。

4）样本含量的确定

抽样调查时，样本含量越大，所得的试验结果精确性越高。但样本含量过大，要花费过多的人力、物力和时间；而样本含量过小，带有较强的偶然性，样本缺乏代表性，不能反映出事物的客观规律，所得调查结果达不到预定的目的。样本含量应该适当，既能保证一定的精确性，又能节约人力、物力和时间。

（1）平均数抽样调查的样本含量

用样本平均数估计总体平均数时，样本含量的计算公式为

$$n = \left(\frac{\mu_\alpha \times \sigma}{\delta}\right)^2 \tag{10.2}$$

公式(10.2)中，n 为所需样本数；μ_α 为 $\mu_{0.05} = 1.96$ 或为 $\mu_{0.01} = 2.58$；σ 为标准差；δ 为样本平均数与总体平均数的允许误差。

实际应用中，σ 一般未知，用样本标准差 s 代替 σ，同时用 t_α 代替 μ_α，于是公式(10.2)变为：

$$n = \left(\frac{t_\alpha \times s}{\delta}\right)^2 \tag{10.3}$$

但 t_α 的自由度与 n 有关，所以用尝试法求 n 值。先试求一个 n 值，然后由自由度 $df = n-1$ 查出 t_α，再求一个 n 值；如此进行下去，直到 n 值稳定为止。

例 10.1 已知某品种5月龄猪活体背膘厚的标准差为0.5 cm，希望调查所得的样本平均数与总体平均数相差不超过0.1 cm，选定 $\alpha = 0.05$，问需调查多少头猪？

已知：$s = 0.5$ cm，$\mu_{0.05} = 1.96$，$\delta = 0.1$ cm，代入式(10.2)得：

$$n=\left(\frac{1.96\times0.5}{0.1}\right)^2=96.04=97$$

即至少应调查 97 头猪，方能在 I 型错误不超过 5% 的情况下，估计出的猪活体背膘厚平均数，其误差不超过 0.1 cm。

(2)百分率抽样调查的样本含量

如果统计的结果是以百分率表示的，则样本含量可按式(10.4)计算：

$$n=\left(\frac{\mu_\alpha}{\delta}\right)^2p(1-p) \tag{10.4}$$

式中，p 为总体百分率。

例 10.2 某地需抽样调查鲤鱼烂鳃病感染率，根据以往经验感染率一般为 45% 左右。若规定允许误差为 3.2%，选定 $\alpha=0.05$，问样本含量应为多少？

$$n=\left(\frac{1.96}{0.032}\right)^2\times0.45\times(1-0.45)=928.51=929$$

即至少需调查 929 尾鱼才能在第 I 型错误不超过 5% 的情况下，估计出的鲤鱼烂鳃病感染率，其误差不超过 3.2%。

10.5.2 完全随机设计

1）基本概念

完全随机设计是完全随机地分配处理，指每一头试验动物均有相等的机会接受任一处理，而不受人为选择的影响。完全随机设计要求参试动物的初始条件如品种、年龄、胎次、体重相同或相近，以减少试验动物的个体差异对试验结果的影响，增强处理间的可比性。完全随机设计是一种最简单的试验设计方法，可用于单因素试验，也可用于多因素试验。

2）分组方法

在将试验动物分配到各组中去接受不同处理时，采用完全随机的方法，常用的有抽签、抓阄和随机数字表法，下面介绍如何采用随机数字表进行分组。

例 10.3 设有 20 头仔猪，按其体重依次编为 01，02，…，20 号。试用随机的方法，把它们分成甲、乙两组。

采用随机数字表进行。从随机数字表中的任意一个数字开始，连续选出 20 个两位数字，分别代表 01，02，…，20 号动物。假定从随机数字表（Ⅰ）第 10 行第 6 列的 09 开始，自左至右依次抄 20 个随机数字，以单数代表甲组，双数代表乙组，结果两组的动物数正好相等，各为 10 头。如果两组的数量不等，则应继续用随机的方法将一组多余的动物调整给少的一组（参见例 10.4）。

表 10.1 例 10.3 的随机分组表

动物编号	01	02	03	04	05	06	07	08	09	10	11	12	13	14	15	16	17	18	19	20
随机数字	09	47	27	96	54	49	17	46	09	62	90	52	84	77	27	18	02	73	43	28
组别	甲	甲	甲	乙	乙	甲	甲	乙	甲	乙	乙	乙	乙	甲	甲	乙	乙	甲	甲	乙

例 10.4 设有同品种、同性别、体重相近的山羊 18 头，按体重大小依次编为 01，02，…，18 号。试用随机的方法，把它们分为甲、乙、丙三组。

随机地从随机数字化表（Ⅱ）第 16 纵行第 4 个数 32 开始，向下依次抄下 18 个数，见表 10.

2。各数分别以 3 除之，将余数 1，2，0 分别代表甲、乙、丙组。结果甲组 5 头，乙组 5 头，丙组 8 头。各组头数不等，应将丙组多余的 2 头分别调给甲组和乙组。究竟调丙组的哪一头山羊呢？仍然采用随机的方法。从随机数字 18 后面接下去抄二个数 53，94，然后分别除以 8，7，得第一个余数为 5，第二个余数为 3，则把原分配在丙组的 8 头山羊中第 5 头山羊即 12 号山羊改为甲组；把丙组中余下的 7 头山羊中的第 3 头山羊即 8 号山羊改为乙组。这样各组的山羊数就相等了。

表 10.2　例 10.4 的随机分组表

动物编号	1	2	3	4	5	6	7	8	9	10	11	12	13	14	15	16	17	18
随机数字	32	24	43	82	69	38	37	84	23	28	57	12	86	73	90	68	69	42
除 3 余数	2	0	1	1	0	2	1	0	2	1	0	0	2	1	0	2	0	0
组　别	乙	丙	甲	甲	丙	乙	甲	丙	乙	甲	丙	丙	乙	甲	丙	乙	丙	丙
调整组别								乙				甲						

若要分成 4 组、5 组或更多的组，则方法基本一样。

3）试验结果的统计分析方法

按完全随机设计法进行试验所得的结果，对其进行统计分析的方法因试验因素的多少和水平数的多少不同而异。

（1）单因素试验

如果该因素仅分两个水平进行试验，分析两处理平均数的差异显著性，则采用非配对试验的 t 检验法，具体方法详见 5.3.2 节；如果该因素分 3 个以上水平进行试验，分析这 3 个以上处理均数的差异显著性，则采用单因素方差分析法，具体方法见 6.1 节。

（2）两因素试验

如果每一个处理内只有 1 头试验动物，则按两因素无重复观测值的方差分析法进行分析，具体方法见 6.3.2 节；如果每一个处理内有 2 头以上试验动物，则按两因素有重复观测值的方差分析法进行分析，具体方法详见 6.3.3 节。

4）优缺点

（1）优点

此设计方法简单、灵活，处理数与重复数多少不受限制，既适用于单因素试验，又适用于两因素以上的试验，统计分析容易。在供试动物差异较小或来源不明时，采用此方法设计试验，效果较好。如果在试验过程中有试验动物缺失，信息的损失小于其他设计。

（2）缺点

此设计方法的精密度较低。造成这种后果的主要原因是采用此方法设计试验时，对参试动物个体间的差异没作任何限制，一概视为试验误差，从而加大了误差平方和，降低了检验灵敏度，增大犯 Ⅱ 型错误的概率。

10.5.3　配对设计

1）基本概念

所谓配对设计就是将条件一致（如窝别、性别、年龄相同，体重相同或相近）的两头动物配成对子，然后采用随机的方法在同一对子内的两头动物间进行处理分配。

2）配对动物的选择与分组

按配对要求，选择窝别、性别、年龄相同，体重相同或相近的两头动物配成对子，此即所谓的同源配对。对子内的参试动物要尽可能一致，例如，同胞或半同胞的兄弟或姐妹。不同对间的参试动物允许有一定差异。除了同源配对以外，还有一种自身配对，即同一头试验动物接受两个不同处理，例如，动物在注射胰岛素前后的血糖浓度变化；用两种不同的测膘方法测定猪的膘厚。自身配对比同源配对的效果好，但要注意的是，两次处理要互不干扰，两次测定的时间不要相隔太长。

配成对后，每一对中的两头动物必须采用随机方法分配到两个处理组中去接受不同的处理，一对就是一个重复，直到分组完毕。

例 10.5 有人研制一种仔猪副伤寒疫苗，选择10对符合配对要求的乳猪，分试验组（甲）和对照组（乙）进行试验。试做一配对设计。

首先编号，对间编号01至10，对内编号1和2；然后随机分组，随机地从随机数字表（Ⅰ）第10横行第4个数32开始，向右依次抄下10个两位随机数，结果如表10.3。

表 10.3 例 10.5 的随机分组表

乳猪编号	01 −1 −2	02 −1 −2	03 −1 −2	04 −1 −2	05 −1 −2	06 −1 −2	07 −1 −2	08 −1 −2	09 −1 −2	10 −1 −2
随机数字	32	44	09	47	27	96	54	49	17	46
除2余数	0	0	1	1	1	0	0	1	1	0
组　别	乙甲	乙甲	甲乙	甲乙	甲乙	乙甲	乙甲	甲乙	甲乙	乙甲

3）试验结果的统计分析

分析两处理平均数的差异显著性，采用配对试验的t检验法，详见5.3.2节。

4）配对设计的优缺点

(1) 优点

对试验动物条件进行了限制，降低了试验误差，提高了试验的精确度，比完全随机设计的试验误差小，试验结果的统计分析简便。

(2) 缺点

对参试动物相似性的要求高，有时选择符合配对条件的动物比较困难，尤其是大动物如牛、羊等。如果不能配，则不要勉强。

10.5.4 随机单位组设计

1）基本概念

随机单位组设计也称为随机区组（或窝组）设计，它的原理与配对设计类似，区组（在试验动物中常称单位组）即相当于配对设计中的对子，所不同的是，在同一单位组内有2头以上试验动物。

所谓单位组就是指性质和条件相同或相近的试验动物构成的组群，该组群称为单位组，如同窝别、同年龄、同性别、同体重的个体。随机单位组设计要求同一单位组内各头（只）试验动物尽可能一致，不同单位组间的试验动物允许存在差异，但每一单位组内试验动物的随机分组要独立进行，每种处理在一个单位组内只能出现一次。

这种设计方法有3个特点：第一，同一区组（或单位组）内的试验动物的初始条件基本相同；第二，区组内的试验动物头数等于处理数；第三，处理内的重复数即等于区组数。例如，为了比较5种不同中草药饲料添加剂对猪增重的效果，从4头母猪所产的仔猪中，每窝选出性别相同、体重相近的仔猪各5头,共20头,组成4个单位组,设计时每一单位组有仔猪5头,每头仔猪随机地喂给不同的饲料添加剂。这就是处理数为5、单位组数为4的随机单位组设计。

2)动物的选择和分组方法

下面结合一实例来说明随机单位组设计动物的选择和分组方法。

例10.6 设有18头猪,喂3种不同中草药饲料添加剂 A_1,A_2,A_3,每组6头,比较这3种不同中草药饲料添加剂的增重效果。试做一随机单位组设计。

首先,该试验分3个处理,每个处理内有6头猪。因此,要选取6窝猪组成区组 B_1,B_2,B_3,B_4,B_5,B_6,每窝内选取性别、体重相同的3头猪作为参试猪,按窝编号,如 B_1 窝中的3头猪编为11,12,13,余类推。

其次,在区组内进行处理的随机分配,用随机数字表方法确定同一窝内每头所喂的饲料。从随机数字表(Ⅰ)第10纵行第11个数09开始,向下依次抄下12个随机数,结果如表10.4。组内随机分配处理的结果列入表10.4的最后一行。

表10.4 例10.6的随机分组表

窝别	B_1			B_2			B_3			B_4			B_5			B_6		
仔猪编号	1	2	3	4	5	6	7	8	9	10	11	12	13	14	15	16	17	18
随机数字	09	99	—	81	97	—	30	26	—	75	72	—	09	19	—	40	60	—
除数	3	2	—	3	2	—	3	2	—	3	2	—	3	2	—	3	2	—
余数	0	1	—	0	1	—	0	2	—	0	0	—	0	1	—	1	0	—
添加剂	A_3	A_1	A_2	A_3	A_1	A_2	A_3	A_2	A_1	A_3	A_2	A_1	A_3	A_1	A_2	A_1	A_3	A_2

3)试验结果的统计分析

随机单位组设计的结果分析,是把单位组也当作一个因素,连同试验因素一起,按两因素无重复的方差分析法进行分析。前提是:单位组因素与试验因素间不存在交互作用。

随机单位组试验结果的数学模型为:

$$x_{ij} = \mu + \alpha_i + \beta_j + \varepsilon_{ij} \tag{10.5}$$

式中,x_{ij}是第 i 处理第 j 单位组的观测值;μ 是总体均值;α_i 是第 i 个处理的效应;β_j 是第 j 个单位组的效应;ε_{ij}是随机试验误差,且相互独立,都服从 $N(0,s^2)$。

若用A表示试验因素,B表示单位组因素,则平方和与自由度的剖分式如下:

$$SS_T = SS_A + SS_B + SS_e \tag{10.6}$$

$$df_T = df_A + df_B + df_e$$

如果经检验,A因素对试验结果有显著或极显著影响,还应继续对A因素的各水平的平均数进行多重比较。

4)优缺点

(1)优点

第一,把条件一致的供试动物编入同一单位组,然后分配到不同处理组内,这样各处理组之间可比性更强;第二,通过方差分析法,将单位组间变异从试验误差中分离出来,与完全随机设计相比,试验误差小,精确性高;第三,统计分析方法简便;第四,由于某些意外的原因遗缺个别数据时,可通过适当的方法补救。

(2)缺点

当处理数过多时,各单位组试验动物的选择有一定困难。一般以处理数不超过 20 为宜,否则失去了局部控制的意义。如果单位组内存在较大差异,则会加大试验误差。统计分析时没有考虑单位组与处理间的交互作用,有时很难满足这个条件。

10.5.5　拉丁方设计

1)基本概念

随机单位组设计比完全随机设计精确性高,它可以从误差变异中分出单位组平方和,从而提高试验的灵敏度。但是它要求单位组内的条件一致,这个要求在畜牧、水产试验中有时很难满足,造成单位组内存在差异而增加了试验误差,因而降低了试验的精确性。为了克服上述缺点,可以采用拉丁方设计,拉丁方设计的原理与随机单位组设计的原理类似。

拉丁方设计是利用拉丁方控制两个单位组因素对试验结果影响的试验设计,即可以控制来自两方面的系统误差。将处理从两个方面排成单位组,即每一行及每一列都是一个完全单位组,每一处理在每一行或每一列都只出现一次,故重复数与处理数、行数、列数都相等。

2)拉丁方设计方法

拉丁方设计是在选择拉丁方基础上进行的,最常用的拉丁方有 3×3,4×4,5×5,6×6 等,可根据试验目的、要求和条件选用。(3×3)~(6×6)拉丁方如图 10.2。

3×3

A	B	C
B	C	A
C	A	B

4×4

(1)				(2)				(3)				(4)			
A	B	C	D	A	B	C	D	A	B	C	D	A	B	C	D
B	A	D	C	B	C	D	A	B	D	A	C	B	A	D	C
C	D	B	A	C	D	A	B	C	A	D	B	C	D	A	B
D	C	A	B	D	A	B	C	D	C	B	A	D	C	B	A

5×5

(1)					(2)					(3)					(4)				
A	B	C	D	E	A	B	C	D	E	A	B	C	D	E	A	B	C	D	E
B	A	E	C	D	B	A	D	E	C	B	A	E	C	D	B	A	D	E	C
C	D	A	E	B	C	E	B	A	D	C	E	D	A	B	C	D	E	A	B
D	E	B	A	C	D	C	E	B	A	D	C	B	E	A	D	E	B	C	A
E	C	D	B	A	E	D	A	C	B	E	D	A	B	C	E	C	A	B	D

6×6

A	B	C	D	E	F
B	F	D	C	A	E
C	D	E	F	B	A
D	A	F	E	C	B
E	C	A	B	F	D
F	E	B	A	D	C

图 10.2　(3×3)~(6×6)拉丁方

在确定了拉丁方后,按下述步骤进行行、列、单位组和试验处理顺序的随机排列,以获得相应的拉丁方设计的试验方案。

3×3 拉丁方:列随机、第二和第三行随机。

4×4 拉丁方:先随机选择四个拉丁方中的一个,然后随机所有的列和第二、三、四行或随机所有列和行。

5×5 拉丁方：先随机选择四个拉丁方中的一个，然后随机所有行、列及处理。

例 10.7 设有 5 个处理，分别记为 1,2,3,4,5，试作拉丁方设计。

拉丁方设计步骤如下：

(1)选择拉丁方

首先随机选择第(1)个 5×5 拉丁方(见图 10.2)，即：

	1	2	3	4	5
1	A	B	C	D	E
2	B	A	E	C	D
3	C	D	A	E	B
4	D	E	B	A	C
5	E	C	D	B	A

(2)随机排列

在选定拉丁方之后，如是非标准型时，则可直接按拉丁方中的字母安排试验方案。若是标准型拉丁方，还应按下列要求对横行、直列和试验处理的顺序进行随机排列。

下面对选定的 5×5 标准型拉丁方进行随机排列。先从随机数字表(Ⅰ)第 20 行、第 8 列 89 开始，向右连续抄录 3 个 5 位数，抄录时舍去“0”、“6”以上的数和重复出现的数，抄录的 3 个五位数字为：12534，52431，34152。然后将上面选定的 5×5 拉丁方的直列、横行及处理按这 3 个五位数的顺序重新随机排列。

①直列随机。将拉丁方的各直列顺序按 12534 顺序重排。

②横行随机 。再将直列重排后的拉丁方的各横行按 52431 顺序重排。

选择拉丁方						直列随机						横行随机				
1	2	3	4	5		1	2	5	3	4						
A	B	C	D	E	1	A	B	E	C	D	5	E	C	A	D	B
B	A	E	C	D	2	B	A	D	E	C	2	B	A	D	E	C
C	D	A	E	B	3	C	D	B	A	E	4	D	E	C	B	A
D	E	B	A	C	4	D	E	C	B	A	3	C	D	B	A	E
E	C	D	B	A	5	E	C	A	D	B	1	A	B	E	C	D

③最后按随机数字 34152 调整处理，即用 $A=3, B=4, C=1, D=5, E=2$ 对号入座，即完成了拉丁方设计，如表 10.5。

表 10.5 5 种不同处理的拉丁方设计

	纵行单位组				
	1	2	3	4	5
横 1	E(2)	C(1)	A(3)	D(5)	B(4)
行 2	B(4)	A(3)	D(5)	E(2)	C(1)
单 3	D(5)	E(2)	C(1)	B(4)	A(3)
位 4	C(1)	D(5)	B(4)	A(3)	E(2)
组 5	A(3)	B(4)	E(2)	C(1)	D(5)

注：括号内的数字表示处理的编号

3)拉丁方试验结果的分析

拉丁方设计的试验结果分析,是把两个单位组因素与试验因素一起,按3因素无重复观测值方差分析法进行统计分析,前提是:3个因素间不存在交互作用。其数学模型为:

$$x_{ij(k)} = \mu + \alpha_i + \beta_j + \gamma_{(k)} + \varepsilon_{ij(k)} (i = j = k = 1,2,\cdots,r) \quad (10.7)$$

式中,μ 为总平均数;α_i 为第 i 横行单位组效应,且 $\sum \alpha_i = 0$;β_j 为第 j 直列单位组效应,且 $\sum \beta_j = 0$;γ_k 为第 k 处理效应,且 $\sum \gamma_k = 0$;$\varepsilon_{ij(k)}$ 为随机误差,相互独立,且都服从 $N(0,s^2)$。

若横行单位组记为A,直行单位组记为B,试验因素记为C,则平方和与自由度剖分为:

$$SS_T = SS_A + SS_B + SS_C + SS_e \quad (10.8)$$

$$df_T = df_A + df_B + df_C + df_e$$

4)优缺点

(1)优点

将两个单位组因素的变异从试验误差中分离出来,因而试验误差小,提高了精确性和检验的灵敏度;遗缺个别数据时,可以估计出来。

(2)缺点

因为拉丁方设计要求行、列、处理数相等,所以缺乏伸缩性。处理数与重复数受到限制,处理数多,则重复数也多,花费的人力、物力和财力也多;如果处理数少,则重复数也小,试验误差自由度也少,降低其可靠性。为了使误差自由度不低于6,一般采用处理数4~8的拉丁方试验,大于8时,试验任务太重,试验条件难以控制。在处理数较少(4以下)而又采用拉丁方设计时,为了增加误差自由度,可采用重复拉丁方设计,同一个维数的拉丁方进行若干次。

10.5.6 交叉设计

1)基本概念

在配对设计或随机完全区组设计时,为了消除试验动物个体间差异对试验结果的影响,提高试验的精确度,要求配对的动物或同一区组内的试验动物条件相同或相似。但是,实践中有时不易满足这个要求,尤其是大动物如牛、马等试验。例如,在同一试验中,要选择12头品种、性别、年龄、体重相同的牛是相当困难的。为了克服这一缺点,可采用交叉设计法。

交叉设计,又称反转试验法,是指试验动物分期轮流接受不同处理的一种设计方法。常用的交叉设计有2×2或2×3交叉设计方法,见表10.6和表10.7。表中 A_1,A_2 表示两个不同的处理。

表10.6 2×2交叉设计

群别	时期	
	C_1	C_2
B_1	A_1	A_2
B_2	A_2	A_1

表10.7 2×3交叉设计

群别	时期		
	C_1	C_2	C_3
B_1	A_1	A_2	A_1
B_2	A_2	A_1	A_2

2)交叉设计成立的条件

进行交叉设计,必须要满足以下3个条件,否则,就不能采用交叉设计。

(1)因子间的交互作用不存在或小到可以忽略不计

因为在进行交叉设计时,交互作用的效应包含在误差里面,如果交互作用比较大,就会使误差估计值增大,从而降低试验的精确度和检验的灵敏度。

(2)没有处理残效

因为交叉设计时,同一个体分期轮流接受不同的处理,如果前处理对后处理产生影响,即前处理对后处理产生残效,则会影响试验的可比性。因此,前后处理间应设置适当的试验间隙期,直到前处理的效应消失为止。间隙期的长短要根据处理的性质不同而有所不同,如果前处理效应的消失期很长或不能消失的,则不宜使用交叉设计。

(3)参试动物头数必须一定

参试动物的分配,应采用随机的方法,即每头参试动物分配在两个群(组)的概率是均等的,但是对于 2 ×3 交叉设计两个群(组)内的参试动物数量必须相同,只有这样,才能通过 $\sum d_{1j} - \sum d_{2j}$ 而使试验期的效应 $r_1 - 2r_2 + r_3$ 相互抵消。

3)交叉设计统计分析方法

交叉设计的试验结果一般采用 Lucas 提出的分析方法或 t 检验法(明道绪)进行分析。

4)优缺点

(1)优点

与配对设计、随机完全区组设计比较,交叉设计是双向分区组设计,控制了两方面的系统误差,因此,试验的精确度相对较高。交叉设计与拉丁方设计相比,它实际上是拉丁方设计的灵活运用,因为当处理数在 4 以下时,不能采用拉丁方设计,原因是误差自由度不足 6 个,检验结论不可靠,这时,可考虑采用交叉设计;而且,拉丁方设计须满足处理数 = 重复数 = 行数 = 列数的条件,而交叉设计则没有这么多的苛刻条件,只需满足重复数为处理数的倍数即可,可增大重复数。

(2)缺点

第一,不能分离出因子间交互作用,亦即要求行、列因素是独立的变异源;第二,要求没有处理残效,如果存在处理残效,就会增大试验误差,影响试验结果的正确性。

10.6 正交试验设计

我们知道,影响动物性状的因素很多,在试验设计中同时考察的因素越多,问题就研究得越透彻,所得的结论就越可靠。但是,随着试验中考察的因素及水平数目的增加,不但处理数目急剧增加,而且交互作用的类型和数目也急剧增加,给试验带来很大困难,在实际中很难做到。如一个 4 因素 3 水平的试验,若采用完全设计的全面试验,就需要设置 $3^4 = 81$ 个处理组;一个 5 因素 2 水平试验,就得设置 $2^5 = 32$ 个处理组。

为了在试验时既能考察较多的因素及水平,又尽量压缩试验规模,可采用正交设计。正交设计是适用于多因素、多水平、试验误差大、周期长等一类试验的设计,特别是对于许多因素在筛选出主要因素及其最优水平,使用正交设计的效果很好,可以用较少的试验次数获得较多的信息,从而得出可靠的结论,正交设计是多快好省地进行试验的工具。

10.6.1　正交试验设计的基本原理

1)正交表

正交试验设计是利用一种排列整齐的规格化表格——正交表来安排试验的。所谓正交表是由 N 行 k 列组合而成的矩阵,又称正交列阵表。它利用从试验的全部水平组合中,挑选部分有代表性的水平组合进行试验,通过对这部分试验结果的分析了解全面试验的情况,找出最优的水平组合。

正交表记为 $L_N(m^k)$,其中 L 表示正交表的意思,N 表示试验次数,k 表示可容纳的因素数,m 为因素的水平数。常用的正交表已由数学工作者制定出来,试验设计时只要根据试验的具体情况选用就行了。例如,$L_4(2^3)$表示的意思是,用这张表进行正交试验设计,最多可安排 3 个因素,每个因素取 2 个水平,一共需做 4 次试验。

表 10.8　正交表 $L_4(2^3)$

试验号	列　号		
	1	2	3
1	1	1	1
2	1	2	2
3	2	1	2
4	2	2	1

2)正交表的性质

(1)表中任一列中,不同数字出现的次数相等

这表示任一因素不同水平的试验次数相等。例如,$L_4(2^3)$表中的数字 1 和 2,在任一列中出现的次数都是 2 次。

(2)表中任二列间同横行上的有序数对出现的次数相等

这表示任何两因素间的水平搭配是均匀的。例如,$L_4(2^3)$表中的有序数列(1,1),(1,2),(2,1)和(2,2)分别在任二列间都出现了一次。

3)正交试验设计的特点

用正交表来安排试验,有 3 个特点。

(1)均衡分散性

表示用正交表选出来的处理,在全部可能的处理中均匀分布,因而具有很强的代表性,能较好地反映全面试验的情况。

例如,一个 2^3 的完全试验,若每一水平组合做一次试验,则共需做 8 次,即:$A_1B_1C_1{}^*$,$A_1B_2C_1$,$A_2B_1C_1$,$A_2B_2C_1{}^*$,$A_1B_1C_2$,$A_1B_2C_2{}^*$,$A_2B_1C_2{}^*$和 $A_2B_2C_2$。$L_4(2^3)$表中的 4 个水平组合(打"*"的)就是从这 8 个水平组合中精选出来的 4 个。

(2)整齐可比性

安排在正交表中的因素,它们各自水平间的比较都是在同一条件下进行的,例如,$L_4(2^3)$表中,A 因素的两个水平 A_1 和 A_2 的比较,是在 B,C 因素水平相同的条件下进行的,B,C 各自两水平间的比较也是类似的。

(3)试验次数少

例如一个5因素2水平试验,若按完全设计,将各因素水平组合均做一次(即不安排重复),需32次之多,而采用正交设计只需8次就可以了。这就是正交试验设计的最可贵之处。

10.6.2 正交试验设计的步骤

下面结合实例来说明正交试验设计的步骤。

例10.8 用某种配合饲料喂生长肥育猪时出现微量元素缺乏症,为了弄清到底是哪种微量元素不足,对铁、铜、硒、锰、锌等5种微量元素进行了试验,每种微量元素分添加与不添加两个水平。因此,需做一个5因素2水平的试验,拟采用正交设计来安排试验。

第一步,确定考察的因素及水平数。

影响试验指标的因素很多,但在一次试验中,不可能研究影响试验指标的所有因素。因此,在试验时,必须根据专业知识,结合具体情况,抓住主要矛盾,选择对试验指标影响最大的因素进行试验。当试验因素确定下来后,还得对每一因素确定适宜的水平数,水平间隔要适宜。本研究确定考察5种微量元素,每种微量元素分添加与不添加两个水平。用试验期间的平均日增重作为试验指标。

第二步,选用合适的正交表。

确定试验因素及其水平数之后,就得选择合适的正交表。选用正交表的原则有3个:第一,正交表的列数不得少于因素和要考察的因素间交互作用的总数;第二,正交表中的水平数要与试验中考察的因素的水平数相等;第三,在满足以上两个条件时,要尽量选用试验次数少的正交表。例如,本试验要考察5因素2水平,因此,可选用$L_8(2^7)$表进行试验设计。

第三步,做表头设计。

所谓表头设计就是根据正交表的交互作用列表将因素及交互作用安排到所选正交表各列的过程。如果不考虑交互作用,各因素可随机放置在任一列,只要每一因素占一列即可。若要考察交互作用,就应参考附录A10中的表头设计或根据交互作用列表按指定的列安排,不能任意放置。

本试验中,考虑到铁和铜可能存在交互作用,其他微量元素间的交互作用不考虑。因此,考虑附录表A10中的$L_8(2^7)$的表头设计,确定将铁(A)放在第1列,铜(B)放在第2列,铁、铜交互作用(A×B)放在第3列,硒(C)放在第4列,锰(D)放在第5列,锌(E)放在第7列,第6列作为空列。因此,可做出本试验的表头设计,如表10.9所示。

表10.9 例10.8试验的表头设计

列 号	1	2	3	4	5	6	7
因素或交互作用	A	B	A×B	C		D	E

第四步,列出试验方案。

列出表头后,把正交表各列中的数码换成该列所安排因素的具体水平,就成为试验方案。

本试验中,微量元素分添加与不添加两个水平,采用随机方法,确定列中的第"1"水平代表不添加微量元素,第"2"水平代表添加微量元素。

参试动物应采用随机的方法分配处理,试验方案中同一横行就代表一个水平组合,即一个处理,例如本试验中1号饲料全是"1",表示5种微量元素都不加,2号饲料铁、铜为"1",表示这两种微量元素不添加，硒、锰、锌都为“2”，表示这三种微量元素要添加，余类推。正交试验分处理组内无重复和有重复两种情况。本试验的试验方案如表 10.10 所示。

表 10.10　例 10.8 试验的试验方案

饲料号	列号 1 (*A*)	2 (*B*)	3 ($A\times B$)	4 (*C*)	5 (*e*)	6 (*D*)	7 (*E*)	观察值 无重复时	有重复时
1	1	1	1	1	1	1	1	X_1	$X_{11},X_{12},\cdots,X_{1n}$
2	1	1	1	2	2	2	2	X_2	$X_{21},X_{22},\cdots,X_{2n}$
3	1	2	2	1	1	2	2	X_3	$X_{31},X_{32},\cdots,X_{3n}$
4	1	2	2	2	2	1	1	X_4	$X_{41},X_{42},\cdots,X_{4n}$
5	2	1	2	1	2	1	2	X_5	$X_{51},X_{52},\cdots,X_{5n}$
6	2	1	2	2	1	2	1	X_6	$X_{61},X_{62},\cdots,X_{6n}$
7	2	2	1	1	2	2	1	X_7	$X_{71},X_{72},\cdots,X_{7n}$
8	2	2	1	2	1	1	1	X_8	$X_{81},X_{82},\cdots,X_{8n}$

10.6.3　试验结果的统计分析

正交试验设计结果的统计分析一般用多因素方差分析的方法，分无重复试验和有重复试验两种。

10.6.4　正交设计的优缺点

1）优点

（1）正交设计适用于多因素、多水平试验的设计，可减少试验次数，因而设计效率高。

（2）正交设计的方法比较简单，容易掌握，应用方便。

（3）统计分析方法简便易行。

2）缺点

在多因素、多水平试验中，如果要考虑因素间的交互作用，表头设计就变得比较复杂，有时难于避免交互作用列与因素间列的混杂。因此，要求试验人员具有丰富的专业化知识，在试验之前能初步了解试验因素，以确定哪些因素间交互作用应该考虑，哪些因素间的交互作用可不考虑。正交设计时，对 3 因素以上的交互作用都不予考虑，这样做有时不符合实际情况。

本章小结

试验设计是生物统计的主要内容之一。试验设计具有 3 个基本要素，即处理因素、受试对象和处理效应。进行试验设计时必须遵循 3 项基本原则，即重复、随机和局部控制。常用试验设计主要有：调查设计、完全随机设计、配对设计、随机单位组设计、拉丁方设计、交叉设计、正交设计等。

抽样是从所研究的总体中抽取一定数量的个体构成样本，通过对样本特征的研究和计算，进而对总体特征做出推断。常用的抽样方法主要有：随机抽样、顺序抽样、分层抽样与整群抽样等，这些调查方法的正确与否直接关系到由样本所得估计值的准确性。因此，在进行抽样调查之前，必须制订切实可行的抽样方案。

完全随机设计是一种最简单的试验设计方法，可用于单因素试验，也可用于多因素试验。配对设计就是将条件一致（如窝别、性别、年龄相同，体重相同或相近）的两头动物配成对子，然后采用随机的方法在同一对子内的两头动物间进行处理分配。

随机单位组设计是一种最基本的试验设计方法，它可将单位组间误差分解出来，从而降低试验误差，提高试验精确度。

拉丁方设计的最大特点是行数、列数和处理数三者相等，其试验精度较高，但缺乏伸缩性。

交叉设计，又称反转试验法，是指试验动物分期轮流接受不同处理的一种设计方法。

正交设计是利用正交表进行多因素试验的不完全区组设计方法，能以较少的处理组合数反映出多因素、多水平及其互作的试验效应，从而选出较优的处理组合方案。

复习思考题

1. 什么是试验方案？如何拟订一个正确的试验方案？

2. 试验设计应遵循哪3条基本原则？这3条基本原则的相互关系与作用为何？

3. 什么叫随机抽样法、顺序抽样法、分层抽样法及整群抽样法？它们各有何优缺点？

4. 常用的试验设计方法有哪几种？各有何优缺点？各在什么情况下应用？

5. 欲抽样调查某一地区仔猪断奶体重，已知 $s=3.4$ kg。若估计断奶体重的置信度为99%，允许误差为0.5 kg，问样本含量多少为宜？

6. 为研究某地区鸡的球虫感染率，预测感染率为15%，希望调查的感染率与该地区普查的感染率相差不超过3%，且置信概率为95%，问应调查多少只鸡才能达到目的？

7. 某地需抽样调查猪蛔虫感染率。根据以往经验，感染率一般为45%左右。若规定允许误差为3.2%，选定 $\alpha=0.05$，试求出样本含量。

8. 某试验比较4个饲料配方对蛋鸡产蛋量的影响，采用随机单位组设计，若以20只鸡为一个试验单位，问该试验至少需要多少只鸡方可满足误差自由度不小于12的要求？

附录　生物统计附试验设计实训

实训一　Excel 电子表格统计功能认识与数据整理

统计学是一门应用性非常强的学科。而统计工作的每一个环节几乎都离不开统计计算机软件的应用。典型的统计软件有 SAS,SPSS,MINITAB,STATISTICA,Excel 等。其中由美国微软公司开发的 Excel 电子表格软件,是办公自动化中非常重要的一款软件,它不仅能够进行表格处理、图形分析、数据的自动处理和计算,而且简单易用,具有一定统计基础知识的人都可以利用它进行统计工作。

一、实训目的

认识 Excel 电子表格的统计功能,学会分析工具库的安装,掌握数据分析的统计项目,学会基本的操作和数据库的建立。

二、实训内容

(一)概述

Microsoft Excel 电子表格具有强大的统计分析功能,利用它可以解决一般畜牧兽医试验和生产实际中数据的常见统计分析问题。其统计分析过程主要是通过内置的“分析工具库”和粘贴函数来完成。

1. 启动 Excel 2003

Excel 2003 是一个在 Windows 9X/2000/XP 下使用的软件,如同其他应用软件一样,启动 Excel 2003 是非常简单的。

单击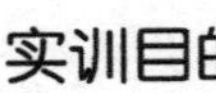

按钮,弹出菜单后,移动鼠标到程序,然后从菜单中选择“Microsoft office ”,再从子菜单中选择“Microsoft office Excel 2003”,如图 1 所示。单击“Microsoft office Excel 2003”,显示如图 1 所示的窗口,此时已启动 Excel 2003 。

2. 认识 Excel 窗口画面

打开 Excel 后,会出现 Excel 窗口画面。编辑电子表格数据前,先认识一下 Excel 窗口画

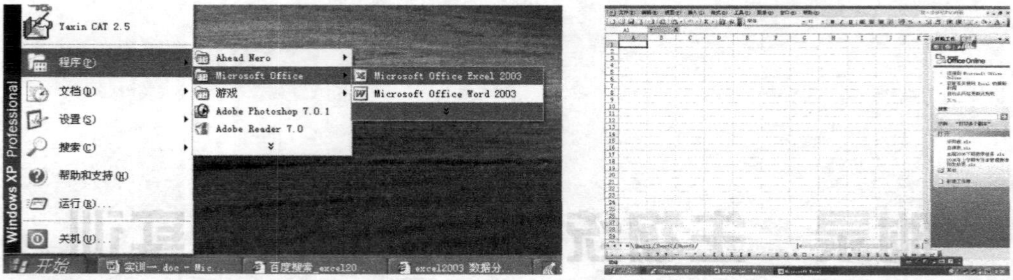

图 1　Excel 启动与窗口

面各部分的功能与名称，如图 2 所示。

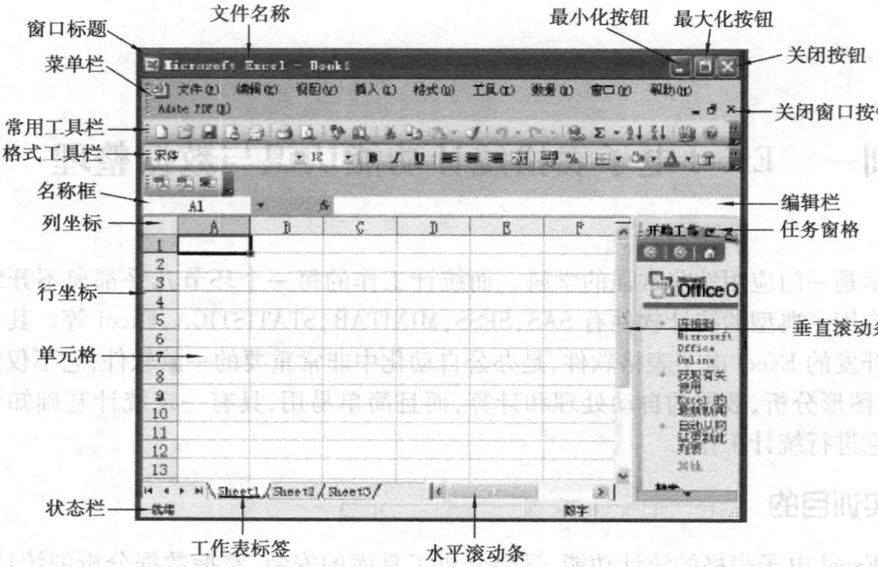

图 2　Excel 电子表格与功能名称

各部分功能如下：

①窗口标题：左侧显示应用程序名称和正在编辑的电子表格名称，右侧包含着 3 个控制窗口大小的按钮。

②菜单栏：显示 Excel 的所有功能、命令选项，共有文件、编辑、视图、插入、格式、工具、数据、窗口、帮助、输入需要解答的问题等按钮。

③常用工具栏：Excel 会将一些经常使用的功能、命令选项以按钮的方式呈现在工具栏上。

④格式工具栏：可以设定单元格的字体、字形、字号、排列等属性。

⑤名称框：显示当前单元格（单元格四周有较粗黑线者）的地址。

⑥行与列坐标：列坐标以英文字母表示，行坐标则以数字来表示。

⑦单元格：行与列相关的方格则为单元格。

⑧状态栏：显示目前电子表格编辑状态，例如就绪、编辑等状态。

⑨编辑栏：在单元格输入的数据会显示在此处。

⑩任务窗格：除了保留 Excel 2002 原有的任务窗格外，另外还新建了开始工作、帮助、参

考数据、共享工作区、更新文件及 XML 来源等 6 种选项。

⑪水平和垂直滚动条：可以用来上下或左右滚动工作表。

3. 退出 Excel 2003

当不使用 Excel 时，可以结束 Excel，只要移动光标选择 Excel 左上角的文件控制列表按钮，弹出菜单后，再移动鼠标选择“退出”，就可以关闭窗口。另外，也可以移动光标到右上角直接选择☒关闭按钮。此时会出现图 3 所示的对话框。

图 3　Excel 退出对话框

①单击 是(Y) 按钮，可将文件保存。

②单击 否(N) 按钮，不保存文件。

③单击 取消 按钮，取消结束，跳回 Excel 窗口。

(二)工作簿与工作表

Microsoft Excel 2003 工作簿是计算和储存数据的文件，每一个工作簿都可以包含多个工作表，每一个工作表可存放一种类型的数据。因此，可在单个文件中管理各种类型的相关信息。

1. 工作簿的概念

工作簿是 Excel 2003 专门用来计算及存放数据的文件，其文件类型为. xls。在每一本工作簿中包含了多张工作表，最多为 255 张工作表。在默认情况下，每个工作簿由 3 个工作表组成，如图 2 所示，“工作簿 1”由 Sheet1、Sheet2、Sheet3 3 张工作表组成。用户可以根据需要添加更多的工作表。因此，Excel 2003 可在单个文件中管理多种类型的相关信息。

2. 工作表的概念

工作表通常称为电子表格，是用来存放和组织、处理、分析数据的最主要文档。每个工作表由行和列构成，行和列相交所形成的框被称为单元格。工作表的名称显示于工作簿窗口底部的工作表标签上。单击工作表标签即可进入该工作表。当前所在的工作表称为活动工作表，在它的标签上标有单下划线。可以在同一工作簿或两个工作簿之间对工作表进行改名、添加、删除、移动或复制等操作。

每个工作表由 256 列和 65 536 行组成。行和列相交形成单元格，它是存储数据的基本单位。列用英文字母表示，开始是单个英文字母，然后是 2 个英文字母组合，即由 A ~ IV 共 256 列。行用阿拉伯数字表示，由 1 ~ 65 536 。每个单元格的定位可以通过单元格所对应的行数及列标来确定，如 B6 就表示 B 列第 6 行的单元格。在活动工作表众多的单元格中有一单元格含有粗边框线，该单元格称为活动单元格，在该单元根格中可以输入和编辑数据。每进入一个工作表时，A1 自动为活动单元格。在活动单元格的右下角有一小黑方块，这个黑方块称为填充柄，利用此填充柄可以填充相邻单元格区域的内容简介。

3. 工作簿的打开与关闭

有两种方式可以打开工作簿：新建一个工作簿或打开一个已存在的工作簿。

(1)新建工作簿

启动 Excel 2003 后，自动新建工作簿“工作簿 1”。也可以用下列方法之一创建新的工作簿：

①选择【文件】下【新建】菜单项。

②在【常用】工具栏中单击快捷按钮。

③按【Ctrl】+【N】组合键。

(2)打开现有的工作簿

要打开已存在的工作簿，有以下几种方法实现：

①选择【文件】下【打开】菜单项。

②单击【常用】工具栏中的【打开】按钮。

③在 Windows 2003 的【资源管理器】中找到并双击要打开的 Excel 2003 文件，系统将启动 Excel 2003，同时将此文件打开。

④在 Excel 2003 中选择【文件】菜单，在下拉菜单底部有最近使用的文件清单列表，选择要打开的文件。

(3)工作簿的关闭

关闭工作簿窗口有以下几种方法：

①单击工作簿窗口左上角的【关闭】按钮。

②激活要关闭的窗口，选择【文件】下【关闭】菜单项。

③单击工作簿窗口左上角的工作簿图标，在弹出的下拉菜单中选择【关闭】菜单项。

④双击工作簿窗口左上角的工作簿图标。

⑤按【Ctrl】+【F4】组合键。

⑥按【Ctrl】+【W】组合键。

如果打开了很多窗口，而且希望一次关闭所有的窗口，按住【Shift】，然后选择【文件】下【全部关闭】菜单项，可以关闭所有的工作簿窗口。

4.工作簿的操作

Excel 2003 允许许多用户同时打开多个工作簿窗口，也允许同一个工作簿中打开多张工作表。Excel 2003 窗口与其他 Windows 程序的窗口一样，有最大化、最小化、复原、移动、调整大小等操作。此外还有下列工作簿的操作。

(1)多窗口显示一个工作簿

在一工作簿同时显示两个或多张工作表，可以选择【窗口】下拉菜单【菜单新建窗口】菜单项，此时屏幕上出现两个窗口，如图 4 所示，两个窗口显示的是同一个工作簿。

(2)排列工作簿窗口

当同时打开多个工作簿窗口时，可以对所有被打开的窗口进行排列，选择【窗口】下拉菜单【重排窗口】菜单项，弹出【重排窗口】对话框，如图 5 所示。

①平铺：全部窗口都可显示。根据打开窗口的数目，用最佳的方式进行排列。

②水平并排：全部窗口都可显示，并将打开的窗口按水平方式排列。

③垂直并排：全部窗口都可显示，并将打开的窗口按垂直方式排列。

④层叠：全部窗口重叠显示，并且每个窗口的标题都可见。

如果选中【当前活动工作簿的窗口】复选框，则只重排当前活动工作簿的窗口；如果不选该项，则重排全部被打开的窗口。

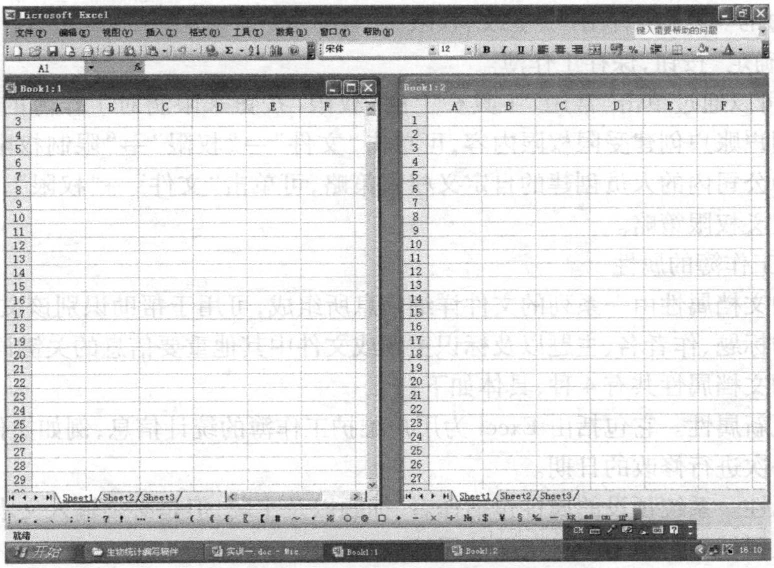

图4　两个窗口显示在同一个工作簿

(3)工作簿窗口间的切换

如果在 Excel 2003 中打开了多个窗口,可以用下面的方法之一实现窗口之间的切换:

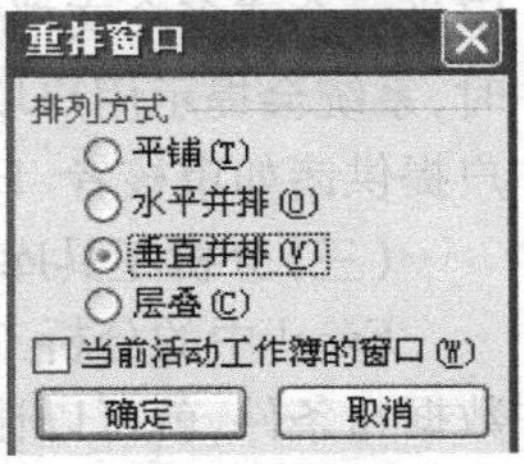

图5　重排窗口对话框

①若多个窗口排列在屏幕上,单击要激活窗口内的任意位置,即可切换到该窗口。

②选择【窗口】菜单,从下拉菜单底部列表中选择需要切换的窗口名。

③按【Ctrl】+【F6】组合键,切换到下一个窗口;按【Ctrl】+【Shift】+【F6】组合键,切换到上一个窗口。

5. 为工作簿设置访问权限

为工作簿设置访问权限可帮助用户防止重要文件及电子邮件信息受未授权用户的干扰,如转发、编辑或复制。

Microsoft Office Excel 2003 中具有的“信息权限管理”(IRM)可以为将要访问该内容的特定人员创建具有受限权限的工作簿。

使用“权限”对话框来赋予用户“读取”和“更改”的权限,以及设置内容的到期日期。

例如,工作簿所有者甲可以赋予读者乙读取工作簿的内容但不能对其进行更改的权限。甲还可以赋予读者丙对工作簿进行更改的权限,以及允许他保存工作簿。甲还可以决定限制乙和丙只能在5天内访问此工作簿。

(1)为工作簿创建受限权限内容的具体步骤如下

①打开需创建受限权限内容的工作簿。

②单击“文件”→“权限”→“不能分发”命令。

③在“权限”对话框中,选中“限制对此‘文件类型’的权限”复选框。

④在“读取”和“更改”框中,输入要授予权限的人员的姓名或电子邮件地址。

若要授予所有用户权限,可单击“读取”框右边的“授予所有用户‘读取’权限”,或单击

"更改"框右边的"授予所有用户'更改'权限"。

⑤单击"确定"按钮,保存工作簿。

另外,也可以通过单击"常用"工具栏上的"权限"按钮来限制对工作簿的权限。如果希望使用其他用户账户创建受限权限内容,可单击"文件"→"权限"→"限制权限为"。若要使用管理员已为公司内的人员创建的自定义权限策略,可单击"文件"→"权限",再单击子菜单上的某个自定义权限策略。

(2)设置工作簿的属性

工作簿的文档属性由一系列的文件详细信息所组成,可用于帮助识别该文件。文件信息包括描述性的标题、作者名、主题以及标识主题或文件中其他重要信息的关键词。

工作簿的文档属性共有 4 种,具体如下:

①自动更新属性。它包括由 Excel 为用户维护工作簿的统计信息,例如文件大小、文件创建日期和上一次进行修改的日期。

②预设属性。系统预设的属性包括作者、标题以及主题,但是必须输入文本值。

③自定义属性。是由用户自定义的属性。

④文档库属性。用于 web 站点或公共文件夹中文档库的文件管理。设计文档库时,可以定义一个或多个文档库属性,并设置有关这些属性值的规则。当用户往文档库中添加文档时,系统会提示用户填写相关值分派给各个属性的表单。例如,工作业绩提成文档库可为用户提供诸如审核者、日期、类别及描述等属性。

(三)分析工具库

Excel 中的分析工具库,里面有一些与统计或工程有关的宏函数,您只要提供想要分析的数据与条件,就可以让您迅速地做出复杂的统计或分析工作,有些工具甚至提供表格或图表功能,对于数据统计分析来说,真是太方便了。

安装完 Excel 后,必须从加载宏中勾选分析工具库,才可以使用分析工具库。

1.分析工具库的安装

分析工具库只有在安装后才能使用。可先在"工具"菜单中检查一下是否有"数据分析"条目,如果有,表示分析工具库已安装,如没有,可按以下步骤安装:通过"工具"菜单中打开"加载宏"表单(图6),选择"分析工具库"(图7),再选择"确定"。

如果当初以典型安装 Excel,而非全部安装,则在设置分析工具库加载宏时,会出现无法执行加载宏的提示窗口,并试问是否马上安装。此时,只要放入 Office 2003 安装光盘,然后单击"是"按钮,即可安装加载宏,如图 8 示。

2.分析工具库的打开

打开分析工具库的操作方法如下:

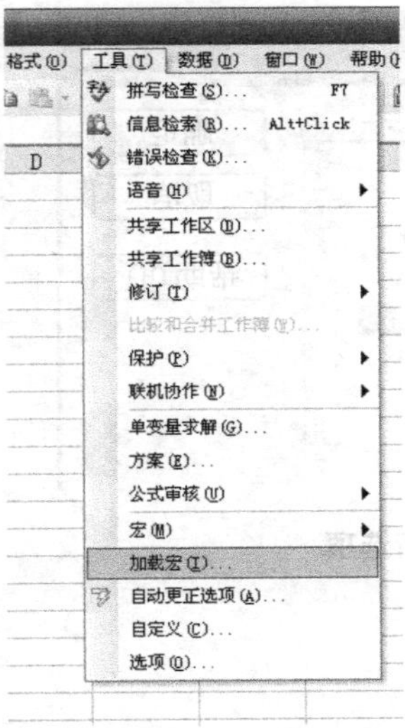

图6　选择加载宏选项

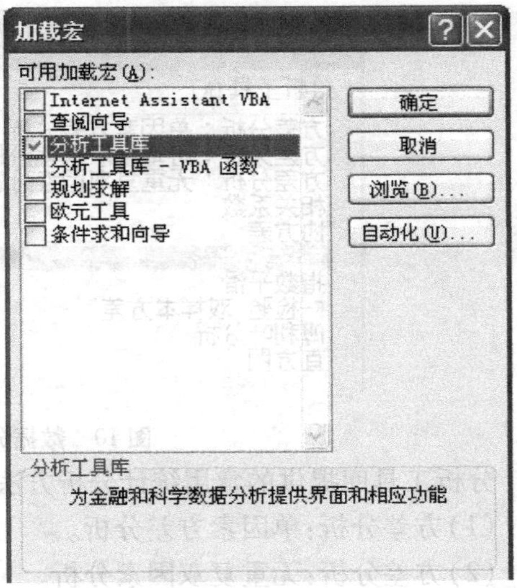

图7　加载宏对话框

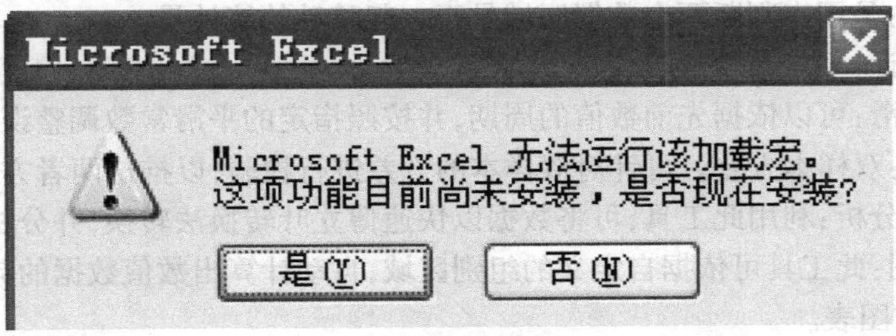

图8　分析工具库重新安装界面

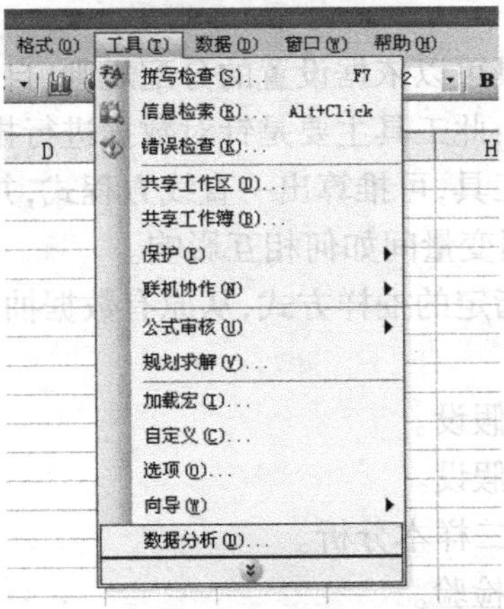

图9　工具菜单中显示的数据分析选项

移动光标从菜单栏的“工具”菜单中选择“数据分析”，如图9所示。

完成后，就会打开“数据分析”窗口，接着您就可以从窗口中选择所需的分析工具，窗口画面显示如图10所示。

3. 分析工具库提供的统计分析方法

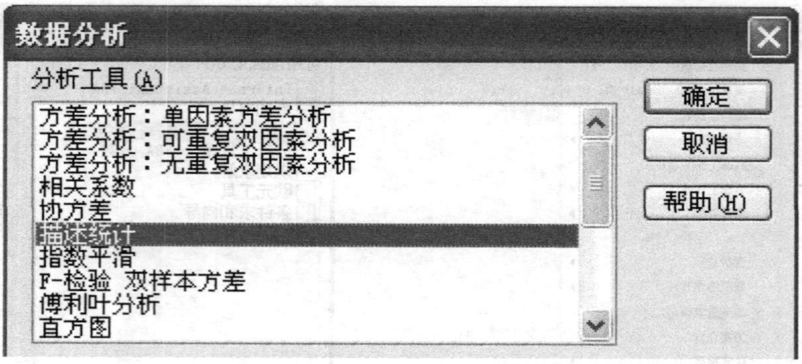

图 10　数据分析工具库中的分析选项

分析工具库提供的常用统计分析方法如下：

(1)方差分析:单因素方差分析。

(2)方差分析:无重复双因素分析。

(3)方差分析:可重复双因素分析。

(4)相关系数:指两个变量间的关联程度。

(5)协方差:是用来判断两个数据区域是否一起移动的统计量。

(6)描述统计:平均数、标准误差、中位数、众数、标准差、方差、峰度、偏度等。

(7)指数平滑:可以依据先前数值的周期,并按照指定的平滑常数调整误差,以预测数值。

(8)*F*-检验:双样本方差。可针对双样本的方差进行检验,以推论两者方差是否相同。

(9)傅立叶分析:利用此工具,可将数据以快速傅立叶转换法转换,并分析周期性的数据。

(10)直方图:此工具可依据自定义的组别区域,自动计算出数值数据的频度分配、累积百分比与频率直方图表。

(11)移动平均:此工具可以依据先前的周期数值计算出变量平均值,以预测周期中的数值。

(12)随机数发生器:此工具可以依据设置的分配规则,自动分配数据区域并填充数据。

(13)排位与百分位比排位:此工具主要是针对数据进行排位分类工作。

(14)回归:利用回归分析工具,可推算出一直线方程式,并绘制一条符合一组观察数据的直线,以预测并分析自变量与因变量间如何相互影响。

(15)抽样:此工具可依据指定的抽样方式,从原有数据抽样取出替代数据,作为原数据的替代样本。

(16)t 检验:双样本等方差假设。

(17)t 检验:双样本异方差假设。

(18)t 检验:平均值的成对二样本分析。

(19)z 检验:双样本平均差检验。

(20)函数分析

(四)数据整理

1. 频数分布表与直方图

利用直方图绘制统计图形就是频数分布表的编制。

频数分布表是在对数据进行分组后编制的。对于连续性资料需要事先确定全距、组数、组距、组中值和组限，然后将各个变量分别纳入相应的组内。连续性变量资料的数据输入格式为：将变量数据连续输入到一列，再将预分组的组下限值输入到另一列。

编制频数分布图的步骤为：在【工具】菜单中选定【数据分析】，出现数据分析对话框；→选定【直方图】，打开直方图对话框；→输入选项的“输入区域”中输入变量所在区域，在“接受输出区域”中选择分组组下限所在区域；在输出选项中选定一空白输出区域的左上角单元格；→选定“图表输出”→“确定”，得到次数分布表及直方图。

对于离散型数据可以直接按照数据表示的变量值进行分组，通常搜集到的数据就是已经按变量分组的数据，如果原始数据没有分组，同样可以采用直方图分析工具来编制次数分布表及绘制直方图。在编制次数分布表及绘制直方图时，只要在接收区域中输入与原始数据相同的变量值就可以了，其他过程同连续型数据。对于用文字描述的变量，必须先进行变量转换，将文字转换成数字即可。完成次数分布表的编制后，再将数字反转成原变量。

例 1　现以第 2 章中给出的 150 头保山猪的 6 月龄体长的资料为例，说明其方法与步骤。

(1)打开 Excel，输入原始数据及各组的组上限，格式见图 11。图 11 中从 A1 单元格到 O10 单元格的区域中为原始数据，各组的下限值位于 P1 ~ P 11。

	A	B	C	D	E	F	G	H	I	J	K	L	M	N	O	P
1	88	86	89	97	94	98	102	92	94	95	89	91	85	99	101	84.9
2	97	102	96	93	100	99	102	96	103	100	99	102	97	102	86	86.9
3	93	96	99	100	99	92	104	99	100	99	89	94	93	96	83	88.9
4	100	98	100	99	101	98	98	100	99	101	98	97	100	98	89	90.9
5	94	100	101	95	102	99	95	101	95	102	99	95	104	100	98	92.9
6	89	103	97	91	99	100	89	97	89	99	100	89	89	103	94	94.9
7	95	99	91	94	98	105	95	89	94	98	104	95	95	99	102	96.9
8	94	92	88	100	101	100	100	88	100	101	100	100	94	92	93	98.9
9	96	92	98	97	99	98	101	98	97	99	98	101	96	87	100	100.9
10	98	92	103	88	91	99	98	103	88	89	99	98	98	92	99	102.9
11																105.9

图 11　150 头保山猪的 6 月龄体长数据及各组组上限

(2)从【工具】菜单在选定【数据分析】，从“数据分析”对话框中选定“直方图”，确定后出现直方图对话框。

(3)在输入区域中输入 \$ A \$ 1:　\$ O \$ 10，在接收区域中输入 \$ P \$ 1:　\$ P \$ 11，在输出选项中选定输出区域，然后输入输出区域的左上角单元格(例如：\$ A \$ 13)。

(4)单击“确定”按钮，得到频数分布表，见图 12。

(5)利用“直方图”分析工具在编制频数分布表的同时还可以绘制直方图。如果希望得到直方图，那么在直方图对话框中选定图表输出，即可得到直方图，见图 12。

关于“直方图”分析工具中的其他选项的用途，请参见其中的“帮助”。

2. 描述性统计量的计算

利用 Excel 可计算样本的描述性统计量。在计算时，须将样本数据放在同一列或同一行中。仍以例 1 中 150 头保山猪 6 月龄体长的资料为例，说明其方法与步骤。

(1)将数据输入到 A1 ~ O10 的区域中。

(2)在分析工具库中选择“描述性统计”，按“确定”按钮进入描述统计对话框。

(3)从描述统计对话框中的输入区域中输入 \$ A \$ 1:　\$ A \$ 10，分组方式后的选项中选定逐列，在输出选项中选定输出区域，然后输入输出区域的左上角单元格。

接收	频率
84.9	1
86.9	3
88.9	7
90.9	10
92.9	11
94.9	13
96.9	15
98.9	25
101	39
103	17
106	9
其他	0

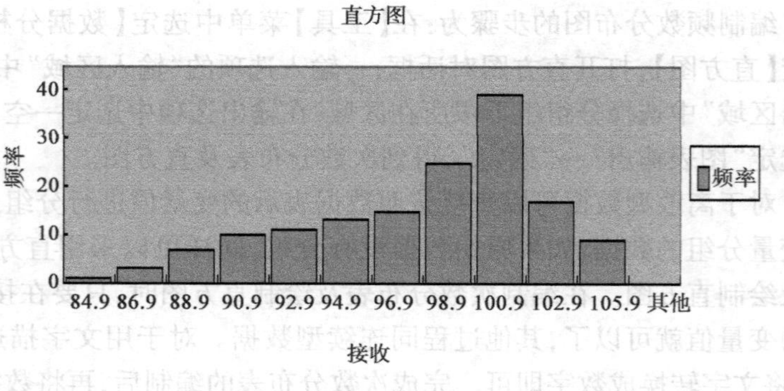

图 12　频数分布表与直方图

(4)根据需要选择要计算的描述性统计量,如汇总统计、平均数的置信区间、第 K 大值和第 K 小值。其中汇总统计包括了算术平均数、标准误、中位数、众数、标准差、方差、峰值、偏斜度、全距、最小值、最大值,总和及样本含量。

(5)按"确定"按钮,得到描述统计量的分析表。

三、作业

1. 第 2 章课后习题。
2. 第 3 章课后习题。

实训二　差异显著性检验

一、实训目的

掌握用 Excel 软件进行差异显著性检验的方法及总体均数的区间估计

二、实训内容

(一)t 检验:双样本等方差假设

通过 t 检验可检验两个不会互相牵制结果的独立总体,其平均数是否有显著差异存在。可分为方差相等与方差不相等两种检验方式,而假设方差相等的检验方式,又可称为同构型检验。

例 2　现有 10 头宁乡猪与 10 头大围子猪经产母猪产仔数资料,见图 13(a)。试检验这两个品种经产母猪产仔数的平均数有无差异。

执行"t 检验:双样本等方差假设"分析工具的操作方法如下:

①将两个样本原始数据分别按列输入电子表格,在两列的第一行,可输入变量的名称作为标志。

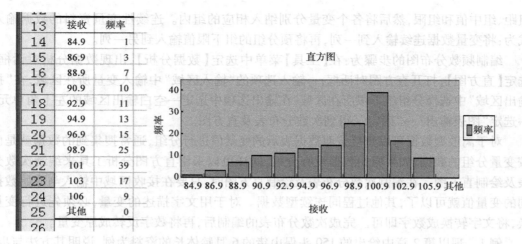

②移动光标从菜单栏的“工具”菜单中选择“数据分析”，出现“数据分析”窗口后，从列表中选择“t-检验：双样本等方差假设”，然后单击“确定”按钮。

③出现“t-检验：双样本等方差假设”窗口后，在“变量 1 的区域”栏输入 \$A \$1:　\$A \$11，在“变量 2 的区域”栏输入 \$B \$1:　\$B \$11，并勾选“标志”，然后在“假设平均差”栏输入“0”，在显著性水平 “α”栏输入“0. 05”，接着从“输出选项”区选择“输出区域”并给定该区域的左上角单元格，最后再单击“确定”按钮。

完成后，就会在指定的单元格中列出包含 t 统计值的检验表，见图 13(b)。图中的最后 5 行分别为 t 统计量的计算值、单侧检验时的相伴概率、单侧检验时的否定域临界值、双侧检验时的相伴概率和双侧检验时的否定域临界值。

	A	B	C	D	E	F	G	H	I	J
1	宁乡猪	大围子猪		t-检验：双样本等方差假设				t-检验：双样本异方差假设		
2	11	13								
3	16	15			宁乡猪	大围子猪			宁乡猪	大围子猪
4	14	16		平均	13.3	12.7		平均	13.3	12.7
5	15	11		方差	3.344444444	4.9		方差	3.3444444	4.9
6	12	10		观测值	10	10		观测值	10	10
7	10	14		合并方差	4.122222222			假设平均差	0	
8	14	14		假设平均差	0			df	17	
9	13	9		df	18			t Stat	0.6608008	
10	14	13		t Stat	0.660800788			P(T<=t) 单尾	0.2587978	
11	14	12		P(T<=t) 单尾	0.258554465			t 单尾临界	1.7396067	
12				t 单尾临界	1.734063592			P(T<=t) 双尾	0.5175956	
13				P(T<=t) 双尾	0.51710893			t 双尾临界	2.1098156	
14				t 双尾临界	2.100922037					
15										
16										
17	(a)				(b)				(c)	
18										

图 13　t 检验：双样本等方差假设分析结果

从检验表中可得知 t 统计值为 0. 660 8，它小于单尾临界值与双尾临界值，而单尾 P 值与双尾 P 值皆大于显著水平 α 值 0. 05，所以此两个变量的平均数没有显著的差异存在。

注意：在执行平均数差异检验时，会产生所谓的单尾与双尾数值。当检验的事件是求 A 变量是否大于或小于 B 变量时，此检验就可称为单尾检验，所分析出的 t 统计值须与单尾数值比照，其中大于等于又可称为左尾检验，小于等于又可称为右尾检验；而若检验的事件是 A 变量是否等于 B 变量时，则该检验方式称为双尾检验，t 统计值须与双尾数值比照。

(二)t 检验：双样本异方差假设

当两个独立总体的方差不相等时，其平均数差的检验方式(又称异质性 t 检验)也会有所不同。如果所研究的组合不一样，也可以使用这个检验。

利用分析工具库中的“t-检验：双样本异方差假设”工具，可进行两总体方差不等且无知时的 t 检验，该工具的使用方法和“t-检验：双样本等方差假设”工具完全相同。对例 2 中的数据，用此工具进行分析，结果见图 13(c)。

从检验表中可得知 t 统计值为 0. 660 8，它小于双尾临界值，而双尾 P 值 0. 517 65 大于显著水平 α 值 0. 05，因此表示此两个变量的平均数无显著的差异存在。

比较图 13(b)和图 13(c)，可看出，图 13(c)缺少一项合并方差，其余项目除自由度、单尾和双尾的临界值不同外，其他都相同。表中的自由度是根据公式计算后，4 舍 5 入取整数的。由于自由度发生了变化，所以临界 t 值也发生了变化。

（三）t 检验：平均值的成对二样本分析

平均值的成对二样本分析是指配对资料的分析。配对资料的 t 检验操作方法如下：

输入数据方式同二样本均数等方差假设。操作方式中选择"t-检验：平均值的成对二样本分析"。

例 3　现以第 5 章中给出的 10 只家鹅注射前后的体温资料为例，说明其方法与步骤。

①移动光标从菜单栏的"工具"菜单中选择"数据分析"，出现"数据分析"窗口后，从列表中选择"t-检验：平均值的成对二样本分析"，然后单击"确定"按钮。

②出现"t-检验：平均值的成对二样本分析"窗口后，在"变量 1 的区域"栏输入 \$A \$1：\$A \$11，在"变量 2 的区域"栏输入 \$B \$1：\$B \$11，选定标志项；然后在"假设平均差"栏输入 0，在"α"栏输入"0.05"，接着从"输出选项"中输入输出区域的左上角单元格，最后再单击"确定"按钮，结果如图 14(b)所示；如在"α"栏输入"0.01"，则结果如图 14(c)所示。

	A	B	C	D	E	F	G	H	I	J
1	注射前体温	注射后体温		t-检验：成对双样本均值分析				t-检验：成对双样本均值分析		
2	37.8	37.9								
3	38.2	39			注射前体温	注射后体温			注射前体温	注射后体温
4	38	38.9		平均	37.97	38.7		平均	37.97	38.7
5	37.6	38.4		方差	0.089	0.26		方差	0.089	0.26
6	37.9	37.9		观测值	10	10		观测值	10	10
7	38.1	39		泊松相关系数	0.4966892			泊松相关系数	0.4966892	
8	38.2	39.5		假设平均差	0			假设平均差	0	
9	37.5	38.6		df	9			df	9	
10	38.5	38.8		t Stat	-5.18934			t Stat	-5.18934	
11	37.9	39		P(T<=t) 单尾	0.0002861			P(T<=t) 单尾	0.0002861	
12				t 单尾临界	1.8331129			t 单尾临界	2.8214379	
13				P(T<=t) 双尾	0.0005722			P(T<=t) 双尾	0.0005722	
14				t 双尾临界	2.2621572			t 双尾临界	3.2498355	
15										
16		(a)			(b)				(c)	
17										

图 14　配对资料的 t 检验

从检验表中可得知 t 统计值为 $-5.189\ 34$，其绝对值大于单尾临界值与双尾临界值，而单尾 P 值与双尾 P 值皆趋近于零，均小于显著水平 α 值 0.05 和 0.01，所以此两个变量的平均数有极显著的差异存在。

（四）单个总体均数的假设检验

根据置信区间与显著性检验的关系，当欲比较的总体均数落在根据样本数据所求出的置信概率为 $1-\alpha$ 时的总体均数的置信区间以外时，就表明在 α 显著水平时，样本所在的总体均数与假设的总体均数差异显著。因此，可以利用描述统计分析工具来进行单个样本均数与总体均数的 t 检验。下面举例说明。

例 4　母猪的怀孕期为 114 d，现抽测 10 头大白猪母猪的怀孕期分别为 116，115，113，112，114，117，115，116，114，113(d)。试检验所得样本的平均数与总体平均数 114 d 有无显著差异？

操作步骤：首先将 10 头母猪怀孕期的原始数据输入 Excel 的工作表中，放置在 A1 ~ A10 的区域中；在分析工具库"描述统计"对话框输入区域中输入 \$A \$1：\$A \$10，在分组方式后的选项中选定逐列，在输出选项中选定输出区域并给出起始单元格（假定为 D1）；在选项中选定汇总统计和平均数置信度为95%，然后按“确定”按钮，便得到计算结果(见图15)。其中算术平均数和置信半径(图中为置信度)分别为114.5和1.13，从算术平均数加上或减去置信半径就得到了置信度为95%的总体均数的置信区间为[113.38，115.63]。该区间包含了$\mu=114$，表明差异不显著，即该样本所属总体均数与114 d没有显著差异。

	A	B	C	D	E	F
1	116			列1		
2	115					
3	113			平均	114.5	
4	112			标准误差	0.5	
5	114			中位数	114.5	
6	117			众数	116	
7	115			标准差	1.5811388	
8	116			方差	2.5	
9	114			峰度	-0.895238	
10	113			偏度	0	
11				区域	5	
12				最小值	112	
13				最大值	117	
14				求和	1145	
15				观测数	10	
16				置信度（95.0%）	1.1310786	
17						

图15　10头大白猪母猪怀孕期的原始数据及描述性统计量

三、作业

第5章课后习题。

实训三　方差分析

一、实训目的

掌握利用Excel软件进行单因素、二因素(无重复、有重复)资料的方差分析方法，并能利用Excel进行数据转换。

二、实训内容

(一)数据转换

按列输入各组原始数据，根据数据性质，用对数、反正弦、倒数、平方根等方法进行数据转换。下面以对数转换为例说明操作步骤。

例5　为了诊断某种疾病，需要测定一个指标，为了增加诊断的可靠性，应有4人在4种不同的条件下测定这一指标。测定结果如下：

人员	测定条件			
	A_1	A_2	A_3	A_4
1	4 000 000	22 000	6 000	750
2	1 500 000	13 000	3 400	720
3	10 000 000	30 000	10 000	1 900
4	100 000	8 500	5 200	550

操作步骤如下：

(1)打开 Excel,按列输入原始数据→选一空列→插入→函数→选 LOG10,如图 16 所示。

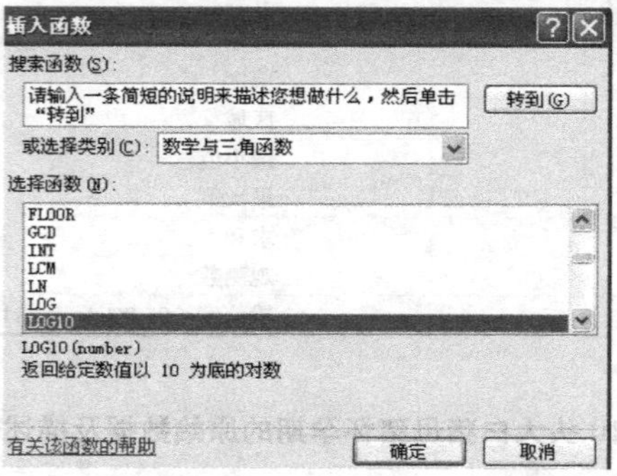

图 16　自然对数转换选项

(2)然后按“确定”按钮→在 Number 框中输入对应行原数据区域→确定→结果,见图 17。

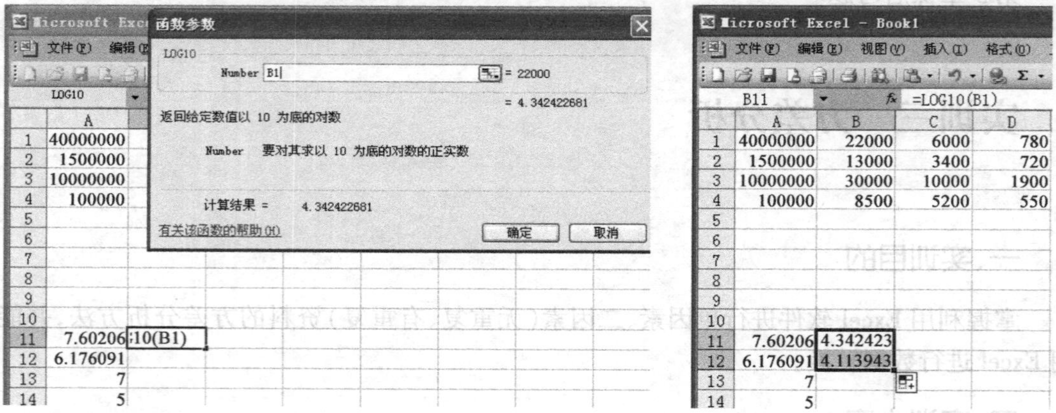

图 17　数据转换操作过程

(3)选定该结果所在格,光标移动到该格右下角的黑点处,光标变为“ + ”,按住鼠标左键下拉,再松开鼠标,即可得到所有原数据转换后的数据,见图 18。

平方根转换、反正弦转换分别采用粘贴函数 SQRT 和 ASIN(SQRT),方法同上。倒数转换可直接在空格内输入“ =1/要转换的数据格”,再下拉即可。

(二)单因素方差分析

由于每组重复数相等和不相等采用的分析工具相同,此处只介绍组内重复数不相等资料的方差。

	A	B	C	D
1	40000000	22000	6000	780
2	1500000	13000	3400	720
3	10000000	30000	10000	1900
4	100000	8500	5200	550
5				
6				
7				
8				
9				
10				
11	7.60206	4.342423	3.778151	2.892095
12	6.176091	4.113943	3.531479	2.857332
13	7	4.477121	4	3.278754
14	5	3.929419	3.716003	2.740363

图 18　数据转换前后的数据列表

例 6　现有 5 组不同品种的幼猪在相同的饲养管理条件下的增重记录，见图 19。试检验不同品种的幼猪增重的差异显著性。

	A	B	C	D	E	F	G
1	品种号			增重/kg			
2	A	40	24	46	20	35	30
3	B	29	27	39	20	45	25
4	C	41	61	47	67	69	
5	D	27	31	38	43	31	20
6	E	24	30	26	35	33	

图 19　5 组不同品种幼猪的增重数据

打开数据分析中的“方差分析：单因素方差分析”对话框，在输入框的输入区域中输入 \$A \$2: \$G \$6，分组方式选定行并选定标志项，在输出选项中选定输出区域并给定其起始单元格，然后按“确定”按钮得计算结果。结果包括 2 张表（如图 20）：一张表是各组情况概述表，内容有各组的总和、平均数、方差和样本含量；另一张表为方差分析表，其中的 P-value 为 F 值的相伴概率，F crit 为显著水平为 0.05 时 F 检验的临界值。检验结果是各品种均数的差异极显著（$P<0.01$）。

方差分析：单因素方差分析

SUMMARY

组	观测数	求和	平均	方差
A	6	195	32.5	95.9
B	6	185	30.833	87.367
C	5	285	57	154
D	6	190	31.667	65.467
E	5	148	29.6	21.3

方差分析

差异源	SS	df	MS	F	P-value	F crit
组间	2755.2	4	688.81	8.1459	0.0003	2.795539
组内	1944.9	23	84.559			
总计	4700.1	27				

图 20　单向分类资料的方差分析结果

在 Excel 软件的方差分析功能中不能进行多重比较。

（三）交叉双因素无重复方差分析

用下面的例题说明交叉双因素无重复方差分析的操作方法。

例 7　为比较 3 种不同预混料配方（B 因素）对 4 种不同品种猪（A 因素）的增重效果，从每个品种中随机抽取了3头体重相同的仔猪,分别在基础日粮中随机地添加不同的预混料,3个月后的增重结果(kg/头)列于图21。试分析不同预混料和品种对仔猪增重的影响。

	A	B	C	D
1		B_1	B_2	B_3
2	A_1	42	44	43
3	A_2	56	57	58
4	A_3	51	53	52
5	A_4	45	49	43

图21 交叉双因素无重复数据输入格式

数据输入格式见图21。

操作步骤:打开"数据分析"对话框,选定"方差分析:无重复双因素分析";再单击"确定"按钮,出现"方差分析:无重复双因素分析"窗口后,在"输入区域"栏输入想要分析的数据区域,本例是输入 \$A \$1: \$D \$5,再勾选"标志"项,接着在"α"栏输入0.05,然后在"输出选项区"中选择"输出区域",并在"输出区域"栏输入想要输出数据的区域的左上角单元格,最后再单击"确定"按钮,得图22所示结果。

方差分析:无重复双因素分析

SUMMARY	观测数	求和	平均	方差
A1	3	129	43	1
A2	3	171	57	1
A3	3	156	52	1
A4	3	137	45.66667	9.333333
B1	4	194	48.5	39
B2	4	203	50.75	30.91667
B3	4	196	49	54

方差分析

差异源	SS	df	MS	F	P-value	F crit
行	358.25	3	119.4167	53.07407	0.000103	4.757063
列	11.16667	2	5.583333	2.481481	0.163934	5.143253
误差	13.5	6	2.25			
总计	382.9167	11				

图22 交叉分组无重复方差分析结果

计算结果包括2张表,其中一张是各因素情况的概述表,内容有二因素各水平的总和、平均数、方差和样本含量;另一张为方差分析表。本例中品种(行)间差异极显著($P<0.01$),预混料(列)间差异不显著($P>0.05$),品种还需要另外进行多重比较。

(四)交叉双因素有重复资料的方差分析

仍以实例介绍双因素有重复资料的方差分析。

例8 为了从3种不同原料和3种不同发酵温度中选出最适宜的条件,设计了一个二因素试验,并得到结果如图23,请对该资料进行方差分析。

数据输入格式见图23。

	A	B	C	D
1		B_1 (30℃)	B_2 (35℃)	B_3 (40℃)
2	A_1	41	11	6
3		49	13	22
4		23	25	26
5		25	24	18
6	A_2	47	43	8
7		59	38	22
8		50	33	18
9		40	36	14
10	A_3	43	55	30
11		35	38	33
12		53	47	26
13		50	44	19

图 23　交叉双因素有重复资料方差分析数据输入格式

操作步骤:打开“数据分析”窗口,从列表中选择“方差分析:可重复双因素分析”,再单击“确定”按钮,出现“方差分析:可重复双因素分析”窗口后,在“输入区域”栏输入想要分析的数据区域,本例的输入区域为 \$A \$1: \$D \$13;在“每一样本的行数”栏输入 4(即每个样本的抽样数据量),接着在“α”栏输入 0.05,然后在“输出选项”区域中选择“输出区域”,并在“输出区域”栏输入想要输出数据的区域,最后单击“确定”按钮, 得计算结果(图 24)。

总计			
观测数	12	12	12
求和	515	407	242
平均	42.91667	33.91667	20.16667
方差	118.8106	179.9015	66.69697

方差分析

差异源	SS	df	MS	F	P-value	F crit
样本	1554.167	2	777.0833	12.66601	0.000132	3.354131
列	3150.5	2	1575.25	25.67567	5.67E-07	3.354131
交互	808.8333	4	202.2083	3.29588	0.025322	2.727765
内部	1656.5	27	61.35185			
总计	7170	35				

图 24　交叉分组有重复方差分析结果

分析结果包括 2 张表。其中一张表是各因素情况的概述表,内容有双因素各水平的总和、平均数、方差和样本含量,另一张为方差分析表。本例中原料和发酵温度间都达到了差异极显著水平($P<0.01$),原料与发酵的交互作用也达到了显著水平($P<0.05$),因而还需要进一步对各水平组合进行多重比较。

三、作业

第 6 章后的作业。

实训四　回归与相关分析

一、实训目的

掌握用 Excel 软件进行回归与相关分析的方法。

二、实训内容

(一)直线回归分析

例 9　分别抽测了杜洛克猪 10 头猪的瘦肉率(y)和背膘厚(x),数据见图 25,试建立瘦肉率对背膘厚的回归方程。

操作步骤:打开回归分析对话框,在输入框的 y 值输入区域输入 \$B \$1: \$B \$11,在 x 值输入区域输入 \$A \$1: \$A \$11,选定标志及置信度项;在输出选项中选定输出区域并给定起始单元格,然后按"确定"按钮,得到计算结果(见图 25),它包括 3 个表。

	A	B	C	D	E	F	G	H	I	J	K	L
1	背膘厚(mm)	瘦肉率(%)		SUMMARY OUTPUT								
2	13.01	62.2										
3	14.08	59.37		回归统计								
4	13.69	59.65		Multiple	0.949654							
5	13.1	63.01		R Square	0.901842							
6	14.52	56.72		Adjusted	0.889572							
7	13.32	61.3		标准误差	0.830668							
8	12.49	63.13		观测值	10							
9	12	64.73										
10	12.8	64.41		方差分析								
11	13.68	60.47			df	SS	MS	F	gnificance F			
12				回归分析	1	50.71662	50.71662	73.5014	2.64E-05			
13				残差	8	5.520071	0.690009					
14				总计	9	56.23669						
15												
16					Coefficien	标准误差	t Stat	P-value	Lower95%	Upper95%	下限95.0%	上限95.0%
17				Intercept	103.3249	4.885696	21.14846	2.63E-08	92.0585	114.5914	92.0585	114.5914
18				背膘厚(mm)	-3.15215	0.367671	-8.5733	2.64E-05	-4.00001	-2.3043	-4.00001	-2.3043

图 25　直线回归分析数据输入与分析结果

(1)判断回归关系存在与否

分析整理出回归统计表后,接着就可以从统计表中判断自变量(x)与因变量(y)间是否有显著回归关系存在,进而推算回归关系的方程式。是否有显著回归关系存在,可从统计表中的显著值来判断。

方差分析					
	df	SS	MS	F	gnificance F
回归分析	1	50.71662	50.71662	73.5014	2.64E-05
残差	8	5.520071	0.690009		
总计	9	56.23669			

图 26　回归关系 F 检验结果

从图 26 可见，统计表中的显著值为 2. 64E-05（0. 000 026 4），小于 α 值 0. 05 显著水平，所以可推论出自变量与因变量间有显著的回归关系存在。

（2）回归关系的方程式

得知该回归关系存在后，就必须推算回归方程式，而在推算前，须先根据 t 统计表推论方程式中的常数（截距）与系数是否为 0。t 统计表画面显示如图 27 所示。

	Coefficien	标准误差	t Stat	P-value	Lower 95%	Upper 95%	下限 95.0%	上限 95.0%
Intercept	103.3249	4.885696	21.14846	2.63E-08	92.0585	114.5914	92.0585	114.5914
背膘厚(mm)	-3.15215	0.367671	-8.5733	2.64E-05	-4.00001	-2.3043	-4.00001	-2.3043

图 27　回归关系的方程式推算依据

由图 27 中可得知，截距的 t 统计值为 21. 148 46，背膘厚的 t 统计值为 -8. 573 3，其中 P 值分别为 2. 63E-08 与 2. 64E-05，均小于 α 值 0. 05 显著水平，于是可推论出常数与系数皆不为 0。

已知直线方程公式为 $y = bx + a$，b 为直线斜率，a 为截距。当推论出方程式的常数与系数项皆不属于 0 后，就可以将截距与背膘厚的系数套入直线公式中，求出方程式：

$$y = -3.152\,15x + 103.324\,9$$

在回归分析工具的对话框中，还有一些其他的选项，它们的作用请参见该对话框中的“帮助”。

（二）相关系数分析

例 10　仍以例 8 的数据来计算相关系数。

操作步骤：移动光标从菜单栏的“工具”菜单中选择“数据分析”；出现“数据分析”窗口后，从列表中选择“相关系数”，然后单击“确定”按钮；出现“相关系数”窗口后，在“输入区域”栏输入想要计算相关系数的数据区域，接着选择一种分组方式，再勾选“标志于第一行”上，然后在“输出选项”区中选择“输出区域”，并在输出区域栏输入想要输出数据的区域，最后再单击“确定”按钮，得计算结果如图 28 所示。

	背膘厚/mm	瘦肉率/%
背膘厚/mm	1	
瘦肉率/%	-0.949 65	1

图 28　相关系数分析表

完成后，可以从相关系数分析表中得知 r 值。然后根据 r 显著参考临界表，判断相关系数的可靠性。本例中，利用分析工具计算出的 $|r|$ 值为 0. 949 65，大于参考临界值 0. 765（$df = 8$，$\alpha = 0.01$），表示背膘厚与瘦肉率间的关系为强负相关。

***（三）多元线性回归**

例 11　图 29 给出了 10 头长白猪的瘦肉率、背膘厚和眼肌面积的测定数据，试建立瘦肉率对背膘厚和眼肌面积的二元线性回归方程。

操作步骤：将瘦肉率、背膘厚、眼肌面积的数据输入工作表的 A1 ~ D 11 区域中，其中第一行是各变量的名称。仍利用回归分析工具，操作方法与一元回归时相同，但此时在 x 值输入区域要输入 2 个自变量的所在区域。分析结果见图 30。

猪号	瘦肉率/%	背膘厚/mm	眼肌面积/cm²
1	62.2	13.01	43.25
2	59.37	14.08	41.07
3	59.65	13.69	43.83
4	63.01	13.1	48.13
5	56.72	14.52	36.77
6	61.3	13.22	40.49
7	63.13	12.49	45.52
8	64.73	12	46.7
9	64.41	12.8	49.92
10	60.47	13.68	42.4

图 29 多元线性回归数据输入格式

SUMMARY OUTPUT

回归统计	
Multiple R	0.98290078
R Square	0.96609395
Adjusted R	0.95640651
标准误差	0.5219146
观测值	10

方差分析

	df	SS	MS	F	gnificance F
回归分析	2	54.3299261	27.164963	99.7264207	7.1774E-06
残差	7	1.90676392	0.27239485		
总计	9	56.23669			

	Coefficients	标准误差	t Stat	P-value	Lower 95%	Upper 95%	下限 95.0%	上限 95.0%
Intercept	79.4861647	7.11986853	11.1639933	1.0308E-05	62.6503509	96.3219785	62.6503509	96.3219785
背膘厚/mm	-2.1789729	0.349504	-6.234472	0.00043058	-3.0054186	-1.3525273	-3.0054186	-1.3525273
眼肌面积/cm²	0.24890059	0.06729116	3.69886029	0.0076665	0.08978229	0.4080189	0.08978229	0.4080189

图 30 包合 2 个自变量的多元回归分析结果

背膘厚和眼肌面积都达到了显著水平，所以回归方程为：

$$\hat{y}=79.486\ 2-2.179\ 0x_1+0.248\ 9x_2$$

利用 Excel 进行多元回归分析，最多可以分析 16 个变量。

三、作业

第 8 章后作业。

附　表

附表 1　标准正态分布的分布函数表

μ	0.00	0.01	0.02	0.03	0.04	0.05	0.06	0.07	0.08	0.09	μ
0.0	0.500 0	0.504 0	0.508 0	0.512 0	0.516 0	0.519 9	0.523 9	0.527 9	0.531 9	0.535 9	0.0
0.1	0.589 8	0.543 8	0.547 8	0.551 7	0.555 7	0.559 6	0.563 6	0.567 5	0.571 4	0.575 3	0.1
0.2	0.579 3	0.583 2	0.587 1	0.591 0	0.594 8	0.598 7	0.602 6	0.606 4	0.610 3	0.614 1	0.2
0.3	0.617 9	0.621 7	0.625 5	0.629 3	0.633 1	0.636 8	0.640 6	0.644 3	0.648 0	0.651 7	0.3
0.4	0.655 4	0.659 1	0.662 8	0.666 4	0.670 0	0.673 6	0.677 2	0.680 8	0.684 4	0.687 9	0.4
0.5	0.691 5	0.695 0	0.698 5	0.701 9	0.705 4	0.708 8	0.712 3	0.715 7	0.719 0	0.722 4	0.5
0.6	0.725 7	0.729 1	0.732 4	0.735 7	0.738 9	0.742 2	0.745 4	0.748 6	0.751 7	0.754 9	0.6
0.7	0.758 0	0.761 1	0.764 2	0.767 3	0.770 3	0.773 4	0.776 4	0.779 4	0.782 3	0.785 2	0.7
0.8	0.788 1	0.791 0	0.793 9	0.796 7	0.799 5	0.802 3	0.805 1	0.807 8	0.810 6	0.813 3	0.8
0.9	0.815 9	0.818 6	0.821 2	0.823 8	0.826 4	0.828 9	0.831 5	0.834 0	0.836 5	0.838 9	0.9
1.0	0.841 3	0.843 8	0.846 1	0.848 5	0.850 8	0.853 1	0.855 4	0.857 7	0.859 9	0.862 1	1.0
1.1	0.864 3	0.866 5	0.868 6	0.870 8	0.872 9	0.874 9	0.877 0	0.879 0	0.881 0	0.883 0	1.1
1.2	0.884 9	0.886 9	0.888 8	0.890 7	0.892 5	0.894 4	0.896 2	0.898 0	0.899 7	0.901 47	1.2
1.3	0.903 20	0.904 90	0.906 58	0.908 24	0.909 88	0.911 49	0.913 09	0.914 66	0.916 21	0.917 74	1.3
1.4	0.919 24	0.920 73	0.922 20	0.923 64	0.925 07	0.926 47	0.927 85	0.929 22	0.930 56	0.931 89	1.4
1.5	0.933 19	0.934 48	0.935 74	0.936 99	0.938 22	0.939 43	0.940 62	0.941 79	0.942 95	0.944 08	1.5
1.6	0.945 20	0.946 30	0.947 38	0.948 45	0.949 50	0.950 53	0.951 54	0.952 54	0.953 52	0.954 49	1.6
1.7	0.955 43	0.956 37	0.957 28	0.958 18	0.959 07	0.959 94	0.960 80	0.961 64	0.962 46	0.963 27	1.7
1.8	0.964 07	0.964 85	0.965 62	0.966 38	0.967 12	0.967 84	0.968 56	0.969 26	0.969 95	0.970 62	1.8
1.9	0.971 28	0.971 93	0.972 57	0.973 20	0.973 81	0.974 41	0.975 00	0.975 58	0.976 15	0.976 70	1.9
2.0	0.977 25	0.977 78	0.978 31	0.978 82	0.979 32	0.979 82	0.980 30	0.980 77	0.981 24	0.981 69	2.0
2.1	0.982 16	0.982 57	0.983 00	0.983 41	0.983 82	0.984 22	0.984 61	0.985 00	0.985 37	0.985 74	2.1
2.2	0.986 10	0.986 45	0.986 79	0.987 13	0.987 45	0.987 78	0.988 09	0.988 40	0.988 70	0.988 99	2.2
2.3	0.989 28	0.989 56	0.989 83	$0.9^2 0097$	$0.9^2 0358$	$0.9^2 0613$	$0.9^2 0863$	$0.9^2 1106$	$0.9^2 1344$	$0.9^2 1576$	2.3
2.4	$0.9^2 180$	$0.9^2 2024$	$0.9^2 2240$	$0.9^2 2451$	$0.9^2 2656$	$0.9^2 2857$	$0.9^2 3053$	$0.9^2 3244$	$0.9^2 3431$	$0.9^2 3613$	2.4

续表

μ	0.00	0.01	0.02	0.03	0.04	0.05	0.06	0.07	0.08	0.09	μ
2.5	$0.9^{2}379$	$0.9^{2}3963$	$0.9^{2}4132$	$0.9^{2}4297$	$0.9^{2}4457$	$0.9^{2}4614$	$0.9^{2}4766$	$0.9^{2}4915$	$0.9^{2}5060$	$0.9^{2}5201$	2.5
2.6	$0.9^{2}533$	$0.9^{2}5473$	$0.9^{2}5604$	$0.9^{2}5731$	$0.9^{2}5855$	$0.9^{2}5975$	$0.9^{2}6093$	$0.9^{2}6207$	$0.9^{2}6319$	$0.9^{2}6427$	2.6
2.7	$0.9^{2}653$	$0.9^{2}6636$	$0.9^{2}6736$	$0.9^{2}6833$	$0.9^{2}6928$	$0.9^{2}7020$	$0.9^{2}7110$	$0.9^{2}7197$	$0.9^{2}7282$	$0.9^{2}7365$	2.7
2.8	$0.9^{2}744$	$0.9^{2}7523$	$0.9^{2}7599$	$0.9^{2}7673$	$0.9^{2}7744$	$0.9^{2}7814$	$0.9^{2}7882$	$0.9^{2}7948$	$0.9^{2}8012$	$0.9^{2}8074$	2.8
2.9	$0.9^{2}813$	$0.9^{2}8193$	$0.9^{2}8250$	$0.9^{2}8305$	$0.9^{2}8359$	$0.9^{2}8411$	$0.9^{2}8462$	$0.9^{2}8511$	$0.9^{2}8559$	$0.9^{2}8605$	2.9
3.0	$0.9^{2}8650$	$0.9^{2}8694$	$0.9^{2}8736$	$0.9^{2}8777$	$0.9^{2}8817$	$0.9^{2}8856$	$0.9^{2}8893$	$0.9^{2}8930$	$0.9^{2}8965$	$0.9^{2}8999$	3.0
3.1	$0.9^{3}0324$	$0.9^{3}0646$	$0.9^{3}0957$	$0.9^{3}1260$	$0.9^{3}1553$	$0.9^{3}1836$	$0.9^{3}2112$	$0.9^{3}2378$	$0.9^{3}2636$	$0.9^{3}2886$	3.1
3.2	$0.9^{3}3129$	$0.9^{3}3363$	$0.9^{3}3590$	$0.9^{3}3810$	$0.9^{3}4024$	$0.9^{3}4230$	$0.9^{3}4429$	$0.9^{3}4623$	$0.9^{3}4810$	$0.9^{3}4991$	3.2
3.3	$0.9^{3}5166$	$0.9^{3}5335$	$0.9^{3}5499$	$0.9^{3}5658$	$0.9^{3}5811$	$0.9^{3}5959$	$0.9^{3}6103$	$0.9^{3}6242$	$0.9^{3}6376$	$0.9^{3}6505$	3.3
3.4	$0.9^{3}6631$	$0.9^{3}6752$	$0.9^{3}6869$	$0.9^{3}6982$	$0.9^{3}7091$	$0.9^{3}7197$	$0.9^{3}7299$	$0.9^{3}7398$	$0.9^{3}7493$	$0.9^{3}7585$	3.4
3.5	$0.9^{3}7674$	$0.9^{3}7759$	$0.9^{3}7842$	$0.9^{3}7922$	$0.9^{3}7999$	$0.9^{3}8074$	$0.9^{3}8146$	$0.9^{3}8215$	$0.9^{3}8282$	$0.9^{3}8347$	3.5
3.6	$0.9^{3}8409$	$0.9^{3}8469$	$0.9^{3}8527$	$0.9^{3}8583$	$0.9^{3}8637$	$0.9^{3}8689$	$0.9^{3}8739$	$0.9^{3}8787$	$0.9^{3}8834$	$0.9^{3}8879$	3.6
3.7	$0.9^{3}8922$	$0.9^{3}8964$	$0.9^{4}0039$	$0.9^{4}0426$	$0.9^{4}0799$	$0.9^{4}1158$	$0.9^{4}1504$	$0.9^{4}1838$	$0.9^{4}2159$	$0.9^{4}2468$	3.7
3.8	$0.9^{4}2765$	$0.9^{4}3052$	$0.9^{4}3327$	$0.9^{4}3593$	$0.9^{4}3848$	$0.9^{4}4094$	$0.9^{4}4331$	$0.9^{4}4558$	$0.9^{4}4777$	$0.9^{4}4988$	3.8
3.9	$0.9^{4}5190$	$0.9^{4}5385$	$0.9^{4}5573$	$0.9^{4}5753$	$0.9^{4}5926$	$0.9^{4}6092$	$0.9^{4}6253$	$0.9^{4}6406$	$0.9^{4}6554$	$0.9^{4}6696$	3.9
4.0	$0.9^{4}6833$	$0.9^{4}6964$	$0.9^{4}7090$	$0.9^{4}7211$	$0.9^{4}7327$	$0.9^{4}7439$	$0.9^{4}7546$	$0.9^{4}7649$	$0.9^{4}7748$	$0.9^{4}7843$	4.0
4.1	$0.9^{4}7934$	$0.9^{4}8022$	$0.9^{4}8106$	$0.9^{4}8186$	$0.9^{4}8263$	$0.9^{4}8338$	$0.9^{4}8409$	$0.9^{4}8477$	$0.9^{4}8542$	$0.9^{4}8605$	4.1
4.2	$0.9^{4}8665$	$0.9^{4}8723$	$0.9^{4}8778$	$0.9^{4}8832$	$0.9^{4}8882$	$0.9^{4}8931$	$0.9^{4}8978$	$0.9^{5}0226$	$0.9^{5}0655$	$0.9^{5}1066$	4.2
4.3	$0.9^{5}1460$	$0.9^{5}1837$	$0.9^{5}2199$	$0.9^{5}2545$	$0.9^{5}2876$	$0.9^{5}3193$	$0.9^{5}3497$	$0.9^{5}3788$	$0.9^{5}4066$	$0.9^{5}4332$	4.3
4.4	$0.9^{5}4587$	$0.9^{5}4831$	$0.9^{5}5065$	$0.9^{5}5288$	$0.9^{5}5502$	$0.9^{5}5706$	$0.9^{5}5902$	$0.9^{5}6089$	$0.9^{5}6268$	$0.9^{5}6439$	4.4
4.5	$0.9^{5}6602$	$0.9^{5}6759$	$0.9^{5}6908$	$0.9^{5}7051$	$0.9^{5}7187$	$0.9^{5}7318$	$0.9^{5}7442$	$0.9^{5}7561$	$0.9^{5}7675$	$0.9^{5}7784$	4.5
4.6	$0.9^{5}7888$	$0.9^{5}7987$	$0.9^{5}8081$	$0.9^{5}8172$	$0.9^{5}8258$	$0.9^{5}8340$	$0.9^{5}8419$	$0.9^{5}8494$	$0.9^{5}8566$	$0.9^{5}8634$	4.6
4.7	$0.9^{5}8699$	$0.9^{5}8761$	$0.9^{5}8821$	$0.9^{5}8877$	$0.9^{5}8931$	$0.9^{5}8983$	$0.9^{6}0320$	$0.9^{6}0789$	$0.9^{6}1235$	$0.9^{6}1661$	4.7
4.8	$0.9^{6}2067$	$0.9^{6}2453$	$0.9^{6}2822$	$0.9^{6}3173$	$0.9^{6}3508$	$0.9^{6}3827$	$0.9^{4}4131$	$0.9^{6}4420$	$0.9^{6}4696$	$0.9^{6}4958$	4.8
4.9	$0.9^{6}5208$	$0.9^{6}5446$	$0.9^{6}5673$	$0.9^{6}5889$	$0.9^{6}6094$	$0.9^{6}6289$	$0.9^{6}6475$	$0.9^{6}6652$	$0.9^{6}6821$	$0.9^{6}6981$	4.9

附表 2　t 分布双侧分位数表

α df	0.9	0.8	0.7	0.6	0.5	0.4	0.3	0.2	0.1	0.05	0.02	0.01	0.001	α df
1	0.158	0.325	0.510	0.727	1.000	1.376	1.963	3.078	6.314	12.706	31.821	63.657	636.619	1
2	0.142	0.289	0.445	0.617	0.816	1.061	1.386	1.886	2.920	4.303	6.965	9.925	31.598	2
3	0.137	0.277	0.424	0.584	0.765	0.978	1.250	1.638	2.353	3.182	4.541	5.841	12.924	3
4	0.134	0.271	0.414	0.569	0.741	0.941	1.190	1.533	2.132	2.776	3.747	4.604	8.610	4
5	0.132	0.267	0.408	0.559	0.727	0.920	1.156	1.476	2.015	2.571	3.365	4.032	6.859	5
6	0.131	0.265	0.404	0.553	0.718	0.906	1.134	1.440	1.943	2.447	3.143	3.707	5.959	6
7	0.130	0.263	0.402	0.549	0.711	0.896	1.119	1.415	1.895	2.365	2.998	3.499	5.405	7
8	0.130	0.262	0.399	0.546	0.706	0.889	1.108	1.397	1.860	2.306	2.896	3.355	5.041	8
9	0.129	0.261	0.398	0.543	0.703	0.883	1.100	1.383	1.833	2.262	2.821	3.250	4.781	9
10	0.129	0.260	0.397	0.542	0.700	0.879	1.093	1.372	1.812	2.228	2.764	3.169	4.587	10
11	0.129	0.260	0.396	0.540	0.697	0.876	1.088	1.363	1.796	2.201	2.718	3.106	4.437	11
12	0.128	0.259	0.395	0.539	0.695	0.873	1.083	1.356	1.782	2.179	2.681	3.055	4.318	12
13	0.128	0.259	0.394	0.538	0.694	0.870	1.079	1.350	1.771	2.160	2.650	3.012	4.221	13
14	0.128	0.258	0.393	0.537	0.692	0.868	1.076	1.345	1.761	2.145	2.624	2.977	4.140	14
15	0.128	0.258	0.393	0.536	0.691	0.866	1.074	1.341	1.753	2.131	2.602	2.947	4.073	15
16	0.128	0.258	0.392	0.535	0.690	0.865	1.071	1.337	1.746	2.120	2.583	2.921	4.015	16
17	0.128	0.257	0.392	0.534	0.689	0.863	1.069	1.333	1.740	2.110	2.567	2.898	3.965	17
18	0.127	0.257	0.392	0.534	0.688	0.862	1.067	1.330	1.734	2.101	2.552	2.878	3.922	18
19	0.127	0.257	0.391	0.533	0.688	0.861	1.066	1.328	1.729	2.093	2.539	2.861	3.883	19
20	0.127	0.257	0.391	0.533	0.687	0.860	1.064	1.325	1.725	2.086	2.528	2.845	3.850	20
21	0.127	0.257	0.391	0.532	0.686	0.859	1.063	1.323	1.721	2.080	2.518	2.831	3.819	21
22	0.127	0.256	0.390	0.532	0.686	0.858	1.061	1.321	1.717	2.074	2.508	2.819	3.792	22
23	0.127	0.256	0.390	0.532	0.685	0.858	1.060	1.319	1.714	2.069	2.500	2.807	3.767	23
24	0.127	0.256	0.390	0.531	0.685	0.857	1.059	1.318	1.711	2.064	2.492	2.797	3.745	24
25	0.127	0.256	0.390	0.531	0.684	0.856	1.058	1.316	1.708	2.060	2.485	2.787	3.725	25
26	0.127	0.256	0.390	0.531	0.684	0.856	1.058	1.315	1.706	2.056	2.479	2.779	3.707	26
27	0.127	0.256	0.389	0.531	0.684	0.855	1.057	1.314	1.703	2.052	2.473	2.771	3.690	27
28	0.127	0.256	0.389	0.530	0.683	0.855	1.056	1.313	1.701	2.048	2.467	2.763	3.674	28
29	0.127	0.256	0.389	0.530	0.683	0.854	1.055	1.311	1.699	2.045	2.462	2.756	3.659	29
30	0.127	0.256	0.389	0.530	0.683	0.854	1.055	1.310	1.697	2.042	2.457	2.750	3.646	30
40	0.126	0.255	0.388	0.529	0.681	0.851	1.050	1.303	1.684	2.021	2.423	2.704	3.551	40
60	1.126	0.254	0.387	0.527	0.679	0.848	1.046	1.296	1.671	2.000	2.390	2.660	3.460	60
120	0.126	0.254	0.386	0.526	0.677	0.845	1.041	1.289	1.658	1.980	2.358	2.617	3.373	120
∞	0.126	0.253	0.385	0.524	0.674	0.842	1.036	1.282	1.645	1.960	2.326	2.576	3.291	∞

附表 3　*F* 值表(右尾)

		$\alpha=0.05$																		
		df_1(大均方自由度)																		
		1	2	3	4	5	6	7	8	9	10	12	15	20	24	30	40	60	120	∞
df_2(小均方自由度)	1	161.4	199.5	215.7	224.6	230.2	234.0	236.8	238.9	240.5	241.9	243.9	245.9	248.0	249.1	250.1	251.1	252.2	253.3	254.3
	2	18.51	19.00	19.16	19.25	19.30	19.33	19.35	19.37	19.38	19.40	19.41	19.43	19.45	19.45	19.46	19.47	19.48	19.49	19.50
	3	10.13	9.55	9.28	9.12	9.01	8.94	8.89	8.85	8.81	8.79	8.74	8.70	8.66	8.64	8.62	8.59	8.57	8.55	8.53
	4	7.71	6.94	6.59	6.39	6.26	6.16	6.09	6.04	6.00	5.96	5.91	5.86	5.80	5.77	5.75	5.72	5.69	5.66	5.63
	5	6.61	5.79	5.41	5.19	5.05	4.95	4.88	4.82	4.77	4.74	4.68	4.62	4.56	4.53	4.50	4.46	4.43	4.40	4.36
	6	5.99	5.14	4.76	4.53	4.39	4.28	4.21	4.15	4.10	4.06	4.00	3.94	3.87	3.84	3.81	3.77	3.74	3.70	3.67
	7	5.59	4.74	4.35	4.12	3.97	3.87	3.79	3.73	4.68	3.64	3.57	3.51	3.44	3.41	3.38	3.34	3.30	3.27	3.23
	8	5.32	4.46	4.07	3.84	3.69	3.58	3.50	3.44	3.39	3.35	3.28	3.22	3.15	3.12	3.08	3.04	3.01	2.97	2.93
	9	5.12	4.26	3.86	3.63	3.48	3.37	3.29	3.23	3.18	3.14	3.07	3.01	2.94	2.90	2.86	2.83	2.79	2.75	2.71
	10	4.96	4.10	3.71	3.48	3.33	3.22	3.14	3.07	3.02	2.98	2.91	2.85	2.77	2.74	2.70	2.66	2.62	2.58	2.54
	11	4.84	3.98	3.59	3.36	3.20	3.09	3.01	2.95	2.90	2.85	2.79	2.72	2.65	2.61	2.57	2.53	2.49	2.45	2.40
	12	4.75	3.89	3.49	3.26	3.11	3.00	2.91	2.85	2.80	2.75	2.69	2.62	2.54	2.51	2.47	2.43	2.38	2.34	2.30
	13	4.67	3.81	3.41	3.18	3.03	2.92	2.83	2.77	2.71	2.67	2.60	2.53	2.46	2.42	2.38	2.34	2.30	2.25	2.21
	14	4.60	3.74	3.34	3.11	2.96	2.85	2.76	2.70	2.65	2.60	2.53	2.46	2.39	2.35	2.31	2.27	2.22	2.18	2.13
	15	4.54	3.68	3.29	3.06	2.90	2.79	2.71	2.64	2.59	2.54	2.48	2.40	2.33	2.29	2.25	2.20	2.16	2.11	2.07
	16	4.49	3.63	3.24	3.01	2.85	2.74	2.66	2.59	2.54	2.49	2.42	2.35	2.28	2.24	2.19	2.15	2.11	2.06	2.01
	17	4.45	3.59	3.20	2.96	2.81	2.70	2.61	2.55	2.49	2.45	2.38	2.31	2.23	2.19	2.15	2.10	2.06	2.01	1.96
	18	4.41	3.55	3.16	2.93	2.77	2.66	2.58	2.51	2.46	2.41	2.34	2.27	2.19	2.15	2.11	2.06	2.02	1.97	1.92
	19	4.38	3.52	3.13	2.90	2.74	2.63	2.54	2.48	2.42	2.38	2.31	2.23	2.16	2.11	2.07	2.03	1.98	1.93	1.88
	20	4.35	3.49	3.10	2.87	2.71	2.60	2.51	2.45	2.39	2.35	2.28	2.20	2.12	2.08	2.04	1.99	1.95	1.90	1.84
	21	4.32	3.47	3.07	2.84	2.68	2.57	2.49	2.42	2.37	2.32	2.25	2.18	2.10	2.05	2.01	1.96	1.92	1.87	1.81
	22	4.30	3.44	3.05	2.82	2.66	2.55	2.46	2.40	2.34	2.30	2.23	2.15	2.07	2.03	1.98	1.94	1.89	1.84	1.78
	23	4.28	3.42	3.03	2.80	2.64	2.53	2.44	2.37	2.32	2.27	2.20	2.13	2.05	2.01	1.96	1.91	1.86	1.81	1.76
	24	4.26	3.40	3.01	2.78	2.62	2.51	2.42	2.36	2.30	2.25	2.18	2.11	2.03	1.98	1.94	1.89	1.84	1.79	1.73
	25	4.24	3.39	2.99	2.76	2.60	2.49	2.40	2.34	2.28	2.24	2.16	2.09	2.01	1.96	1.92	1.87	1.82	1.77	1.71

df_2（小均方自由度）	26	4.23	3.37	2.98	2.74	2.59	2.47	2.39	2.32	2.27	2.22	2.15	2.07	1.99	1.95	1.90	1.85	1.80	1.75	1.69
	27	4.21	3.35	2.96	2.73	2.57	2.46	2.37	2.31	2.25	2.20	2.13	2.06	1.97	1.93	1.88	1.84	1.79	1.73	1.67
	28	4.20	3.34	2.95	2.71	2.56	2.45	2.36	2.29	2.24	2.19	2.12	2.04	1.96	1.91	1.87	1.82	1.77	1.71	1.65
	29	4.18	3.33	2.93	2.70	2.55	2.43	2.35	2.28	2.22	2.18	2.10	2.03	1.94	1.90	1.85	1.81	1.75	1.70	1.64
	30	4.17	3.32	2.92	2.69	2.53	2.42	2.33	2.27	2.21	2.16	2.09	2.01	1.93	1.89	1.84	1.79	1.74	1.68	1.62
	40	4.08	3.23	2.84	2.61	2.45	2.34	2.25	2.18	2.12	2.08	2.00	1.92	1.84	1.79	1.74	1.69	1.64	1.58	1.51
	60	4.00	3.15	2.76	2.53	2.37	2.25	2.17	2.10	2.04	1.99	1.92	1.84	1.75	1.70	1.65	1.59	1.53	1.47	1.39
	120	3.92	3.07	2.68	2.45	2.29	2.17	2.09	2.02	1.96	1.91	1.83	1.75	1.66	1.61	1.55	1.50	1.43	1.35	1.25
	∞	3.84	3.00	2.60	2.37	2.21	2.10	2.01	1.94	1.88	1.83	1.75	1.67	1.57	1.52	1.46	1.39	1.32	1.22	1.00

$\alpha = 0.01$

		df_1（大均方自由度）																		
		1	2	3	4	5	6	7	8	9	10	12	15	20	24	30	40	60	120	∞
df_2（小均方自由度）	1	4 052	4999.5	5 403	5 625	5 764	5 859	5 928	5 982	6 022	6 056	6 106	6 157	6 209	6 235	6 261	6 287	6 313	6 339	6 366
	2	98.50	99.00	99.17	99.25	99.30	99.33	99.36	99.37	99.39	99.40	99.42	99.43	99.45	99.46	99.47	99.47	99.48	99.49	99.50
	3	34.12	30.82	29.46	28.71	28.24	27.91	27.67	27.49	27.35	27.23	27.05	26.87	26.69	26.60	26.50	26.41	26.32	26.22	26.13
	4	21.20	18.00	16.69	15.98	15.52	15.21	14.98	14.80	14.66	14.55	14.37	14.20	14.02	13.93	13.84	13.75	13.65	13.56	13.46
	5	16.26	13.27	12.06	11.39	10.97	10.67	10.46	10.29	10.16	10.05	9.89	9.72	9.55	9.47	9.38	9.29	9.20	9.11	9.02
	6	13.75	10.92	9.78	9.15	8.75	8.47	8.26	8.10	7.98	7.87	7.72	7.56	7.40	7.31	7.23	7.14	7.06	6.97	6.88
	7	12.25	9.55	8.45	7.85	7.46	7.19	6.99	6.84	6.72	6.62	6.47	6.31	6.16	6.07	5.99	5.91	5.82	5.74	5.65
	8	11.26	8.65	7.59	7.01	6.63	6.37	6.18	6.03	5.91	5.81	5.67	5.52	5.36	5.28	5.20	5.12	5.03	4.95	4.86
	9	10.56	8.02	6.99	6.42	6.06	5.80	5.61	5.47	5.35	5.26	5.11	4.96	4.81	4.73	4.65	4.57	4.48	4.40	4.31
	10	10.04	7.56	6.55	5.99	5.64	5.39	5.20	5.06	4.94	4.85	4.71	4.56	4.41	4.33	4.25	4.17	4.08	4.00	3.91
	11	9.65	7.21	6.22	5.67	5.32	5.07	4.89	4.74	4.63	4.54	4.40	4.25	4.10	4.02	3.94	3.86	3.78	3.69	3.60
	12	9.33	6.93	5.95	5.41	5.06	4.82	4.64	4.50	4.39	4.30	4.16	4.01	3.86	3.78	3.70	3.62	3.54	3.45	3.36
	13	9.07	6.70	5.74	5.21	4.86	4.62	4.44	4.30	4.19	4.10	3.96	3.82	3.66	3.59	3.51	3.43	3.34	3.25	3.17
	14	8.86	6.51	5.56	5.04	4.69	4.46	4.28	4.14	4.03	3.94	3.80	3.66	3.51	3.43	3.35	3.27	3.18	3.09	3.00
	15	8.68	6.36	5.42	4.89	4.56	4.32	4.14	4.00	3.89	3.80	3.67	3.52	3.37	3.29	3.21	3.13	3.05	2.96	2.87

续表

df_2(小均方自由度)	α =0.01 df_1(大均方自由度)																		
	1	2	3	4	5	6	7	8	9	10	12	15	20	24	30	40	60	120	∞
16	8.53	6.23	5.29	4.77	4.44	4.20	4.03	3.89	3.78	3.69	3.55	3.41	3.26	3.18	3.10	3.02	2.93	2.84	2.75
17	8.40	6.11	5.18	4.67	4.34	4.10	3.93	3.79	3.68	3.59	3.46	3.31	3.16	3.08	3.00	2.92	2.83	2.75	2.65
18	8.29	6.01	5.09	4.58	4.25	4.01	3.84	3.71	3.60	3.51	3.37	3.23	3.08	3.00	2.92	2.84	2.75	2.66	2.57
19	8.18	5.93	5.01	4.50	4.17	3.94	3.77	3.63	3.52	3.43	3.30	3.15	3.00	2.92	2.84	2.76	2.67	2.58	2.49
20	8.10	5.85	4.94	4.43	4.10	3.87	3.70	3.56	3.46	3.37	3.23	3.09	2.94	2.86	2.78	2.69	2.61	2.52	2.42
21	8.02	5.78	4.87	4.37	4.04	3.81	3.64	3.51	3.40	3.31	3.17	3.03	2.88	2.80	2.72	2.64	2.55	2.46	2.36
22	7.95	5.72	4.82	4.31	3.99	3.76	3.59	3.45	3.35	3.26	3.12	2.98	2.83	2.75	2.67	2.58	2.50	2.40	2.31
23	7.88	5.66	4.76	4.26	3.94	3.71	3.54	3.41	3.30	3.21	3.07	2.93	2.78	2.70	2.62	2.54	2.45	2.35	2.26
24	7.82	5.61	4.72	4.22	3.90	3.67	3.50	3.36	3.26	3.17	3.03	2.89	2.74	2.66	2.58	2.49	2.40	2.31	2.21
25	7.77	5.57	4.68	4.18	3.85	3.63	3.46	3.32	3.22	3.13	2.99	2.85	2.70	2.62	2.54	2.45	2.36	2.27	2.17
26	7.72	5.53	4.64	4.14	3.82	3.59	3.42	3.29	3.18	3.09	2.96	2.81	2.66	2.58	2.50	2.42	2.33	2.23	2.13
27	7.68	5.49	4.60	4.11	3.78	3.56	3.39	3.26	3.15	3.06	2.93	2.78	2.63	2.55	2.47	2.38	2.29	2.20	2.10
28	7.64	5.45	4.57	4.07	3.75	3.53	3.36	3.23	3.12	3.03	2.90	2.75	2.60	2.52	2.44	2.35	2.26	2.17	2.06
29	7.60	5.42	4.54	4.04	3.73	3.50	3.33	3.20	3.09	3.00	2.87	2.73	2.57	2.49	2.41	2.33	2.23	2.14	2.03
30	7.56	5.39	4.51	4.02	3.70	3.47	3.30	3.17	3.07	2.98	2.84	2.70	2.55	2.47	2.39	2.30	2.21	2.11	2.01
40	7.31	5.18	4.31	3.83	3.51	3.29	3.12	2.99	2.89	2.80	2.66	2.52	2.37	2.29	2.20	2.11	2.02	1.92	1.80
60	7.08	4.93	4.13	3.65	3.34	3.12	2.95	2.82	2.72	2.63	2.50	2.35	2.20	2.12	2.03	1.94	1.84	1.73	1.60
120	6.85	4.79	3.95	3.48	3.17	2.96	2.79	2.66	2.56	2.47	2.34	2.19	2.03	1.95	1.86	1.76	1.66	1.53	1.38
∞	6.63	4.61	3.78	3.32	3.02	2.80	2.64	2.51	2.41	2.32	2.18	2.04	1.88	1.79	1.70	1.59	1.47	1.32	1.00

附表 4　新复极差检验 SSR 值表（上为 $SSR_{0.05}$，下为 $SSR_{0.01}$）

误差 df	α	检验极差的范围(k) 2	3	4	5	6	7	8	9	10	12	14	16	18	20
1	0.05	18.0	18.0	18.0	18.0	18.0	18.0	18.0	18.0	18.0	18.0	18.0	18.0	18.0	18.0
	0.01	90.0	90.0	90.0	90.0	90.0	90.0	90.0	90.0	90.0	90.0	90.0	90.0	90.0	90.0
2	0.05	6.09	6.09	6.09	6.09	6.09	6.09	6.09	6.09	6.09	6.09	6.09	6.09	6.09	6.09
	0.01	14.0	14.0	14.0	14.0	14.0	14.0	14.0	14.0	14.0	14.0	14.0	14.0	14.0	14.0
3	0.05	4.50	4.50	4.50	4.50	4.50	4.50	4.50	4.50	4.50	4.50	4.50	4.50	4.50	4.50
	0.01	8.26	8.50	8.60	8.70	8.80	8.90	8.90	9.00	9.00	9.00	9.10	9.20	9.30	9.30
4	0.05	3.93	4.01	4.02	4.02	4.02	4.02	4.02	4.02	4.02	4.02	4.02	4.02	4.02	4.02
	0.01	6.51	6.80	6.90	7.00	7.10	7.10	7.20	7.20	7.30	7.30	7.40	7.40	7.50	7.50
5	0.05	3.64	3.74	3.79	3.83	3.83	3.83	3.83	3.83	3.83	3.83	3.83	3.83	3.83	3.83
	0.01	5.70	5.96	6.11	6.18	6.26	6.33	6.40	6.44	6.50	6.60	6.60	6.70	6.70	6.80
6	0.05	3.46	3.58	3.64	3.68	3.68	3.68	3.68	3.68	3.68	3.68	3.68	3.68	3.68	3.68
	0.01	5.24	5.51	5.65	5.73	5.81	5.88	5.95	6.00	6.00	6.10	6.20	6.20	6.30	6.30
7	0.05	3.35	3.47	3.54	3.58	3.60	3.61	3.61	3.61	3.61	3.61	3.61	3.61	3.61	3.61
	0.01	4.95	5.22	5.37	5.45	5.53	5.61	5.69	5.73	5.80	5.80	5.90	5.90	6.00	6.00
8	0.05	3.26	3.39	3.47	3.52	3.55	3.56	3.56	3.56	3.56	3.56	3.56	3.56	3.56	3.56
	0.01	4.74	5.00	5.14	5.23	5.32	5.40	5.47	5.51	5.50	5.60	5.70	5.70	5.80	5.80
9	0.05	3.20	3.34	3.41	3.47	3.50	3.52	3.52	3.52	3.52	3.52	3.52	3.52	3.52	3.52
	0.01	4.60	4.86	4.99	5.08	5.17	5.25	5.32	5.36	5.40	5.50	5.50	5.60	5.70	5.70
10	0.05	3.15	3.30	3.37	3.43	3.46	3.47	3.47	3.47	3.47	3.47	3.47	3.47	3.47	3.48
	0.01	4.48	4.73	4.88	4.96	5.06	5.13	5.20	5.24	5.28	5.36	5.42	5.48	5.54	5.55
11	0.05	3.11	3.27	3.35	3.39	3.43	3.44	3.45	3.46	3.46	3.46	3.46	3.46	3.47	3.48
	0.01	4.39	4.63	4.77	4.86	4.94	5.01	5.06	5.12	5.15	5.24	5.28	5.34	5.38	5.39
12	0.05	3.08	3.23	3.33	3.36	3.40	3.42	3.44	3.44	3.46	3.46	3.46	3.46	3.47	3.48
	0.01	4.32	4.55	4.68	4.76	4.84	4.92	4.96	5.02	5.07	5.13	5.17	5.22	5.24	5.26
13	0.05	3.06	3.21	3.30	3.35	3.38	3.41	3.42	3.44	3.45	3.45	3.46	3.46	3.47	3.47
	0.01	4.26	4.48	4.62	4.69	4.74	4.84	4.88	4.94	4.98	5.04	5.08	5.13	5.14	5.15
14	0.05	3.03	3.18	3.27	3.33	3.37	3.39	3.41	3.42	3.44	3.45	3.46	3.46	3.47	3.47
	0.01	4.21	4.42	4.55	4.63	4.70	4.78	4.83	4.87	4.91	4.96	5.00	5.04	5.06	5.07
15	0.05	3.01	3.16	3.25	3.31	3.36	3.38	3.40	3.42	3.43	3.44	3.45	3.46	3.47	3.47
	0.01	4.17	4.37	4.50	4.58	4.64	4.72	4.77	4.81	4.84	4.90	4.94	4.97	4.99	5.00

续表

误差		检验极差的范围(k)													
df	α	2	3	4	5	6	7	8	9	10	12	14	16	18	20
16	0.05	3.00	3.15	3.23	3.30	3.34	3.37	3.39	3.41	3.43	3.44	3.45	3.46	3.47	3.47
	0.01	4.13	4.34	4.45	4.54	4.60	4.67	4.72	4.76	4.79	4.84	4.88	4.91	4.93	4.94
17	0.05	2.98	3.13	3.22	3.28	3.33	3.36	3.38	3.40	3.42	3.44	3.45	3.46	3.47	3.47
	0.01	4.10	4.30	4.41	4.50	4.56	4.63	4.68	4.72	4.75	4.80	4.83	4.86	4.88	4.89
18	0.05	2.97	3.12	3.21	3.27	3.32	3.35	3.37	3.39	3.41	3.43	3.45	3.46	3.47	3.47
	0.01	4.07	4.27	4.38	4.46	4.53	4.59	4.64	4.68	4.71	4.76	4.79	4.82	4.84	4.85
19	0.05	2.96	3.11	3.19	3.26	3.31	3.35	3.37	3.39	3.41	3.43	3.44	3.46	3.47	3.47
	0.01	4.05	4.24	4.35	4.43	4.50	4.56	4.61	4.64	4.67	4.72	4.76	4.79	4.81	4.82
20	0.05	2.95	3.10	3.18	3.25	3.30	3.34	3.36	3.38	3.40	3.43	3.44	3.46	3.46	3.47
	0.01	4.02	4.22	4.33	4.40	4.47	4.53	4.58	4.61	4.65	4.69	4.73	4.76	4.78	4.79
22	0.05	2.93	3.08	3.17	3.24	3.29	3.32	3.35	3.37	3.39	3.42	3.44	3.45	3.46	3.47
	0.01	3.99	4.17	4.28	4.36	4.42	4.48	4.53	4.57	4.60	4.65	4.68	4.71	4.74	4.75
24	0.05	2.92	3.07	3.15	3.22	3.28	3.31	3.34	3.37	3.38	3.41	3.44	3.45	3.46	3.47
	0.01	3.96	4.14	4.24	4.33	4.39	4.44	4.49	4.53	4.57	4.62	4.64	4.67	4.70	4.72
26	0.05	2.91	3.06	3.14	3.21	3.27	3.30	3.34	3.36	3.38	3.41	3.43	3.45	3.46	3.47
	0.01	3.93	4.11	4.21	4.30	4.36	4.41	4.46	4.50	4.53	4.58	4.62	4.65	4.67	4.69
28	0.05	2.90	3.04	3.13	3.20	3.26	3.30	3.33	3.35	3.37	3.40	3.43	3.45	3.46	3.47
	0.01	3.91	4.08	4.18	4.28	4.34	4.39	4.43	4.47	4.51	4.56	4.60	4.62	4.65	4.67
30	0.05	2.89	3.04	3.12	3.20	3.25	3.29	3.32	3.35	3.37	3.40	3.43	3.44	3.46	3.47
	0.01	3.89	4.06	4.16	4.22	4.32	4.36	4.41	4.45	4.48	4.54	4.58	4.61	4.63	4.65
40	0.05	2.86	3.01	3.10	3.17	3.22	3.27	3.30	3.33	3.35	3.39	3.42	3.44	3.46	3.47
	0.01	3.82	3.99	4.10	4.17	4.24	4.30	4.34	4.37	4.41	4.46	4.51	4.54	4.57	4.59
60	0.05	2.83	2.98	3.08	3.14	3.20	3.24	3.28	3.31	3.33	3.37	3.40	3.43	3.45	3.47
	0.01	3.76	3.92	4.03	4.12	4.17	4.23	4.27	4.31	4.34	4.39	4.44	4.47	4.50	4.53
100	0.05	2.80	2.95	3.05	3.12	3.18	3.22	3.26	3.29	3.32	3.36	3.40	3.42	3.45	3.47
	0.01	3.71	3.86	3.98	4.06	4.11	4.17	4.21	4.25	4.29	4.35	4.38	4.42	4.45	4.48
∞	0.05	2.77	2.92	3.02	3.09	3.15	3.19	3.23	3.26	3.29	3.34	3.38	3.41	3.44	3.47
	0.01	3.64	3.80	3.90	3.98	4.04	4.09	4.14	4.17	4.20	4.26	4.31	4.34	4.38	4.41

附表 5 q 值表（双尾）（上为 $q_{0.05}$，下为 $q_{0.01}$）

df	检验极差的范围(k) 2	3	4	5	6	7	8	9	10
3	4.50	5.91	6.82	7.50	8.04	8.48	8.85	9.18	9.46
	8.26	10.62	12.27	13.33	14.24	15.00	15.64	16.20	16.69
4	3.39	5.04	5.76	6.29	6.71	7.05	7.35	7.60	7.83
	6.51	8.12	9.17	9.96	10.85	11.10	11.55	11.93	12.27
5	3.64	4.60	5.22	5.67	6.03	6.33	6.58	6.80	6.99
	5.70	6.98	7.80	8.42	8.91	9.32	9.67	9.97	10.24
6	3.46	4.34	4.90	5.30	5.63	5.90	6.12	6.32	6.49
	5.24	6.33	7.03	7.56	7.97	8.32	8.61	8.87	9.10
7	3.34	4.16	4.68	5.06	5.36	5.61	5.82	6.00	6.16
	4.95	5.92	6.54	7.01	7.37	7.68	7.94	8.17	8.37
8	3.26	4.04	4.53	4.89	5.17	5.40	5.60	5.77	5.92
	4.75	5.64	6.20	6.62	6.96	7.24	7.47	7.68	7.86
9	3.20	3.95	4.41	4.76	5.02	5.24	5.43	5.59	5.74
	4.60	5.43	5.96	6.35	6.66	6.91	7.13	7.33	7.49
10	3.15	3.88	4.33	4.65	4.91	5.12	5.30	5.46	5.60
	4.48	5.27	5.77	6.14	6.43	6.67	6.87	7.05	7.21
12	3.08	3.77	4.20	4.51	4.75	4.95	5.12	5.27	5.39
	4.32	5.05	5.50	5.84	6.10	6.32	6.51	6.67	6.81
14	3.03	3.70	4.11	4.41	4.64	4.83	4.99	5.13	5.25
	4.21	4.89	5.32	5.63	5.88	6.08	6.26	6.41	6.54
16	3.00	3.65	4.05	4.33	4.56	4.74	4.90	5.03	5.15
	4.13	4.79	5.19	5.49	5.72	5.92	6.08	6.22	6.35
18	2.97	3.61	4.00	4.28	4.49	4.67	4.82	4.96	5.07
	4.07	4.70	5.09	5.38	5.60	5.79	5.94	6.08	6.20
20	2.95	3.58	3.96	4.23	4.45	4.62	4.77	4.90	5.01
	4.02	4.64	5.02	5.29	5.51	5.69	5.84	5.97	6.09
30	2.89	3.49	3.85	4.10	4.30	4.46	4.60	4.72	4.82
	3.89	4.45	4.80	5.05	5.24	5.40	5.54	5.65	5.76
40	2.86	3.44	3.79	4.04	4.23	4.39	4.52	4.63	4.73
	3.82	4.37	4.70	4.93	5.11	5.26	5.39	5.50	5.60
60	2.83	3.40	3.74	3.98	4.16	4.31	4.44	4.55	4.65
	3.76	4.28	4.59	4.82	4.99	5.13	5.25	5.36	5.45
120	2.80	3.36	3.68	3.92	4.10	4.24	4.36	4.47	4.56
	3.70	4.20	4.50	4.71	4.87	5.01	5.12	5.21	5.30
∞	2.77	3.31	3.63	3.86	4.03	4.17	4.29	4.39	4.47
	3.64	4.12	4.40	4.60	4.76	4.88	4.99	5.08	5.16

附表6 r 和 R 的5% 和1% 显著数值表

自由度 df	概率 α	变数的个数(M) 2	3	4	5
1	0.05	0.997	0.999	0.999	0.999
	0.01	1.000	1.000	1.000	1.000
2	0.05	0.950	0.975	0.983	0.987
	0.01	0.990	0.995	0.997	0.997
3	0.05	0.878	0.930	0.950	0.961
	0.01	0.959	0.977	0.983	0.987
4	0.05	0.811	0.881	0.912	0.930
	0.01	0.917	0.949	0.962	0.970
5	0.05	0.754	0.836	0.874	0.898
	0.01	0.875	0.917	0.937	0.949
6	0.05	0.707	0.795	0.839	0.867
	0.01	0.834	0.886	0.911	0.927
7	0.05	0.666	0.758	0.807	0.838
	0.01	0.798	0.855	0.885	0.904
8	0.05	0.632	0.726	0.777	0.811
	0.01	0.765	0.827	0.860	0.882
9	0.05	0.602	0.697	0.750	0.786
	0.01	0.735	0.800	0.837	0.861
10	0.05	0.576	0.671	0.726	0.763
	0.01	0.708	0.776	0.814	0.840
11	0.05	0.553	0.648	0.703	0.741
	0.01	0.684	0.753	0.793	0.821
12	0.05	0.532	0.627	0.683	0.722
	0.01	0.661	0.732	0.773	0.802
13	0.05	0.514	0.608	0.664	0.703
	0.01	0.641	0.712	0.755	0.785
14	0.05	0.497	0.590	0.646	0.686
	0.01	0.623	0.694	0.737	0.768
15	0.05	0.482	0.574	0.630	0.670
	0.01	0.606	0.677	0.721	0.752
16	0.05	0.486	0.559	0.615	0.655
	0.01	0.590	0.662	0.706	0.738
17	0.05	0.456	0.545	0.601	0.641
	0.01	0.575	0.647	0.691	0.724
18	0.05	0.444	0.532	0.587	0.628
	0.01	0.561	0.633	0.678	0.710
19	0.05	0.433	0.520	0.575	0.615
	0.01	0.549	0.620	0.665	0.697
20	0.05	0.423	0.509	0.563	0.604
	0.01	0.537	0.607	0.652	0.685
21	0.05	0.413	0.498	0.552	0.593
	0.01	0.526	0.596	0.641	0.674
22	0.05	0.404	0.488	0.542	0.582
	0.01	0.515	0.585	0.630	0.663
23	0.05	0.396	0.479	0.532	0.572
	0.01	0.505	0.574	0.619	0.653
24	0.05	0.388	0.470	0.523	0.562
	0.01	0.496	0.565	0.609	0.643
25	0.05	0.381	0.462	0.514	0.553
	0.01	0.487	0.555	0.600	0.633
26	0.05	0.374	0.454	0.506	0.545
	0.01	0.479	0.546	0.590	0.624
27	0.05	0.367	0.446	0.498	0.536
	0.01	0.471	0.538	0.582	0.615
28	0.05	0.361	0.439	0.490	0.529
	0.01	0.463	0.529	0.573	0.607
29	0.05	0.355	0.432	0.483	0.521
	0.01	0.456	0.522	0.565	0.598
30	0.05	0.349	0.425	0.476	0.514
	0.01	0.449	0.514	0.558	0.591
35	0.05	0.325	0.397	0.445	0.482
	0.01	0.418	0.481	0.523	0.556
40	0.05	0.304	0.373	0.419	0.455
	0.01	0.393	0.454	0.494	0.526
45	0.05	0.288	0.353	0.397	0.432
	0.01	0.372	0.430	0.470	0.501
50	0.05	0.273	0.336	0.379	0.412
	0.01	0.354	0.410	0.449	0.479
60	0.05	0.250	0.308	0.348	0.380
	0.01	0.325	0.377	0.414	0.442
70	0.05	0.232	0.286	0.324	0.354
	0.01	0.302	0.351	0.386	0.413
80	0.05	0.217	0.269	0.304	0.332
	0.01	0.283	0.330	0.363	0.389
90	0.05	0.205	0.254	0.288	0.315
	0.01	0.267	0.312	0.343	0.368
100	0.05	0.195	0.241	0.274	0.299
	0.01	0.254	0.297	0.327	0.351
125	0.05	0.174	0.216	0.246	0.269
	0.01	0.228	0.267	0.294	0.316
150	0.05	0.159	0.198	0.225	0.247
	0.01	0.208	0.244	0.269	0.290
200	0.05	0.138	0.172	0.196	0.215
	0.01	0.181	0.212	0.235	0.253
300	0.05	0.113	0.141	0.160	0.176
	0.01	0.148	0.174	0.192	0.208
400	0.05	0.098	0.122	0.139	0.153
	0.01	0.128	0.151	0.167	0.180
500	0.05	0.088	0.109	0.124	0.137
	0.01	0.115	0.135	0.150	0.162
1 000	0.05	0.062	0.077	0.088	0.097
	0.01	0.081	0.096	0.106	0.115

附表 7 χ^2 值表（右尾）

	概率值 (P)											
df	0.995	0.99	0.975	0.95	0.90	0.75	0.25	0.10	0.05	0.025	0.01	0.005
1	—	—	0.001	0.004	0.016	0.102	1.323	2.706	3.841	5.024	6.635	7.879
2	0.010	0.020	0.051	0.103	0.211	0.575	2.773	4.605	5.991	7.378	9.210	10.597
3	0.072	0.115	0.216	0.352	0.584	1.213	4.108	6.251	7.815	9.348	11.345	12.838
4	0.207	0.297	0.484	0.711	1.064	1.923	5.385	7.779	9.488	11.143	13.277	14.860
5	0.412	0.554	0.831	1.145	1.610	2.675	6.626	9.236	11.071	12.833	15.086	16.750
6	0.676	0.872	1.237	1.635	2.204	3.455	7.841	10.645	12.592	14.449	16.812	18.548
7	0.989	1.239	1.690	2.167	2.833	4.255	9.037	12.017	14.067	16.013	18.475	20.278
8	1.344	1.646	2.180	2.733	3.490	5.071	10.219	13.362	15.507	17.535	20.090	21.955
9	1.735	2.088	2.700	3.325	4.168	5.899	11.389	14.684	16.919	19.023	21.666	23.589
10	2.156	2.558	3.247	3.940	4.685	6.737	12.549	15.987	18.307	20.483	23.209	25.188
11	2.603	3.053	3.816	4.575	5.578	7.584	13.701	17.275	19.675	21.920	24.725	26.757
12	3.074	3.571	4.404	5.226	6.304	8.438	14.845	18.549	21.026	23.337	26.217	28.299
13	3.565	4.107	5.009	5.892	7.042	9.299	15.984	19.812	22.362	24.736	27.688	29.819
14	4.075	4.660	5.629	6.571	7.790	10.165	17.117	21.064	23.685	26.119	29.141	31.319
15	4.601	5.229	6.262	7.261	8.547	11.037	18.245	22.307	24.996	27.488	30.578	32.801
16	5.142	5.812	6.908	7.962	9.312	11.912	19.369	23.542	26.296	28.845	32.000	34.267
17	5.697	0.408	7.564	8.672	10.085	12.792	20.489	24.769	27.587	30.191	33.409	35.718
18	6.265	7.015	8.231	9.390	10.865	13.675	21.605	25.989	28.869	31.526	34.805	37.156
19	6.844	7.633	8.907	10.117	11.651	14.562	22.718	27.204	30.144	32.852	36.191	38.582
20	7.343	8.260	9.591	10.851	12.443	15.452	23.828	28.412	31.410	34.170	37.566	39.997
21	8.034	8.897	10.283	11.591	13.240	16.344	24.935	29.615	32.671	35.479	38.932	41.401
22	8.643	9.542	10.982	12.338	14.042	17.240	26.039	30.813	33.924	36.781	40.289	42.796
23	9.260	10.196	11.689	13.091	14.848	18.137	27.141	32.007	35.172	38.076	41.638	44.181
24	9.886	10.856	12.401	13.848	15.659	19.037	28.241	33.196	36.415	39.364	42.980	45.559
25	10.520	11.524	13.120	14.611	16.473	19.939	29.339	34.382	37.652	40.646	44.314	46.928
26	11.160	12.198	13.844	15.379	17.292	20.843	30.435	35.563	38.885	41.923	45.642	48.290
27	11.808	12.879	14.573	16.151	18.114	21.749	31.528	36.741	40.113	43.194	46.963	49.645
28	12.461	13.565	15.308	16.928	18.939	22.657	32.620	37.916	41.337	44.461	48.278	50.993
29	13.121	14.257	16.047	17.708	19.768	23.567	33.711	39.087	42.557	45.722	49.588	52.336
30	13.787	14.954	16.791	18.493	20.599	24.478	34.800	40.256	43.773	46.979	50.892	53.672
31	14.458	15.655	17.539	19.281	21.434	25.390	35.887	41.422	44.985	48.232	52.191	55.003
32	15.134	16.362	18.291	20.072	22.271	26.304	36.973	42.585	46.194	49.480	53.486	56.328
33	15.815	17.074	19.047	20.867	23.110	27.219	38.058	43.745	47.400	50.725	54.776	57.648
34	16.501	17.789	19.806	21.664	23.952	28.136	39.141	44.903	48.602	51.966	56.061	58.964
35	17.192	18.509	20.569	22.465	24.797	29.054	40.223	46.059	49.802	53.203	57.342	60.275
36	17.887	19.233	21.336	23.269	25.643	29.973	41.304	47.212	50.998	54.437	58.619	61.581
37	18.586	19.960	22.106	24.075	26.492	30.893	42.383	48.363	52.192	55.668	59.892	62.883
38	19.289	20.691	22.878	24.884	27.343	31.815	43.462	49.513	53.384	56.896	61.162	64.181
39	19.996	21.426	23.654	25.695	28.196	32.737	44.539	50.660	54.572	58.120	62.428	65.476
40	20.707	22.164	24.433	26.509	29.051	33.660	45.616	51.805	55.758	59.342	63.691	66.766
41	21.421	22.906	25.215	27.326	29.907	34.585	46.692	52.949	56.942	60.561	64.950	68.053
42	22.138	23.650	25.999	28.144	30.765	35.510	47.766	54.090	58.124	61.777	66.206	69.336
43	22.859	24.398	26.785	28.965	31.625	36.436	48.840	55.230	59.304	62.990	67.459	70.616
44	23.584	25.148	27.575	29.787	32.487	37.363	49.913	56.369	60.481	64.201	68.710	71.893
45	24.311	25.901	28.366	30.612	33.350	38.291	50.985	57.505	61.656	65.410	69.957	73.166

附表 8 正交拉丁方表

3 × 3		4 × 4		
Ⅰ	Ⅱ	Ⅰ	Ⅱ	Ⅲ
123	123	1 234	1 234	1 234
231	312	2 143	3 412	4 321
312	231	3 412	4 321	2143
		4321	2143	3412

5 × 5

Ⅰ	Ⅱ	Ⅲ	Ⅳ
12345	12345	12345	12345
23451	34512	45123	51234
34512	51234	23451	45123
45123	23451	51234	34512
51234	45123	34512	23451

7 × 7

Ⅰ	Ⅱ	Ⅲ
1234567	1234567	1234567
2345671	3456712	4567123
3456712	5671234	7123456
4567123	7123456	3456712
5671234	2345671	6712345
6712345	4567123	2345671
7123456	6712345	5671234

Ⅳ	Ⅴ	Ⅵ
1234567	1234567	1234567
5671234	6712345	7123456
2345671	4567123	6712345
6712345	2345671	5671234
3456712	7123456	4567123
7123456	5671234	3456712
4567123	3456712	2345671

附表9　随机数字表(Ⅰ)

03 47 43 73 86	36 96 47 36 61	46 96 63 71 62	33 26 16 80 45	60 11 14 10 95
97 74 24 67 62	42 81 14 57 20	42 53 32 37 32	27 07 36 07 51	24 51 79 89 73
16 76 62 27 66	56 50 26 71 07	32 90 79 78 53	13 55 38 58 59	88 97 54 14 10
12 56 85 99 26	96 96 68 27 31	05 03 72 93 15	57 12 10 14 21	88 26 49 81 76
55 59 56 35 64	38 54 82 46 22	31 62 43 09 90	06 18 44 32 53	23 83 01 30 30
16 22 77 94 39	49 54 43 54 82	17 37 93 23 78	87 35 20 96 43	84 26 34 91 64
84 42 17 53 31	57 24 55 06 88	77 04 74 47 67	21 76 33 50 25	83 92 12 06 76
63 01 63 78 59	16 95 55 67 19	98 10 50 71 75	12 86 73 58 07	44 39 52 38 79
33 21 12 34 29	78 64 56 07 82	52 42 07 44 38	15 51 00 13 42	99 66 02 79 54
57 60 86 32 44	09 47 27 96 54	49 17 46 09 62	90 52 84 77 27	08 02 73 43 28
18 18 07 92 46	44 17 16 58 09	79 83 86 19 62	06 76 50 03 10	55 23 64 05 05
26 62 38 97 75	84 16 07 44 99	83 11 46 32 24	20 14 85 88 45	10 93 72 88 71
23 42 40 64 74	82 97 77 77 81	07 45 32 14 08	32 98 94 07 72	93 85 79 10 75
52 36 28 19 95	50 92 26 11 97	00 56 76 31 38	80 22 02 53 53	86 60 42 04 53
37 85 94 35 12	83 39 50 08 30	42 34 07 96 88	54 42 06 87 93	35 85 29 48 39
70 29 17 12 13	40 33 20 38 26	13 89 51 03 74	17 76 37 13 04	07 74 21 19 30
56 62 18 37 35	96 83 50 87 75	97 12 25 93 47	70 33 24 03 54	97 77 46 44 80
99 49 57 22 77	88 42 95 45 72	16 64 36 16 00	04 43 18 66 79	94 77 24 21 90
16 03 15 04 72	33 27 14 34 09	45 59 34 68 49	12 72 07 34 45	99 27 72 95 14
31 16 93 32 43	50 27 89 87 19	20 15 37 00 49	52 85 66 60 44	38 63 88 11 80
68 34 30 13 70	55 74 30 77 40	44 22 78 84 26	04 33 46 09 52	68 07 97 06 57
74 57 25 65 76	59 29 97 68 60	71 91 38 67 54	13 58 18 24 76	15 54 55 95 52
27 42 37 86 53	48 55 90 65 72	96 57 69 36 10	96 46 92 42 45	97 60 49 04 91
00 39 68 29 61	66 37 32 20 30	77 84 57 03 29	10 45 65 04 26	11 04 96 67 24
29 94 98 94 24	68 49 69 10 82	53 75 91 93 30	34 25 20 57 27	40 48 73 51 92
16 90 82 66 59	83 62 64 11 12	67 19 00 71 74	60 47 21 29 68	02 02 37 03 31
11 27 94 75 06	06 09 19 74 66	02 94 37 34 02	76 70 90 30 86	38 45 94 30 38
35 24 10 16 20	33 32 51 26 38	79 78 45 04 91	16 92 53 56 16	02 75 50 95 98
38 23 16 86 38	42 38 97 01 50	87 75 66 81 41	40 01 74 91 62	48 51 84 08 32
31 96 25 91 47	96 44 33 49 13	34 86 82 53 91	00 52 43 48 85	27 55 26 89 62
66 67 40 67 14	64 05 71 95 86	11 05 65 09 68	76 83 20 37 90	57 16 00 11 66
14 90 84 45 11	75 73 88 05 90	52 27 41 14 86	22 98 12 22 08	01 52 74 95 80
68 05 51 18 00	33 96 02 75 19	07 60 62 93 55	59 33 82 43 90	49 37 38 44 59
20 46 78 73 90	97 51 40 14 02	04 02 33 31 08	39 54 16 49 36	47 95 93 13 30
64 19 58 97 79	15 06 15 93 20	01 90 10 75 06	40 78 78 89 62	02 67 74 17 33
05 26 93 70 60	22 35 85 15 13	92 03 51 59 77	59 56 78 06 83	52 91 05 70 74
07 97 10 88 23	09 98 42 99 64	61 71 62 99 15	06 51 29 16 93	58 05 77 09 51
68 71 86 85 85	54 87 66 47 54	73 32 08 11 12	44 95 92 63 16	29 56 24 29 48
26 99 61 65 53	58 37 78 80 70	42 10 50 67 42	32 17 55 85 74	94 44 67 16 94
14 65 52 68 75	87 59 36 22 41	26 78 63 06 55	13 08 27 01 50	15 29 39 39 43
17 53 77 58 71	71 41 61 50 72	12 41 94 96 26	44 95 27 36 99	02 96 74 30 83
90 26 59 21 19	23 52 23 33 12	96 93 02 18 39	07 02 18 36 07	25 99 32 70 23
41 23 52 55 99	31 04 49 69 96	10 47 48 45 88	13 41 43 89 20	97 17 14 49 17
60 20 50 81 69	31 99 73 68 68	35 81 33 03 76	24 30 12 48 60	18 99 10 72 34
91 25 38 05 90	94 58 28 41 36	45 37 59 03 09	90 35 57 29 12	82 62 54 65 60
34 50 57 74 37	98 80 33 00 91	09 77 93 19 82	74 94 80 04 04	45 07 31 66 49
85 22 04 39 43	73 81 53 94 79	33 62 46 86 28	08 31 54 46 31	53 94 13 38 47
09 79 13 77 48	73 82 97 22 21	05 03 27 24 83	72 89 44 05 60	35 80 39 94 88
88 75 80 18 14	22 95 75 42 49	39 32 82 22 49	02 48 07 70 37	16 04 61 67 87
90 96 23 70 00	39 00 03 06 90	55 85 78 38 36	94 37 30 69 32	90 89 00 76 33

附表 10　随机数字表(Ⅱ)

53 74 23 99 67	61 32 28 69 84	94 62 67 86 24	98 33 41 19 95	47 53 53 38 09
63 38 06 86 54	99 00 65 26 94	02 82 90 23 07	79 62 67 80 60	75 91 12 81 19
35 30 58 21 46	06 72 17 10 94	25 21 31 75 96	49 28 24 00 49	55 65 79 78 07
33 43 36 82 69	65 51 18 37 88	61 38 44 42 45	32 92 85 88 65	54 34 81 85 35
98 25 37 55 26	01 91 82 81 46	74 71 12 94 97	24 02 71 37 07	03 92 18 66 75
02 63 21 17 69	71 50 80 89 56	38 15 70 11 48	43 40 45 86 98	00 83 26 91 03
64 55 22 21 82	48 22 28 06 00	61 54 13 43 91	82 78 12 23 29	06 66 24 12 27
85 07 26 13 89	01 10 07 82 04	59 63 69 36 03	69 11 15 83 80	13 29 54 19 28
58 54 16 24 15	51 54 44 82 00	62 61 65 04 69	38 18 65 18 97	85 72 13 49 21
34 85 27 84 87	61 48 64 56 26	90 18 48 13 26	37 70 15 42 57	65 65 80 39 07
03 92 18 27 46	57 99 16 96 56	30 33 72 85 22	84 64 38 56 98	99 01 30 98 64
62 93 30 27 59	37 75 41 66 48	86 97 80 61 45	23 53 04 01 63	45 76 08 64 27
08 45 93 15 22	60 21 75 46 91	98 77 27 85 42	28 88 61 08 84	69 62 03 42 73
07 08 55 18 40	45 44 75 13 90	24 94 96 61 02	57 55 66 83 15	73 42 37 11 61
01 85 89 95 66	51 10 19 34 88	15 84 97 19 75	12 76 39 43 78	64 63 91 08 25
72 84 71 14 35	19 11 58 49 26	50 11 17 17 76	86 31 57 20 18	95 60 78 46 75
88 78 28 16 84	13 52 53 94 53	75 45 69 30 96	73 89 65 70 31	99 17 43 48 76
45 17 75 65 57	28 40 19 72 12	25 12 74 75 67	60 40 60 81 19	24 62 01 61 16
96 76 28 12 54	22 01 11 94 25	71 96 16 16 88	68 64 36 74 45	19 59 50 88 92
43 31 67 72 30	24 02 94 08 63	38 32 36 66 02	69 36 38 25 39	48 03 45 15 22
50 44 66 44 21	66 06 58 05 62	68 15 54 35 02	42 35 48 96 32	14 52 41 52 48
22 66 22 15 86	26 63 75 41 99	58 42 36 72 24	58 37 52 18 51	03 37 18 39 11
96 24 40 14 51	23 22 30 88 57	95 67 47 29 83	94 69 40 06 07	18 16 36 78 86
31 73 91 61 91	60 20 72 93 48	98 57 07 23 69	65 95 39 69 58	56 80 30 19 44
78 60 73 99 84	43 89 94 36 45	56 69 47 07 41	90 22 91 07 12	78 35 34 08 72
84 37 90 61 56	70 10 23 98 05	85 11 34 76 60	76 48 45 34 60	01 64 18 39 96
36 67 10 08 23	98 93 35 08 86	99 29 76 29 81	33 34 91 58 93	63 14 52 32 52
07 28 59 07 48	89 64 58 89 75	83 85 62 27 89	30 14 78 56 27	86 63 59 80 02
10 15 83 87 60	79 24 31 66 56	21 48 24 06 93	91 98 94 05 49	01 47 59 38 00
55 19 68 97 65	03 73 52 16 56	00 53 55 90 27	33 42 29 38 87	22 13 88 83 34
53 81 29 13 39	35 01 20 71 34	62 33 74 82 14	53 73 19 09 03	56 54 29 56 93
51 86 32 68 92	33 98 74 66 99	40 14 71 94 58	45 94 19 38 81	14 44 99 81 07
35 91 70 29 13	80 03 54 07 27	96 94 78 32 66	50 95 52 74 33	13 80 55 62 54
37 71 67 95 13	20 02 44 95 94	64 85 04 05 72	01 32 90 76 14	53 89 74 60 41
93 66 13 83 27	92 79 64 64 72	28 54 96 53 84	48 14 52 98 94	56 07 93 89 30
02 96 08 45 65	13 05 00 41 84	93 07 54 72 59	21 45 57 09 77	19 48 56 27 44
45 83 43 48 35	82 88 33 69 96	72 36 04 19 76	47 45 15 18 60	82 11 08 95 97
84 60 71 62 46	40 80 81 30 37	34 39 23 05 38	25 15 35 71 30	88 12 57 21 77
18 17 30 88 71	44 91 14 88 47	89 23 30 63 15	56 34 20 47 89	99 82 93 24 98
79 69 10 61 78	71 32 76 95 62	87 00 22 58 40	92 54 01 75 25	43 11 71 99 31
75 93 36 57 83	56 20 14 82 11	74 21 97 90 65	96 42 68 63 86	74 54 13 26 94
38 30 92 29 03	06 28 81 39 38	62 25 06 84 63	61 29 08 93 67	04 32 92 08 09
51 29 50 10 34	31 57 75 95 80	51 97 02 74 77	76 15 48 49 44	18 55 63 77 09
21 31 38 86 24	37 79 81 53 74	73 24 16 10 33	52 83 90 94 76	70 47 14 54 36
29 01 23 87 8	58 02 39 37 67	42 10 14 20 92	16 55 23 42 45	54 96 09 11 06
95 33 95 22 00	18 74 72 00 18	38 79 58 69 32	81 76 80 26 92	82 80 84 25 39
90 84 60 79 80	24 36 59 87 38	82 07 53 89 35	96 35 23 79 18	05 98 90 07 35
46 40 62 98 82	54 97 20 56 95	15 74 80 08 32	16 46 70 50 80	67 72 16 42 79
20 31 89 03 43	38 46 82 68 72	32 14 82 99 70	80 60 47 18 97	63 49 30 21 30
71 59 73 05 50	08 22 23 71 77	91 01 93 20 49	82 96 59 26 94	66 39 67 98 60

附表 11 常用正交表

(1) $L_4(2^3)$

试验号	列号		
	1	2	3
1	1	1	1
2	1	2	2
3	2	1	2
4	2	2	1

注:任两列的交互作用为第三列

(2) $L_8(2^7)$

试验号	列号						
	1	2	3	4	5	6	7
1	1	1	1	1	1	1	1
2	1	1	1	2	2	2	2
3	1	2	2	1	1	2	2
4	1	2	2	2	2	1	1
5	2	1	2	1	2	1	2
6	2	1	2	2	1	2	1
7	2	2	1	1	2	2	1
8	2	2	1	2	1	1	2

$L_8(2^7)$ 表头设计

试验号	列号						
	1	2	3	4	5	6	7
3	A	B	$A \times B$	C	$A \times C$	$B \times C$	
4	A	B	$A \times B$ $C \times D$	C	$A \times C$ $B \times D$	$B \times C$ $A \times D$	D
5	A	B $C \times D$	$A \times B$	C $B \times D$	$A \times C$	D $B \times C$	$A \times D$
6	A $D \times E$	B $C \times D$	$A \times B$ $C \times E$	C $B \times D$	$A \times C$ $B \times E$	$A \times E$ $B \times C$	E $A \times B$

$L_8(2^7)$ 二列间的交互作用表

1	2	3	4	5	6	7	列号
(1)	3	2	5	4	7	6	1
	(2)	1	6	7	4	5	2
		(3)	7	6	5	4	3
			(4)	1	2	3	4
				(5)	3	2	5
					(6)	1	6
						(7)	7

(3) $L_9(3^4)$

试验号	列号			
	1	2	3	4
1	1	1	1	1
2	1	2	2	2
3	1	3	3	3
4	2	1	2	3
5	2	2	3	1
6	2	3	1	2
7	3	1	3	2
8	3	2	1	3
9	3	3	2	1

(4) $L_{16}(4^5)$

试验号	列 号				
	1	2	3	4	5
1	1	1	1	1	1
2	1	2	2	2	2
3	1	3	3	3	3
4	1	4	4	4	4
5	2	1	2	3	4
6	2	2	1	4	3
7	2	3	4	1	2
8	2	4	3	2	1
9	3	1	3	4	2
10	3	2	4	3	1
11	3	3	1	2	4
12	3	4	2	1	3
13	4	1	4	2	3
14	4	2	3	1	4
15	4	3	2	4	1
16	4	4	1	3	2

参考文献

[1] 俞渭江.生物统计附试验设计[M].北京:中国农业出版社,1997.
[2] 宋代军.生物统计附试验设计[M].北京:中国农业出版社,2001.
[3] 张元跃,陈斌.生物统计原理与方法[M].北京:中国科学技术出版社,1997.
[4] 李春喜,王志和,王文林.生物统计学[M].北京:科学出版社,2000.
[5] 杨永年等.畜牧统计学[M].哈尔滨:东北林业大学出版社,1990.
[6] 张应芬.应用统计方法[M].郑州:中国农民出版社,1994.
[7] 明道绪.兽医统计方法[M].成都:成都科技大学出版社,1990.
[8] 明道绪.生物统计附试验设计[M].北京:中国农业出版社,2002.
[9] 明道绪.生物统计[M].北京:中国农业科技出版社,1998.
[10] 吴仲贤.生物统计[M].北京:北京农业大学出版社,1993.
[11] 俞渭江,郭卓元.畜牧试验统计[M].贵州: 贵州科技出版社,1995.
[12] 徐继初.生物统计及试验设计[M].北京:农业出版社,1992.
[13] 张勤,张启能.生物统计学[M].北京:中国农业大学出版社, 2002.
[14] 贵州农学院.生物统计及试验设计[M].北京:农业出版社,1986.
[15] 黄良文,陈仁恩.统计学原理[M].北京:中国广播电视大学出版社,2001.
[16] 徐国祥,刘汉良,孙允午等.统计学[M].上海:上海财经大学农业出版社,2001.
[17] 徐继初.生物统计及试验设计[M].北京:农业出版社,1990.
[18] 李春喜,姜丽娜,邵云等.生物统计学[M].第三版.北京:科学出版社,2005.
[19] 谢庄,贾青.兽医统计学[M].北京:高等教育出版社,2005.
[20] 方积乾.医学统计学与电脑实验[M].第三版.上海:上海科学技术出版社,2006.
[21] 胡良平.统计学三型理论在实验设计中的应用[M].北京:人民军医出版社,2006.
[22] 杨持.生物统计学[M].呼和浩特:内蒙古大学出版社,1996.
[23] 陆建身,赖麟.生物统计学[M].北京:高等教育出版社,2003.
[24] 吴权威,吕琳琳.Excel 2003 函数与统计应用实务[M].北京:中国铁道出版社,2005.
[25] 张宏.Excel 数据处理与分析[M].北京:中国青年出版社,2005.
[26] 董时富.生物统计学[M].北京:科学出版社,2002.
[27] 李松岗.实用生物统计[M].北京:北京大学出版社,2002.
[28] 马斌荣.医学统计学[M].第三版. 北京:人民卫生出版社,2002.
[29] 白厚义.试验方法及统计分析[M].北京:中国林业出版社,2005.